普通高等教育计算机规划教材

数据库应用技术

主　编　高洪涛

副主编　郭晓燕　刘　宇

机 械 工 业 出 版 社

本书主要内容包括：数据库基础知识、SQL Server 2005 基础知识、数据库对象的建立与维护、T‐SQL 语言基础、T‐SQL 数据库操作语句、事务和锁、存储过程、触发器和游标、SQL Server 2005 安全管理、备份与恢复以及实训指导。本书教学重点明确、结构合理、语言简明、实例丰富，具有很强的实用性。

本书可作为高等院校计算机以及相关专业的教材，也可供相关的技术人员参考。

本书配套授课电子课件，需要的教师可登录 www.cmpedu.com 免费注册、审核通过后下载，或联系编辑索取（QQ：241151483，电话：010‐88379753）。

图书在版编目（CIP）数据

数据库应用技术/高洪涛主编 . —北京：机械工业出版社，2012.6
普通高等教育计算机规划教材
ISBN 978‐7‐111‐38795‐4

Ⅰ. ①数… Ⅱ. ①高… Ⅲ. ①数据库系统 ‐高等学校 ‐教材 Ⅳ. ①TP311. 13

中国版本图书馆 CIP 数据核字（2012）第 127189 号

机械工业出版社（北京市百万庄大街 22 号 邮政编码 100037）
责任编辑：郝建伟 曹文胜
责任印制：乔 宇
三河市国英印务有限公司印刷
2012 年 8 月第 1 版·第 1 次印刷
184mm×260mm·16 印张·392 千字
0001—3000 册
标准书号：ISBN 978‐7‐111‐38795‐4
定价：34.00 元

出 版 说 明

　　信息技术是当今世界发展最快、渗透性最强、应用最广的关键技术，是推动经济增长和知识传播的重要引擎。在我国，随着国家信息化发展战略的贯彻实施，信息化建设已进入了全方位、多层次推进应用的新阶段。现在，掌握计算机技术已成为 21 世纪人才应具备的基础素质之一。

　　为了进一步推动计算机技术的发展，满足计算机学科教育的需求，机械工业出版社聘请了全国多所高等院校的一线教师，进行了充分的调研和讨论，针对计算机相关课程的特点，总结教学中的实践经验，组织出版了这套"普通高等教育计算机规划教材"。

　　本套教材具有以下特点：

　　1）反映计算机技术领域的新发展和新应用。

　　2）为了体现建设"立体化"精品教材的宗旨，本套教材为主干课程配备了电子教案、学习与上机指导、习题解答、多媒体光盘、课程设计和毕业设计指导等内容。

　　3）针对多数学生的学习特点，采用通俗易懂的方法讲解知识，逻辑性强、层次分明、叙述准确而精炼、图文并茂，使学生可以快速掌握，学以致用。

　　4）符合高等院校各专业人才的培养目标及课程体系的设置，注重培养学生的应用能力，强调知识、能力与素质的综合训练。

　　5）注重教材的实用性、通用性，适合各类高等院校、高等职业学校及相关院校的教学，也可作为各类培训班和自学用书。

　　希望计算机教育界的专家和老师能提出宝贵的意见和建议。衷心感谢计算机教育工作者和广大读者的支持与帮助！

机械工业出版社

前　言

　　数据库应用技术是研究数据库的结构、存储、设计和使用的一门软件学科，是进行数据管理和开发的基础技术。SQL Server 2005 数据库是一种客户/服务器关系型数据库系统，具有重要的使用价值，用户使用它可以轻松地设计、建立、管理和使用数据库，为企业或组织建立信息系统提供强有力的支持。

　　目前，许多大中专院校都开设了"数据库应用技术"课程，目的在于通过大量的实训，培养学生操作和应用数据库的能力，使学生能够对数据库应用技术有一个系统、全面的认识。

　　本书是作者在多年教学经验的基础上，针对该领域不断发展变化的实际情况，精心编写的。全书共分 10 章：第 1 章是数据库基础知识，介绍了数据库的基本概念及分类、常见的数据库对象、数据库管理系统的基本功能、数据库系统的用户等基础知识；第 2 章为 SQL Server 2005 基础知识，包括 SQL Server 2005 简介、安装与配置 SQL Server 2005、常用的管理工具等；第 3 章为数据库对象的建立与维护，介绍了数据库、表、索引、视图等对象的建立、修改、删除等基本操作；第 4 章为 T – SQL 语言基础，讲述了 T – SQL 语言的基础知识与语法，包括数据类型、常量和变量、运算符和表达式、流程控制语句、函数等内容；第 5 章介绍了 T – SQL 数据库操作语句，包括数据定义语言、数据查询语句、数据操纵语言等；第 6 章介绍的是事务和锁，这两个概念的引入是为了保证数据库系统的一致性和完整性；第 7 章介绍了数据库系统中非常重要的 3 个工具，即存储过程、触发器和游标；第 8 章讲述了 SQL Server 2005 安全管理方面的知识；第 9 章介绍了数据库的备份与恢复；第 10 章是实训指导，提供了针对性很强的 11 个实训。

　　本书的编排组织充分体现了"数据库应用技术"课程的教学特点。在各章节的讲述过程中，既针对各个知识点进行深入阐述，又辅以相应的实例进行操作。每章的最后都配有针对性很强的习题。全书结构合理，详略得当，对读者掌握数据库应用技术有较大的帮助。

　　本书由高洪涛担任主编，郭晓燕、刘宇担任副主编。其中，中国刑事警察学院高洪涛负责编写第 1 ~ 4 章，山西国际商务职业学院郭晓燕负责编写第 5 ~ 7 章，空军航空大学刘宇负责编写第 8 ~ 10 章。此外，刘丽霞、穆伟明为本书提供了大量的实例和素材。

　　由于时间仓促，书中难免存在不妥之处，请读者原谅，并提出宝贵意见。

编　者

目　　录

第1章 数据库基础知识

本章要点

- 数据库的基本概念及分类
- 常见的数据库对象
- 数据库管理系统的基本功能
- 数据库系统的用户

学习要求

- 了解数据、数据库、数据库管理系统、数据库系统等概念以及数据库的基本类型
- 熟悉常见的数据库对象
- 了解数据库管理系统的基本功能
- 了解数据库系统的用户分类

1.1 数据库的基本概念及分类

首先介绍一些数据库中最基本的概念，只有在掌握了这些概念之后，才能更好地掌握数据库的基本原理与应用技术。

1.1.1 数据

数据就是描述事件的符号。在现实生活中，任何可以用来描述事物或事件的属性的数字、文字、图像、声音等，都可以看成是数据。例如，一个人的联系方式，可以包括电话、地址、邮编等，这些都是数据。

1.1.2 数据库

数据库就是用来存放数据的地方。例如，将很多人的联系方式都写在一个本子上，那么这个本子就是一个数据库。在计算机中，数据库是数据和数据库对象的集合，是可以以二进制形式存放在计算机里的一个或几个文件。

1.1.3 数据库管理系统

数据库管理系统是用来管理数据库的计算机应用软件。它可以让用户很方便地对数据库进行写入、查询、维护等操作。

1.1.4 数据库系统

数据库系统从狭义上来讲，指的是数据库、数据库管理系统和用户。从广义上来讲，它

除了包括数据库、数据库管理系统和用户之外，还包括计算机硬件、操作系统和维护人员。

1.1.5 数据库的分类

数据库根据数据存储的数据模型可以分为结构型数据库、网络型数据库、关系型数据库以及面向对象型数据库4种，下面分别对这4种数据库做简单的介绍。

1. 结构型数据库

结构型数据库是基于层次模型建立的，也可以理解成是树状型结构。它是由一组通过链接互相联系在一起的记录组成的，数据分别存储在不同的层次之下。数据结构像一个倒立的树，不同层次的数据关联很直接，也很简单，记录之间的联系通过指针实现。缺点就是无法反映多对象的联系，记录之间的联系只能一对多，如果数据以纵向发展的话，横向关联很难建立，数据的冗余性大，数据的查询和更新操作复杂，管理起来不方便。IBM公司的（Information Managemeat Systems，IMS）就属于这种数据库管理系统。

2. 网络型数据库

网络型数据库是基于网状模型建立的，它把每条记录当成一个节点，记录与记录之间可以建立关联，这些关联也是通过指针实现，这样多对多的关联就能轻松实现了。这种类型的数据库的优点是数据的冗余性很小。缺点是当数据越来越多的时候，关联的维护会变得很复杂，关联也会变得混乱不清。Computer Associates公司的（InStructional Data Management System，IDMS）就属于这种数据库管理系统。

3. 关系型数据库

关系型数据库是基于关系模型建立的，它由一系列二维表格组成，将数据分类存储在多个这样的二维表格中，用关系（外键）来表达表格与表格之间的关系。同时每个表格又是相对独立的，对一个表格进行数据的增加、修改和删除，只要不涉及关联，都不会影响到其他表格。在查询时，也可以通过表格之间的关联性，从多个表格里取出相关的信息。Microsoft公司的SQL Server就属于这种数据库管理系统。

4. 面向对象型数据库

面向对象型数据库是建立在面向对象模型的基础上的，是一种比较新的数据库类型，它是面向对象的，包含了对象的属性和方法，还有类别和继承等特性。这些对象的集合称为类，类可以嵌套。Computer Associates公司的Jasmine就属于这种数据库管理系统。

1.2 常见的数据库对象

数据库对象是数据库的组成部分，常见的有以下几种。

1. 表与记录

数据库中的表与日常生活中常见的表类似，也是由行和列组成的。其中，每一列都代表一个相同类型的数据。例如，要建一个客户表，那么列就分别可以设置为联系人姓名、地址、电话等。每一列就是一个字段，每列的标题就是字段名。

在表的结构建立完毕之后，表中的每一行数据就是一条记录。记录是有一定意义信息的组合。例如，在客户表中，每一个人的所有信息，包括姓名、地址、电话，这就是一条记录。表就是记录的集合，没有记录的表称为空表。

2. 主键与外键

一般来说，每个表都会有一个主关键字，可以唯一地确定一条记录，例如客户表中，如果有两个人都叫张三，那么在数据库中就无法知道要查询的到底是哪个张三的记录了。因此，在联系人表中必须要建立一个客户编号（客户 ID）的字段，这个字段是不允许重复的，那么，在查找客户的时候，只要知道客户编号，就可以很精确地定位到想要查询的那条记录上。这个唯一的编号，就是数据表的主键。事实上，并不是每个表都会有主键的，但是 SQL Server 还是建议为每个数据表都设立一个主键。如果一个表中没有一个字段具有唯一性，那么也可以指定两个或多个字段组合起来作为主键。

外键是用来实现表与表之间的关系的。例如数据库里除了客户表之外，还有一个订单表，那么这个表格里的客户编号就是一个外键，它指向客户表，通过这个客户编号就可以知道购买某个商品的客户是谁，当然，也可以通过这个客户编号来查看该客户购买了哪些商品。

如图 1-1 所示：在客户表中，客户 ID 是主键；在订单表中，订单 ID 是主键，客户 ID 是外键。订单表中的客户 ID 的指向是客户表里的客户 ID。

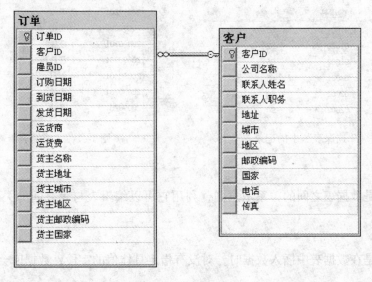

图 1-1   主键与外键

3. 索引

索引是根据数据表里的列建立起来的顺序。与书中的索引相似，数据库中的索引可以让用户快速找到表中的特定信息。设计良好的索引可以显著提高数据库查询能力和应用程序的性能。索引还可以强制表中的记录具有唯一性，从而确保数据库中的数据具有完整性。

4. 约束

约束是为了保证数据库里数据的完整性而实现的一套机制。它包括主键约束、外键约束、Unique 约束、Check 约束、默认值和允许空 6 种机制。

5. 视图

视图是一个虚拟的表，和表一样，也具有字段和记录。但它是虚拟的，在数据库中并不实际存在。视图里的记录其实就是从数据表里查询出来的记录，它能限制用户能看到和修改的数据。在数据库应用程序里，可以把视图当成表来进行查询等操作，就和一个真实的表一样。例如，图1-2所示是"学生表"中的记录，图1-3所示是"选课表"中的记录，现在从"学生表"中抽取"学号"、"姓名"两个字段，再从"选课表"中抽取"分数"字段，组成一个新的"成绩表"视图，如图1-4所示。

学号	姓名	性别	出生日期	入学日期	院系名称
20090201	李峰	男	1988-3-8 0:00:00	2009-9-1 0:00:00	计算机系
20090202	王娟	女	1988-12-7 0:00:00	2009-9-1 0:00:00	计算机系
20090203	赵启明	男	1987-5-31 0:00:00	2009-9-1 0:00:00	计算机系
20090301	汪胜利	男	1987-3-6 0:00:00	2009-9-1 0:00:00	企管系
20090302	张海亮	男	1987-5-2 0:00:00	2009-9-1 0:00:00	企管系
20090304	王静	女	1988-12-3 0:00:00	2009-9-1 0:00:00	国贸系
20090401	张丹	女	1987-6-23 0:00:00	2009-9-1 0:00:00	国贸系

图1-2　"学生表"中的记录

学号	课程号	分数
20090201	01001	88
20090201	01002	92
20090202	01002	86
20090301	02001	65
20090301	02002	60
20090401	02002	90

图1-3　"选课表"中的记录

学号	姓名	分数
20090201	李峰	89
20090201	李峰	93
20090202	王娟	87
20090301	汪胜利	65
20090301	汪胜利	60
20090401	张丹	90
20090201	李峰	89
20090201	李峰	93

图1-4　"成绩表"视图

6. 关系图

关系图就是数据表之间的关系示意图，利用它可以编辑表与表之间的关系。图1-1就是一个关系图。

7. 默认值

默认值就是在数据表中插入数据时，对没有指定具体值的字段，数据库会自动添加事先设定好的值。

8. 规则

规则是用来限制数据表中字段的有限范围，以确保列中数据完整性的一种方式。例如，在订单明细表中的折扣字段，就可以把它限制到0以上、10以下，这就是规则。

9. 存储过程

存储过程是为了实现某个功能的一组或一个SQL语句，它经过编译后存入数据库中。因为经过编译，所以运行速度要比执行相同的SQL语句要快。

10. 触发器

触发器是特殊的存储过程，它在用户对数据进行插入、修改、删除或数据库（表）建立、修改、删除时自动激活，并执行。

11. 用户和角色

用户是有权限访问数据库的人。角色是设定好权限的用户组。

1.3 数据库管理系统的基本功能

数据库管理系统是一个操作数据库的应用软件，虽然目前市场上这种类型的软件很多，但是它们的主要功能都大同小异，都包括创建数据库、操作数据、保证数据安全以及备份和恢复数据。

1. 定义数据

数据库管理系统必须能充分定义和管理数据，包括建立数据库、建立数据表、定义各种类型的字段，为数据表设立主键、外键、索引、约束、规则、默认值、存储过程、触发器等。

2. 处理数据

数据库管理系统必须能够为用户提供对数据库中数据进行操作的功能。其中包括插入、修改、查询与删除数据等。越成熟的数据库管理系统，越能提供良好的用户界面，让用户可以更方便地处理数据。

3. 保证数据安全

数据库管理系统必须有设定用户、密码、权限的功能，让不同的用户有不同的存取权限，以防止机密数据外泄或破坏。

4. 备份和恢复数据

数据库管理系统必须提供方便的数据备份和恢复功能。在数据库遭到破坏或数据遭到错误操作之后，还可以还原到备份时的状态，最大程度地减小损失。

1.4 数据库系统的用户

数据库系统的用户，指的是使用数据库系统的人，包括下面4类。

- 数据库的建库者：根据客户的需要设计数据库、并建设好数据库的人。
- 数据库的管理者：在数据库设计并建设完毕之后，就可以交给数据库管理人员来负责管理和维护。数据库的管理者要维护数据库正常运转、监督和记录数据库的运行情况、备份和还原数据。
- 应用程序的设计者：数据库的作用主要还是用来存储数据，然而并不是所有的用户都会有专业知识来对数据库进行操作，这就需要应用程序设计者设计好应用程序，让用户方便地通过友好界面来操作数据库。
- 应用程序的使用者：这些用户是最普遍的使用者，这些人只需要在客户端操作应用程序来存储数据，并不去想怎么存放数据，怎么维护数据。

习题

1. 根据数据存储的数据模型的不同，数据库系统分为哪几类？
2. 常见的数据库对象有哪些？
3. 数据管理系统的基本功能有哪些？
4. 数据库系统的用户包括哪几类？

第2章 SQL Server 2005 基础知识

本章要点

- SQL Server 2005 数据平台
- SQL Server 2005 的特点
- 安装 SQL Server 2005
- 配置 SQL Server 2005
- SQL Server 2005 常用的管理工具

学习要求

- 熟悉 SQL Server 2005 数据平台的组成结构
- 了解 SQL Server 2005 的特点
- 熟悉 SQL Server 2005 各版本的性能比较及运行环境要求
- 学会安装 SQL Server 2005
- 学会配置 SQL Server 2005
- 熟悉 SQL Server 2005 常用的管理工具

2.1 SQL Server 2005 简介

"Microsoft SQL Server 2005 是用于大规模联机事务处理（OLTP）、数据仓库和电子商务应用的数据库和数据分析平台。"以上这句话是微软对 SQL Server 2005 的定义，从这句话可以看出，SQL Server 2005 是一个数据平台，是一个全面的、集成的、端到端的数据解决方案。它能为用户提供一个安全可靠并且高效的平台，用于企业数据管理和人工智能。

2.1.1 SQL Server 2005 数据平台

SQL Server 2005 为它的使用者提供了强大的、界面友好的工具，同时降低了从移动设备到企业数据系统的多平台上创建、部署、管理和使用企业数据和分析应用程序的复杂性。图 2-1 所示的就是 SQL Server 2005 数据平台所包括的主要部分。

从图 2-1 可以看出，SQL Server 2005 数据平台集成了以下 8 个组成部分。

（1）集成服务（Integration Services）

它的前身是 SQL Server 2000 的导入/导出工具（DTS），现在的（SQL Server Integration Services，SSIS）是生成高性能数据集成解决方案的平台。用户可以用它执行如 FTP 操作、SQL 语句执行和电子邮件消息传递等工作流功能的任务，也可用它在不同的数据源之间导入/导出数据，或者用它来清理、聚合、合并、复制数据的转换。

（2）数据库引擎

SQL Server 2005 数据库引擎是用来完成存储和处理数据任务的服务，也就是平常所说的

"数据库"。利用它可以设计并创建数据库、访问和更改数据库中存储的数据、提供日常管理的支持、优化数据库的性能。

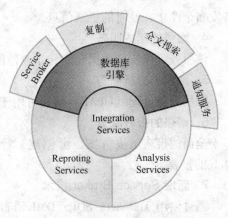

（3）报表服务（Reporting Services）

SQL Server 2005 的报表服务，提供企业级的报告功能，可以在多种数据源中获取报表的内容，能用不同的格式创建报表，并通过 Web 连接来查看和管理这些报表。

（4）分析服务（Analysis Services）

（SQL Server 2005 Analysis Services，SSAS）能为商业智能应用程序提供联机分析处理和数据挖掘

图 2-1 SQL Server 2005 数据平台

功能。通过 SSAS 可以将数据仓库的内容以更有效率的方式提供给决策分析者。

（5）服务代理（Service Broker）

服务代理可能帮助开发人员生成可伸缩的、安全的数据库应用程序。服务代理也是数据库引擎的一个组成部分，是围绕着发送和接收消息的基本功能来设计的。

（6）复制

复制可以将数据和数据库对象从一个数据库复制和分发到另一个数据库，然后在数据库之间进行同步，以保持它们的一致性。只要有网络，还是局域网、广域网，还是拨号连接、无线连接，都可以使用复制把数据分发到不同的位置，甚至是移动用户。

（7）全文搜索

SQL Server 2005 的全文搜索可以将 SQL Server 表中纯字符的数据以词或短语的形式执行全文查询。全文搜索与 SQL 语言中的 Like 语句不同，它是先为数据库中的文本数据创建索引，然后根据特定语言的规则对词和短语进行搜索，其速度快，形式灵活，使用方便。

（8）通知服务（Notification Services）

通知服务，包含了一整套完整的应用程序开发和部署平台，用来生成并发送通知。它可以生成个性化消息，并将其发送给所有的订阅方，也可以向各种设备传送消息。

2.1.2 SQL Server 2005 的特点

SQL Server 2005 具有以下特点。

1. 增强的数据引擎

安全、可靠、可伸缩、高可用性的关系型数据库引擎，提升了性能且支持结构化和非结构化（XML）数据。在编程环境上，和微软 .NET 集成到一起。SQL Server 2005 中的 Transact - SQL 增强功能提高了在编写查询时的表达能力，可以改善代码的性能，并且扩充了错误管理能力。

2. 增强的数据复制服务

该服务可用于数据分发、处理移动数据应用、系统高可用、企业报表、数据可伸缩存储、与异构系统的集成等，包括已有的 Oracle 数据库等。

3. 增强的通知服务

该服务用于开发、部署可伸缩应用程序的先进的通知服务，能够向不同的连接和移动设

7

备发布个性化、及时的更新信息。

4. 增强的集成服务

该服务可以支持数据仓库和企业范围内数据集成的抽取、转换和装载能力。

5. 增强的分析服务

联机分析处理（OLAP）功能可用于多维存储的大量、复杂的数据集的快速高级分析。

6. 增强的报表服务

全面的报表解决方案，可创建、管理和发布传统的、可打印的报表和交互的、基于Web的报表。

7. 新增 Service Broker 技术

通过使用 Transact－SQL DML 语言扩展允许内部或外部应用程序发送和接收可靠、异步的信息流。信息可以被发送到发送者所在数据库的队列中，或发送到同一 SQL Server 实例的另一个数据库，或发送到同一（或不同）服务器的另一个实例。

8. 改进的开发工具

开发人员现在能够用一个开发工具开发 Transact－SQL、XML、（MultiDimensional Expressions，MSX）、（XML for Analysis，XML/A）应用。和 Visual Studio 开放环境的集成也为关键业务应用和商业智能应用提供了更有效的开发和调试环境。

9. 增强的数据访问接口

SQL Server 2005 提供了新的数据访问技术——SQL 本地客户机程序（Native Client）。这种技术将 SQL OLE DB 以及 SQL ODBC 集成到一起，连同网络库形成本地动态链接库（DLL）。SQL 本地客户机程序可使数据库应用的开发更为容易，更易于管理以及更有效率。另外，SQL Server 2005 提供了 Microsoft 数据访问（MDAC）和 .NET Frameworks SQL 客户端提供程序方面的改进，为数据库应用程序的开发人员提供了更好的易用性、更强的控制和更高的工作效率。

2.2 安装 SQL Server 2005

2.2.1 SQL Server 2005 各版本的比较

SQL Server 2005 一共有 5 个版本，它们分别为：企业版（Enterprise）、标准版（Standard）、开发版（Development）、工作组版（Workgroup）、简易版（Express）。SQL Server 2005 的不同版本能够满足企业和个人不同的性能、运行以及价格要求。需要安装哪些 SQL Server 2005 组件，也可以根据企业或个人的需求而定。了解 SQL Server 2005 的不同版本之间的区别，将有助于你的选择。

- 企业版：支持 32 位和 64 位系统，能支持超大型企业进行联机事务处理，能进行高度复杂的数据分析，具有数据仓库系统和网站所需的性能水平，拥有全面商业智能和分析能力，能够满足超大型企业的大多数关键业务的要求。
- 标准版：支持 32 位和 64 位系统，适合中小型企业使用，包括电子商务、数据仓库和业务流解决方案所需的基本功能。
- 工作组版：只支持 32 位系统，适用于数据库在大小和用户数量上没有限制的小型企业。工作组版可以用做前端 Web 服务器，也可以用于部门或分支机构的运营，是入门级的数据库。

- 简易版：只适用于 32 位系统，是一个免费、使用简单、易于管理的数据库。简易版与 Visual Studio 2005 集成在一起，可以轻松开发出功能丰富、存储安全、可快速部署的数据驱动应用程序。
- 开发版：功能和企业版完全一样，只是许可方不同，只能用于开发和测试，不能用于生产服务器。

为了让读者对 SQL Server 2005 不同版本的数据库之间的差异有更深一步的了解，下面从可伸缩性和性能、高可用性、管理性、安全性、可编程性、集成和互操作性、商业智能 7 个方面做详细的比较，列表来源于微软官方网站。

1. 可伸缩性和性能

图 2-2 所示的是 SQL Server 2005 不同版本在可伸缩性和性能上的比较。

可伸缩性和性能

功能	Express	Workgroup	Standard	Enterprise	注释
CPU 数量	1	2	4	无限制	支持多内核处理器
RAM	1 GB	3 GB	OS Max	OS Max	内存不能超过操作系统支持的最大值
64 位支持	Windows on Windows (WOW)	WOW	✓	✓	
数据库大小	4 GB	无限制	无限制	无限制	
分区				✓	支持大型数据库
并行索引操作				✓	索引操作并行处理
索引视图				✓	所有版本皆支持索引视图创建。只有 Enterprise Edition 支持按查询处理器匹配索引视图。

图 2-2　可伸缩性和性能比较

2. 高可用性

图 2-3 所示的是 SQL Server 2005 不同版本在高可用性上的比较。

高可用性

功能	Express	Workgroup	Standard	Enterprise	注释
数据库镜像[1]			✓[2]	✓	高级的高可用性解决方案，包括快速故障转移和自动客户重定向
故障转移群集			✓[3]	✓	
备份日志传送		✓	✓	✓	数据备份和恢复解决方案
联机系统更改	✓	✓	✓	✓	包括热添加内存、专用管理连接和其他联机操作
联机索引				✓	
联机还原				✓	
快速恢复				✓	开始撤销操作时可用的数据库

图 2-3　高可用性比较

图 2-3 中标注的解释：1. 仅供评估用。2. 单 REDO 线程和安全设置始终开启。3. 仅支持两个节点。

3. 管理性

图 2-4 所示的是 SQL Server 2005 不同版本在管理性上的比较。

管理性					
功能	Express	Workgroup	Standard	Enterprise	注释
自动调谐	✓	✓	✓	✓	自动调谐数据库以获取最优性能
Express Manager	✓₁	✓₂	✓₃	✓₄	易于使用的管理工具
Management Studio		✓	✓	✓	SQL Server 完全管理平台，包括 Business Intelligence (BI) Development Studio
数据库优化顾问			✓	✓	自动建议加强您的数据库体系结构以提高性能
服务性增强功能	✓	✓	✓	✓	动态管理视图和报表增强功能
全文搜索		✓	✓	✓	
SQL 代理作业调度服务		✓	✓	✓	

图 2-4 管理性比较

图 2-4 中标注的解释：1、2、3、4 均是可单独下载。

4. 安全性

图 2-5 所示的是 SQL Server 2005 不同版本在安全性上的比较。

安全性					
功能	Express	Workgroup	Standard	Enterprise	注释
高级审核、身份验证和授权功能			✓	✓	
数据加密和密钥管理	✓	✓	✓	✓	内置数据加密以获取高级的数据安全性
最佳实践分析器	✓	✓	✓	✓	扫描您的系统以确保遵循了推荐的最佳实践
与 Microsoft Baseline Security Analyzer 的集成	✓	✓	✓	✓	扫描您的系统以检查常见的安全漏洞
与 Microsoft Update 的集成	✓	✓	✓	✓	

图 2-5 安全性的比较

5. 可编程性

图 2-6 所示的是 SQL Server 2005 不同版本在可编程性上的比较。

可编程性					
功能	Express	Workgroup	Standard	Enterprise	注释
存储过程、触发器和视图	✓	✓	✓	✓	
T-SQL 增强功能	✓	✓	✓	✓	包括异常处理、递归查询和新数据类型支持
公共语言运行时和 .NET 的集成	✓	✓	✓	✓	
用户定义类型	✓	✓	✓	✓	用您自己的自定义数据类型扩展服务器
本机 XML	✓	✓	✓	✓	包括 XML 索引和全文 XML 搜索
XQuery	✓	✓	✓	✓	
通知服务			✓	✓	允许构建高级订阅和发布应用程序
Service Broker	✓₁	✓	✓	✓	

图 2-6 可编程性比较

图 2-6 中标注的解释：1. 仅指订阅方。

6. 集成和互操作性

图 2-7 所示的是 SQL Server 2005 不同版本在集成和互操作性上的比较。

集成和互操作性					
功能	Express	Workgroup	Standard	Enterprise	注释
导入/导出	✓	✓	✓	✓	
具有基本转换的集成服务			✓	✓	提供图形提取、转换和加载 (ETL) 功能
集成服务高级转换				✓	包括数据挖掘、文本挖掘和数据清理
合并复制	✓₁	✓₂	✓	✓	
事务性复制	✓₃	✓₄	✓	✓	
Oracle 复制				✓	使用 Oracle 数据库作为发布者的事务性复制
Web Services（HTTP 端点）			✓	✓	支持本机 Web services、WSDL 和 Web 身份验证

图 2-7　集成和互操作性比较

图 2-7 中标注的解释：1. 仅订阅方。2. 最多发布给 25 个订阅方。3. 仅订阅方。4. 最多发布给 5 个订阅方。

7. 商业智能

图 2-8 所示的是 SQL Server 2005 不同版本在商业智能上的比较。

商业智能					
功能	Express	Workgroup	Standard	Enterprise	注释
报表服务器	✓	✓	✓	✓	
报表生成器		✓	✓	✓	最终用户报表工具
报表数据源	✓₁	✓₂	✓	✓	Standard Edition 和 Enterprise Edition 支持所有数据源（OLAP 和关系数据）
向外扩展报表服务器				✓	
数据驱动订阅				✓	
无限点进				✓	
数据仓库			✓	✓	
星型查询优化	✓	✓	✓	✓	
SQL 分析功能	✓	✓	✓	✓	
BI Development Studio	✓₃	✓₄	✓	✓	集成开发环境，用于生成和调试数据集成、OLAP、数据挖掘和报表解决方案
企业管理工具		✓	✓	✓	与 SQL Management Studio、SQL Server 事件探查器、SQL Server 代理和备份/还原集成
本机支持 Web Services（面向服务的体系结构）	✓₅	✓₆	✓	✓	允许访问任意设备的数据
Analysis Services			✓	✓	强大的分析和数据挖掘功能
统一的维度模型			✓	✓	企业业务数据模型可以对大型数据集进行快速、交互式的即席特殊分析。生成更智能的报告，它们可充分利用中心业务逻辑和 KPI 以及充分利用 UDM 的性能
业务分析			✓	✓	MDX 脚本和 MDX 调试器、.Net 存储过程、时间智能、KPI 框架
高级业务分析				✓	帐户智能、元数据翻译、透视和半累加性度量值
主动缓存				✓	提供自动缓存以获取更强大的可伸缩性和性能
高级数据管理				✓	已分区的多维数据集、并行处理、服务器同步
完全写回支持				✓	维度和单元格写回
数据挖掘			✓	✓	九种算法包括决策树和回归树、群集、逻辑和线性回归、神经网络、Naive Bayes、关联、顺序分析和聚类分析和时序。生成更智能的报告，它们可充分利用中心业务逻辑和 KPI 以及充分利用 UDM 的性能
高级性能调谐功能				✓	附加选项，用于调谐数据挖掘模式，以获取更高的准确性、更好的性能和更强的可伸缩性。
SQL Server Integration Services 数据流集成				✓	在操作数据管道中直接执行数据挖掘预测和培训操作。
文本挖掘				✓	将非结构化文本数据转换为结构化数据，以通过报表、OLAP 或数据挖掘进行分析。

图 2-8　商业智能比较

图 2-8 中标注的解释：1、本地计算机，相同的 SQL Server 版本，仅关系数据。2、本地计算机，相同的 SQL Server 版本，仅关系数据。3、仅报表设计器。4、仅报表设计器。5、仅 Reporting Services。6、仅 Reporting Services。

2.2.2 SQL Server 2005 的运行环境要求

1. 硬件环境要求

对硬件环境的要求包括对处理器类型、处理速度、内存、硬盘空间等的要求。SQL Server 2005 对处理器型号、处理速度及内存需求的详细信息如表 2-1 所示。

表 2-1 SQL Server 2005 对处理器型号、处理速度及内存需求的详细信息

硬 件 名 称	最 低 要 求
处理器类型	Pentium III 兼容处理器或更高速度的处理器（32 位） IA64 最低：Itanium 处理器或更高（64 位） X64 最低：AMD Opteron、AMD Athlon 64、支持 Intel EM64T 的 Intel Xenon、支持 Intel EM64 的 Intel Pentium IV（64 位）
处理器速度	最低：600 MHz，建议：1 GHz 或更高（32 位） IA64 最低：1 GHz，建议：1 GHz 或更高（64 位） X64 最低：1 GHz，建议：1 GHz 或更高（64 位）
内存	最低：512 MB，建议：1 GB 或更大，最高：操作系统的最大内存（32 位的企业版、开发版、标准版、工作组版） 最低：192 MB，建议 512 MB 或更大，最高：操作系统的最大内存（32 位的精简版） IA64 最低：512 MB，建议：1 GB 或更大，最高：32TB（64 位的企业版、开发版、标准版） X64 最低：512 MB，建议：1 GB 或更大，最高：操作系统的最大内存（64 位的企业版、开发版、标准版）

实际的硬盘空间需求取决于系统配置以及所选择安装的服务和组件，SQL Server 2005 对硬盘空间需求的详细信息如表 2-2 所示。

表 2-2 SQL Server 2005 对硬盘空间需求的详细信息

服务和组件	硬盘需求
数据库引擎及数据文件、复制、全文搜索等	150 MB
分析服务及数据文件	35 KB
报表服务和报表服务器	40 MB
通知服务引擎组件、客户端组件以及规划组件	5 MB
集成服务	9 MB
客户端组件	12 MB
管理工具	70 MB
开发工具	15 MB
SQL Server 联机图书	15 MB
示例及示例数据库	390 MB

2. 操作系统要求

表 2-3 所示是 SQL Server 2005 对 32 位处理器上操作系统的要求。对 64 位处理器上操作系统的要求请参考用户手册或联机丛书。

表 2-3 SQL Server 2005 对 32 位处理器上操作系统的要求

操作系统	企业版	开发版	标准版	工作组版	精简版
Windows 2000 Professional Edition SP4	否	是	是	是	是
Windows 2000 Server SP4	是	是	是	是	是
Windows 2000 Advanced Server SP4	是	是	是	是	是
Windows 2000 Datacenter Edition SP4	是	是	是	是	是
嵌入式 Windows XP	否	否	否	否	否
Windows XP Home Edition SP2	否	是	否	是	是
Windows XP Professional Edition SP2	否	是	是	是	是
Windows XP Media Edition SP2	否	是	是	是	是
Windows XP Tablet Edition SP2	否	是	是	是	是
Windows 2003 Server SP1	是	是	是	是	是
Windows 2003 Enterprise Edition SP1	是	是	是	是	是
Windows 2003 Datacenter Edition SP1	是	是	是	是	是
Windows 2003 Web Edition SP1	否	否	否	否	是

3. Internet 要求

无论是 32 位版本还是 64 位版本的 SQL Server 2005，对 Internet 的要求都是相同的。这些 Internet 要求包括对 Internet Explorer、IIS、ASP. NET 的要求，具体如表 2-4 所示。

表 2-4 SQL Server 2005 对 Internet 的要求

组件	要求
Internet Explorer	Microsoft Internet Explorer 6.0 SP1 或更高版本。如果只要安装客户端组件且不需要连接到要求加密的服务器，则 Internet Explorer 4.01 SP2 也可以满足要求
IIS	SQL Server 2005 系统的报表服务需要 IIS 5.0 或更高版本
ASP. NET	SQL Server 2005 系统的报表服务需要 ASP. NET 2.0

2.2.3 安装 SQL Server 2005

在明白了 SQL Server 的版本的区别及系统要求之后，接下来将详细讲述如何安装 SQL Server 2005。此处示例的安装环境是 Windows Server 2003 Enterprise Edition SP2，安装的 SQL Server 2005 为企业版。如果读者的操作系统不是 Windows Server 2003 SP2 的话，则需要单独安装以下 3 个组件：

- Microsoft Windows Installer 3.1 或更高版本。
- MDAC 2.8 SP1 或更高版本。
- Microsoft Windows . Net Framework 2.0。

这些组件在微软的网站上都可以免费下载。下面开始安装 SQL Server 2005 企业版。

1）运行第一张光盘的 setup. exe 文件，将出现如图 2-9 所示的"最终用户许可协议"对话框。选中"我接受许可条款和条件"前的复选框，单击"下一步"按钮。

2）出现如图 2-10 所示的"安装必备组件"对话框。单击"安装"按钮，安装必备组件。

3）必备组件安装完毕后，在如图 2-11 对话框中，单击"下一步"按钮。

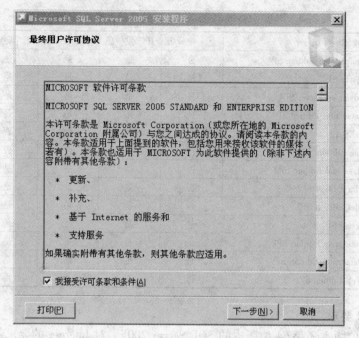

图 2-9   "最终用户许可协议"对话框

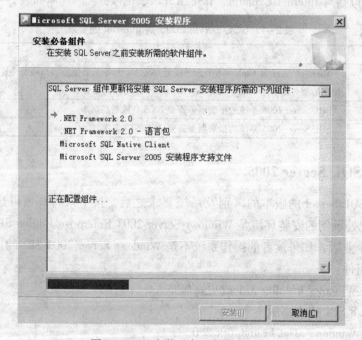

图 2-10   "安装必备组件"对话框

4）出现如图 2-12 所示的"系统配置检查"对话框。

5）系统配置检查完毕之后，出现如图 2-13 所示的"安装向导"对话框，单击"下一步"按钮。

6）出现如图 2-14 所示的"系统配置检查"对话框，SQL Server 2005 安装程序将会对系统的软件、硬件和网络环境进行检查，只有满足条件后才可以进一步安装。如果有未能满

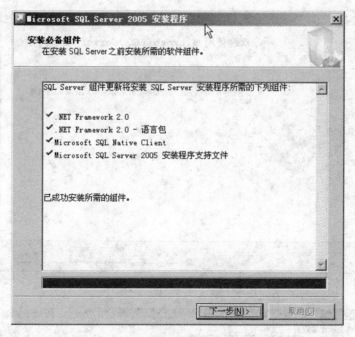

图 2-11　安装完必备组件对话框

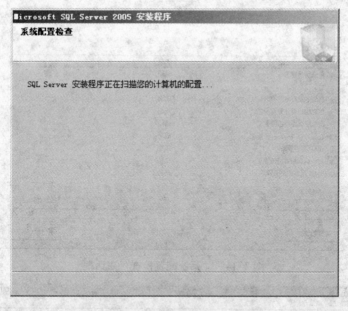

图 2-12　"系统配置检查"对话框

足的系统配置条件，则会用明显的标志给用户以提示，本例中没有安装 IIS，单击"消息"可以查看具体提示内容，如图 2-15 所示。

　　7）如果所有安装条件都满足的话，则会出现如图 2-16 所示的对话框，单击"下一步"按钮。

　　8）出现如图 2-17 所示"注册信息"对话框，输入姓名、公司和注册码后，单击"下一步"按钮。

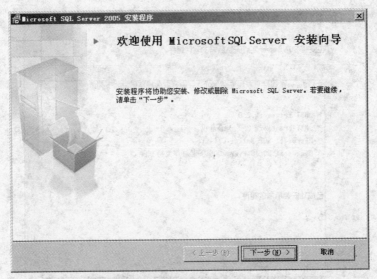

图 2-13　"安装向导"对话框

图 2-14　"系统配置检查"对话框

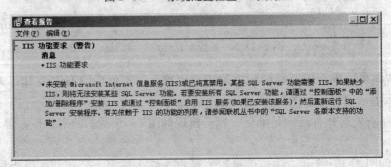

图 2-15　"查看报告"的具体提示内容

图 2-16　"系统配置检查成功"对话框

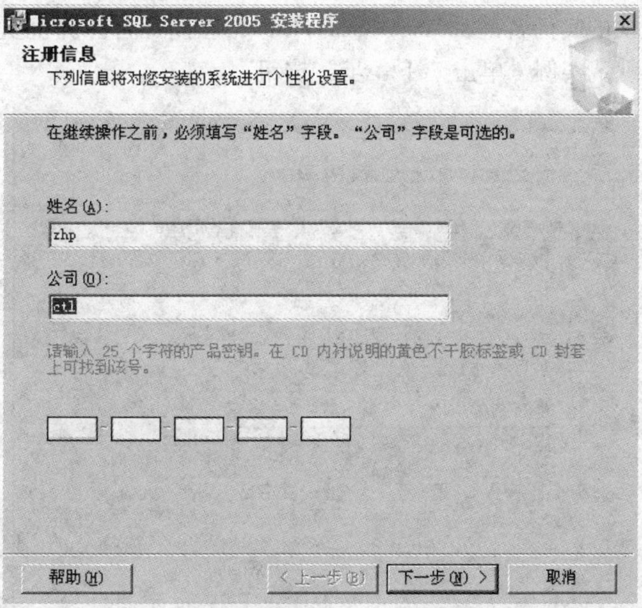

图 2-17　"注册信息"对话框

9）出现如图 2-18 所示"要安装的组件"对话框，在这里可以根据需要选择安装的组件，选择完毕后单击"下一步"按钮。本例中的"创建 SQL Server 故障转移群"和"创建分析服务器故障转移群集"两个选项不可选择，这是因为故障转移群集是 SQL Server 2005 的一项高可用性配置，这种结构需要特殊的硬件环境，只有在满足了硬件环境的情况下此项才可以选择。

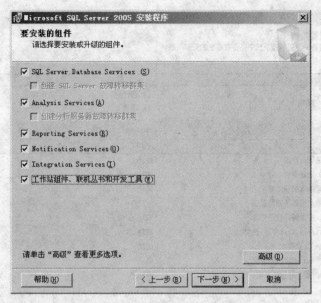

图 2-18   "要安装的组件"对话框

10）出现如图 2-19 所示的"实例名"对话框。实例就是虚拟的 SQL Server 2005 服务器，SQL Server 2005 允许在同一台计算机上安装多个实例，并可以让这些实例同时执行、独立运行，就好像是有多台 SQL Server 服务器同时在运行。不同的实例是以实例名来区分的。SQL Server 2005 默认的实例名是"MSSQLSERVER"，在同一台计算机上只能有一个默认的实例。本例中选择默认实例，单击"下一步"按钮。

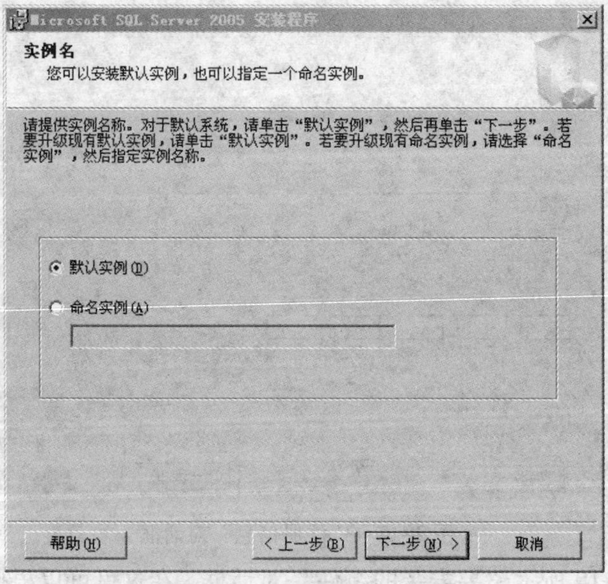

图 2-19   "实例名"对话框

11）将出现如图 2-20 所示"服务账户"对话框，该对话框用来设定登录时使用的账户。如果是域用户的话，则可以选择"使用域用户账户"，如果不是域用户的话，选择"使用内置系统账户"。

图 2-20 "服务账户"对话框

域与工作组不同，工作组中一切安全设置都在本机上进行，用户登录也是登录到本机，用户和密码都是放在本机的数据库里，由本机验证。而域的各种安全策略是由域控制器统一设定，用户名和密码也是放在域控制器去验证的。换句话说，一个用户的账号密码可以在同一域的任何一台计算机上登录。所以，如果是域用户的话，就一定要选"使用域用户账户"，并输入用户名、密码和域的名称。

在如图 2-21 所示对话框中，还可以为每个不同的服务定义不同的登录账户。同时，安装结束后要启用哪些服务，也可以在此对话框里设定。

本例中选择的是"使用内置系统账户"，安装结束时启动的服务采用默认选择项，设置完毕后单击"下一步"按钮。

12）出现如图 2-21 "身份验证模式"对话框，用户指定连接 SQL Server 时使用的安全设置。SQL Server 2005 一共有两个身份验证模式：Windows 身份验证模式和 SQL Server 身份验证。

- Windows 身份验证模式是在 SQL Server 中建立与 Windows 用户账号对应的登录账号，这样，在登录了 Windows 之后，再登录 SQL Server 就不用再一次输入用户名和密码了。

注意：这并不意味着只要能登录 Windows 就能登录 SQL Server。而是需要由管理员事先在 SQL Server 中建立对应的 SQL Server 账号才能登录，默认 Administrators 组的用户可以登录 SQL Server。

- SQL Server 身份验证方式就是在 SQL Server 中建立专门用来登录 SQL Server 的账户和密码，这些账户和密码与 Windows 登录无关。

在本例中选择"混合模式"登录，选择"混合模式"之后，要求输入"sa"账户的密码。"sa"是 SQL Server 内置的系统管理员。输入完密码和确认密码之后，单击"下一步"按钮。

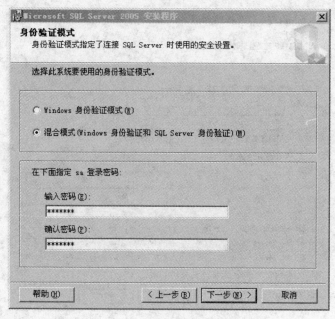

图 2-21 "身份验证模式"对话框

13）出现"排序规则设置"对话框，如图 2-22 所示。在 SQL Server 中，字符串的物理存储是由排序规则控制的，排序规则指定表示每个字符的位模式、存储和比较字符时所使用的规则。在这个对话框中，还可以对每个不同的服务指定不同的排序规则，本例中选择默认的排序规则，然后单击"下一步"按钮。

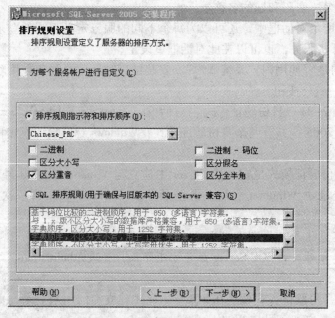

图 2-22 "排序规则设置"对话框

14）由于在第 9）步选择了安装报表服务器，所以会出现如图 2-23 所示的"报表服务器安装选项"对话框，本例中选择"安装默认配置"，单击"下一步"按钮。

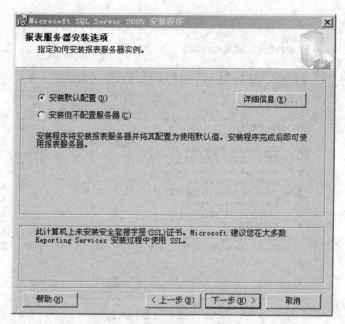

图 2-23　"报表服务器安装选项"对话框

15）出现如图 2-24 所示的"错误和使用情况报告设置"对话框，询问是否发送错误和使用情况报告给微软公司，一般情况下都不需要选择，直接单击"下一步"按钮。

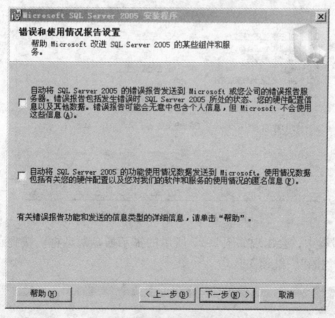

图 2-24　"错误和使用情况报告设置"对话框

16）系统将出现如图 2-25 所示的"准备安装"对话框，在这里可以看到选择要安装的所有组件，如果还有要修改的安装计划的话，可以单击"上一步"按钮进行修改；如果没有要修改的话，直接单击"安装"按钮进行安装。

17）出现如图 2-26 所示的"安装进度"对话框，正式开始安装 SQL Server 2005。

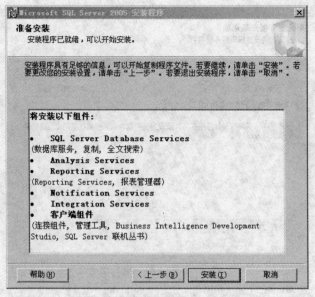

图 2-25 "准备安装"对话框

图 2-26 "安装进度"对话框

18）在安装过程中，会出现如图 2-27 所示的提示换盘对话框。按提示换入第二张安装盘，单击"确定"按钮，继续安装。

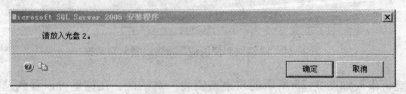

图 2-27 提示换盘对话框

19）最后安装完毕，出现如图 2-28 所示的"完成 Microsoft SQL Server 2005"对话框，单击"完成"按钮退出安装程序。

22

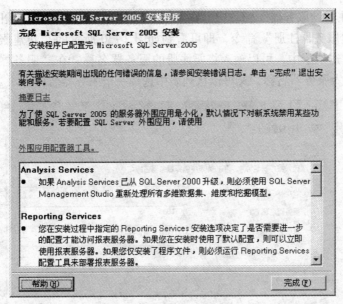

图 2-28　安装完成对话框

在安装 SQL Server 2005 服务器组件的同时，默认也安装了 SQL Server 2005 的客户端，客户端与服务器端同时安装在了同一台计算机上。

2.3　配置 SQL Server 2005

SQL Server 2005 是运行于网络环境下的数据库管理系统，它支持网络中不同计算机上的多个用户同时访问和管理数据库资源。服务器是 SQL Server 2005 数据库管理系统的核心，它为客户端提供网络服务，使用户能够远程访问和管理 SQL Server 数据库。配置服务器的过程就是为了充分利用 SQL Server 系统资源而设置 SQL Server 服务器默认行为的过程。合理地配置服务器，可以加快服务器响应请求的速度、充分利用系统资源、提高系统的工作效率。本节将重点介绍如何注册服务器和如何配置服务器选项。

2.3.1　注册服务器

为了管理、配置和使用 SQL Server 2005 系统，必须使用 SQL Server Management Studio 工具注册服务器。注册服务器就是为 SQL Server 客户机/服务器系统确定数据库所在的一台计算机，该计算机作为服务器，可以为客户端的各种请求提供服务。

1. 注册服务器

使用 SQL Server Management Studio 工具注册服务器的步骤如下。

1）打开 SQL Server Management Studio 工具，选择"视图"→"已注册的服务器"命令，将出现"已注册的服务器"窗口，如图 2-29 所示。

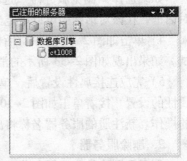

图 2-29　"已注册的服务器"窗口

2）在"已注册的服务器"窗口中，在"数据库引擎"上右击，从弹出的快捷菜单中选择"新建"→"服务器注册"命令，即可看到如图2-30所示的"新建服务器注册"对话框。在"常规"选项卡中，可以输入将要注册的服务器名称。在"服务器名称"下拉列表框中，既可以输入服务器名称，又可以从列表中选择一个服务器名称。

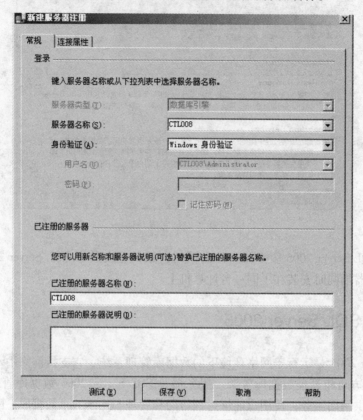

图2-30 "新建服务器注册"对话框

3）选择"连接属性"选项卡，如图2-31所示，在该选项卡中可以设置连接到的数据库、网络以及其他连接属性。在"连接到数据库"下拉列表框中可以指定用户将要连接到的数据库名称。如果选择"默认值"选项，即表示连接到SQL Server系统当前默认使用的数据库。

如果选择"浏览服务器"选项，则会出现如图2-32所示的"查找服务器上的数据库"对话框，在该对话框中可以指定当前用户连接服务器时默认的数据库。

4）单击如图2-31所示对话框中的"测试"按钮，可以对当前设置的连接属性进行测试。如果出现如图2-33所示的消息框，则表示连接属性的设置是正确的。

5）完成连接属性设置后，单击图2-31所示对话框中的"保存"按钮，即可完成连接属性的设置。接着单击如图2-30所示对话框中的"保存"按钮，即可完成新建服务器注册的操作。新注册的服务器名称将出现在列表中。

2. 删除服务器

在需要删除的服务器名称上右击，从弹出的快捷菜单中选择"删除"命令，在弹出的"确认删除"对话框（如图2-34所示）中单击"是"按钮，即可完成删除操作。

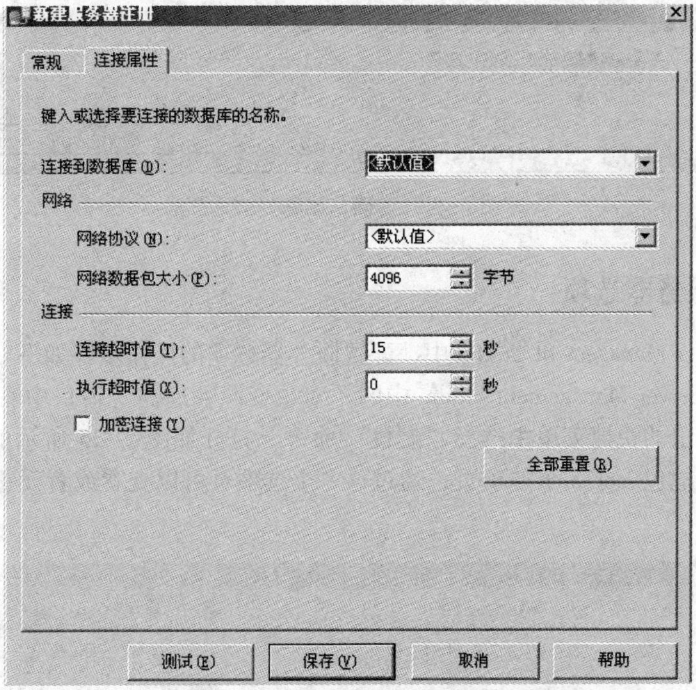

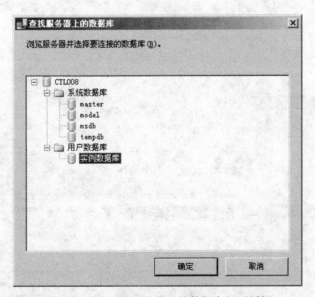

图 2-31　"连接属性"选项卡

图 2-32　"查找服务器上的数据库"对话框

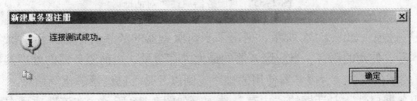

图 2-33　"新建服务器注册"消息框

图 2-34 "确认删除"对话框

2.3.2 配置服务器选项

在 SQL Server Management Studio 中，配置服务器选项的操作步骤如下。

1）在 SQL Server Management Studio 中的"对象资源管理器"窗口中右击需要设置的服务器名称，从弹出的快捷菜单中选择"属性"命令，打开如图 2-35 所示的"服务器属性"对话框。该对话框包含了 8 个选项页，通过这 8 个选项页可以查看或者设置服务器的常用选项值。

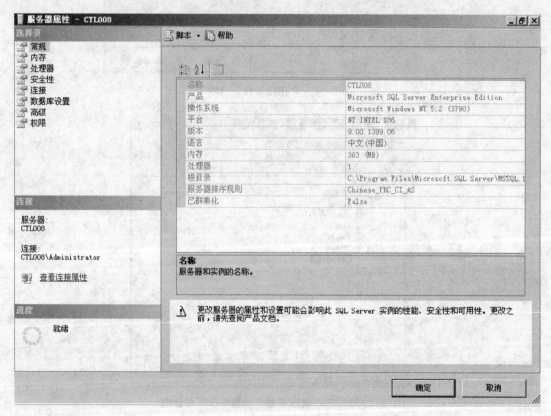

图 2-35 "服务器属性"对话框

"常规"选项页如图 2-35 所示，列出了当前服务器的产品名称、操作系统名称、平台名称、版本号、使用的语言、当前服务器的最大内存数量、当前服务器的处理器数量、当前 SQL Server 安装的根目录、服务器使用的排序规则以及是否已经集群化等信息。

2）"服务器属性"对话框的"内存"选项页如图 2-36 所示，在该选项页中可以设置与内存管理有关的选项。

26

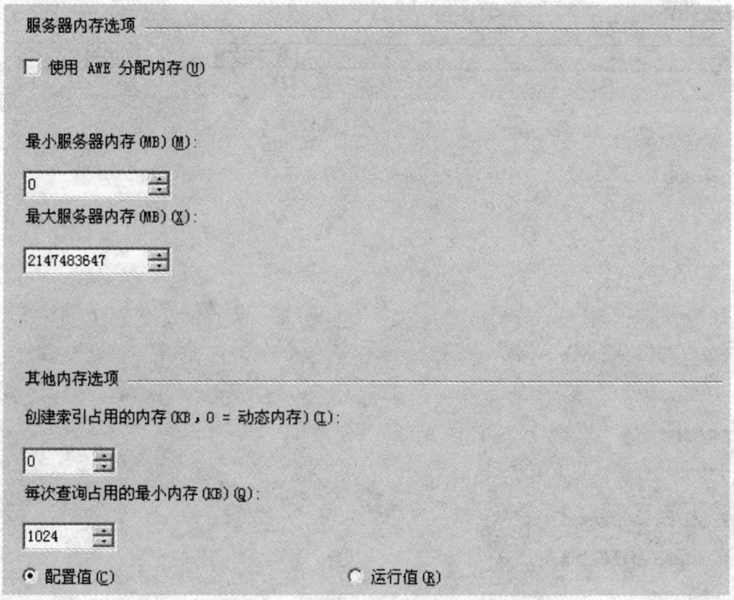

图 2-36 "内存"选项页

"使用 AWE 分配内存"选项表示当前服务器上使用 AWE 技术执行超大物理内存，从理论上说，32 位地址最多可以映射 4GB 内存，但是，通过使用 AWE 技术，SQL Server 系统可以使用远远超过 4GB 的内存空间。一般情况下，只有在使用大型的数据库系统时才选中该选项。

如果需要设置服务器可以使用的内存范围，可以通过"最小服务器内存（MB）"和"最大服务器内存（MB）"两个文本框来完成设置。

如果希望为索引指定占用的内存，可以通过设置"创建索引占用的内存"文本框来完成。当"创建索引占用的内存"文本框中的值为 0 时，表示系统动态为索引分配内存；查询也需要耗费内存，在"每次查询占用的最小内存（KB）"文本框中可以查看查询所占内存的大小，默认值是 1024。

需要说明的是，该选项页上有两个单选按钮，即"配置值"单选按钮和"运行值"单选按钮。配置值指的是当前设置了但是还没有真正起作用的选项值，运行值指的是当前系统正在使用的选项值。在对某个选项进行设置之后，选中"运行值"单选按钮可以查看该设置是否立即生效。如果这些设置不能立即生效，必须停止和重新启动服务器该设置才能生效。

3）"服务器属性"对话框的"处理器"选项页如图 2-37 所示，在该选项页中，可以设置与服务器的处理器相关的选项。只有服务器上安装了多个处理器时，"处理器关联"和"I/O 关联"才有意义。

在 Windows 操作系统中，有时为执行多个任务，需要在不同处理器之间进行移动以便处理多个线程。但是，这种移动会使处理器缓存不断地重新加载数据，从而降低了 SQL Server 系统的性能。如果事先将每个处理器分配给特定的线程，则可以避免处理器缓存重新加载数据，从而提高了 SQL Server 系统的性能。线程与处理器之间的这种关系称为处理器关联。

"最大工作线程数"选项可以用来设置 SQL Server 进程的工作线程数：如果客户端比较少，可以为每一个客户端设置一个线程；如果客户端很多，可以为这些客户端设置一个工作线程池。当该值为 0 时，表示系统动态分配线程。最大线程数受到服务器硬件的限制，例

27

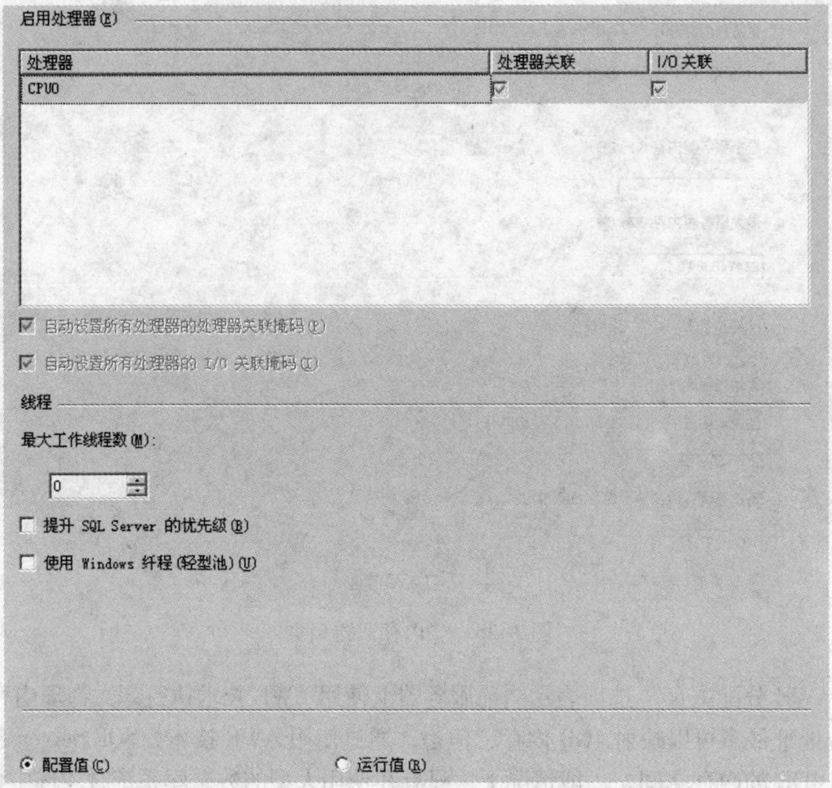

图 2-37 "处理器"选项页

如，当服务器的 CPU 个数低于 4 时，32 位机器的最大可用线程数是 256，64 位机器的最大可用线程数是 512。

"提升 SQL Server 的优先级"复选框选项表示设置 SQL Server 进程的优先级高于操作系统上的其他进程。一般情况下，选中"使用 Windows 纤程（轻型池）"复选框，通过减少上下文的切换频率来提高系统的吞吐量。

4）"服务器属性"对话框的"安全性"选项页如图 2-38 所示，在该选项页中，可以设置与服务器身份认证模式、登录审核等安全性有关的选项。

在该选项页中可以修改系统的身份验证模式。可以通过设置登录审核功能，将用户的登录结果记录在错误日志中。如果选中"无"单选按钮，表示不对登录过程进行审核。如果选中"仅限失败的登录"单选按钮，则表示只是记录登录失败的事件。如果选中"失败和成功的登录"单选按钮，表示无论是登录失败事件还是登录成功事件都将记录在错误日志中，以便对这些登录事件进行跟踪和审核。这种登录审核仅仅是对登录事件的审核。

如果希望对执行某条语句的事件进行审核、对使用某个数据库对象的事件进行审核，可以选中"启用 C2 审核跟踪"复选框，该选项可以在日志文件中记录对语句、对象访问的事件。

如果选中"启用服务器代理账户"复选框，则需要指定代理账户名称和密码。如果服务器代理账户的权限过大，有可能被恶意用户利用，形成安全漏洞，危及系统安全。因此，服务器代理账户应该只具有执行既定工作所需的最低权限。

所有权链接通过对某个对象的权限进行设置，允许对多个对象的访问进行管理，但是，这种所有权链接是否可以跨数据库，需要通过"跨数据库所有权链接"复选框来进行设置。

28

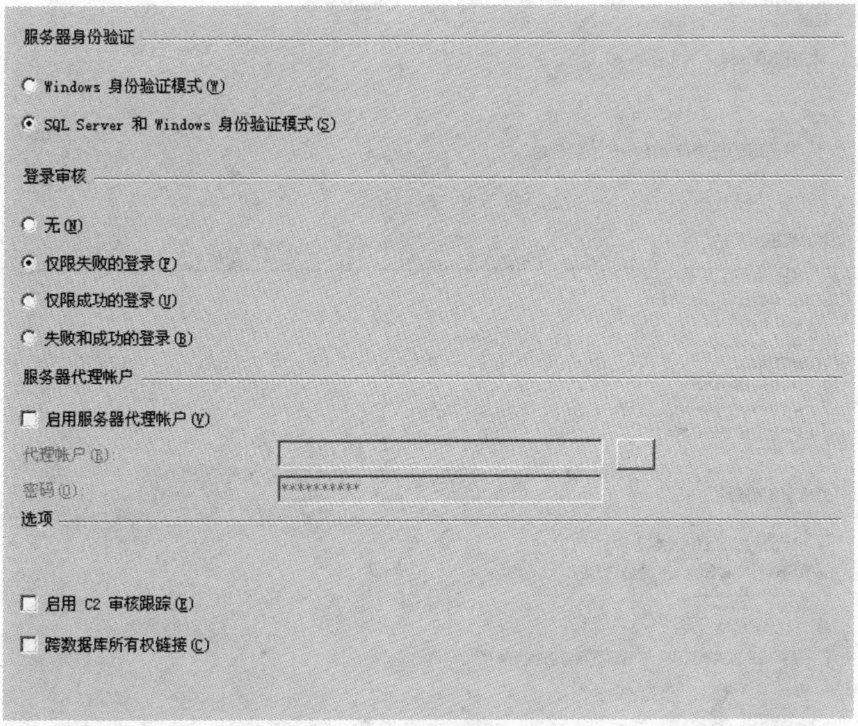

图 2-38 "安全性"选项页

5）"服务器属性"对话框的"连接"选项页如图 2-39 所示，在该选项页中可以设置与连接服务器有关的选项和参数。

"最大并发连接数（ =0 无限制）"文本框选项用于设置当前服务器允许的最大并发连接数量。并发连接数量是同时访问服务器的客户端数量，这种数量受到技术和商业两方面的限制。其中，技术上的限制可以在这里设置，商业上的限制是通过合同或协议确定的。将该选项设置为 0，表示从技术上来讲，不对并发连接数量进行限制，理论上允许有无数多的客户端同时访问服务器。

在 SQL Server 系统中，查询语句执行时间的长短是通过查询调控器进行限定的。如果在"使用查询调控器防止查询长时间运行"文本框中指定一个正数，那么查询调控器将不允许查询语句的执行时间超过这个设定值。如果指定为 0，则表示不限制查询语句的执行时间。另外，可以通过设置"默认连接选项"中的列表清单来控制查询语句的执行行为。

如果希望设置与远程服务器连接有关的操作，可以对"允许远程连接到此服务器"复选框、"远程查询超时值（秒，0 = 无超时）"文本框和"需要将分布式事务用于服务器到服务器的通信"复选框进行设置。

6）"服务器属性"对话框的"数据库设置"选项页如图 2-40 所示，在该选项页中，可以设置与创建索引、执行备份和还原等操作有关的选项。

7）"服务器属性"对话框的"高级"选项页如图 2-41 所示，在该选项页中，可以设置有关服务器的并行操作行为、网络行为等。

8）"服务器属性"对话框的"权限"选项页如图 2-42 所示，在该选项页中，可以设置和查看当前 SQL Server 实例中登录名或者角色的权限信息。

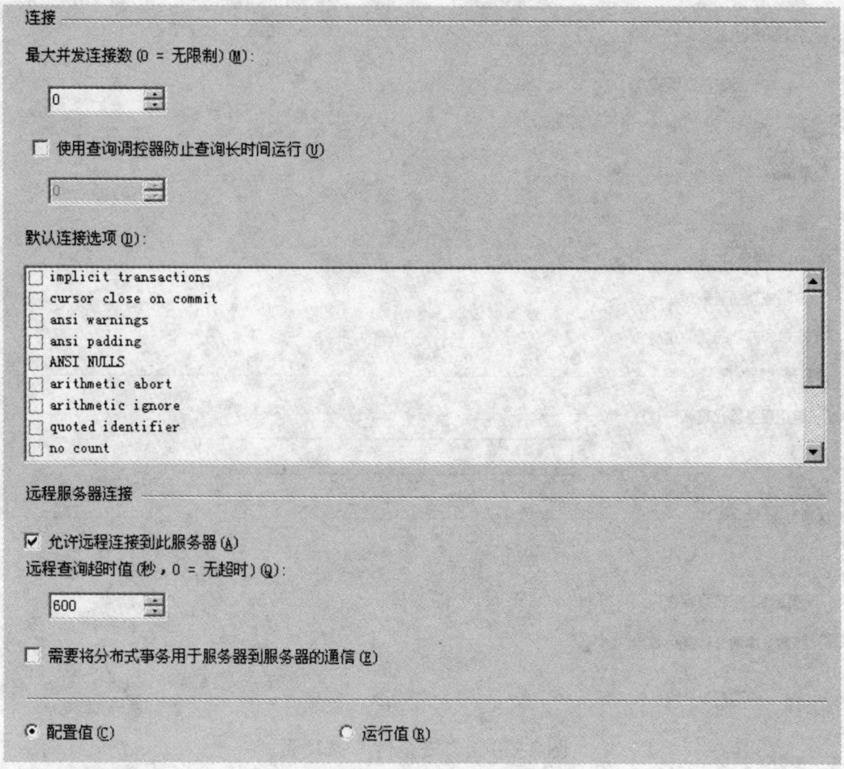

连接

最大并发连接数(0 = 无限制)(M):

0

□ 使用查询调控器防止查询长时间运行(U)

0

默认连接选项(D):

☐ implicit transactions
☐ cursor close on commit
☐ ansi warnings
☐ ansi padding
☐ ANSI NULLS
☐ arithmetic abort
☐ arithmetic ignore
☐ quoted identifier
☐ no count

远程服务器连接

☑ 允许远程连接到此服务器(A)

远程查询超时值(秒，0 = 无超时)(Q):

600

□ 需要将分布式事务用于服务器到服务器的通信(R)

◉ 配置值(C)   ○ 运行值(R)

图 2-39　"连接"选项页

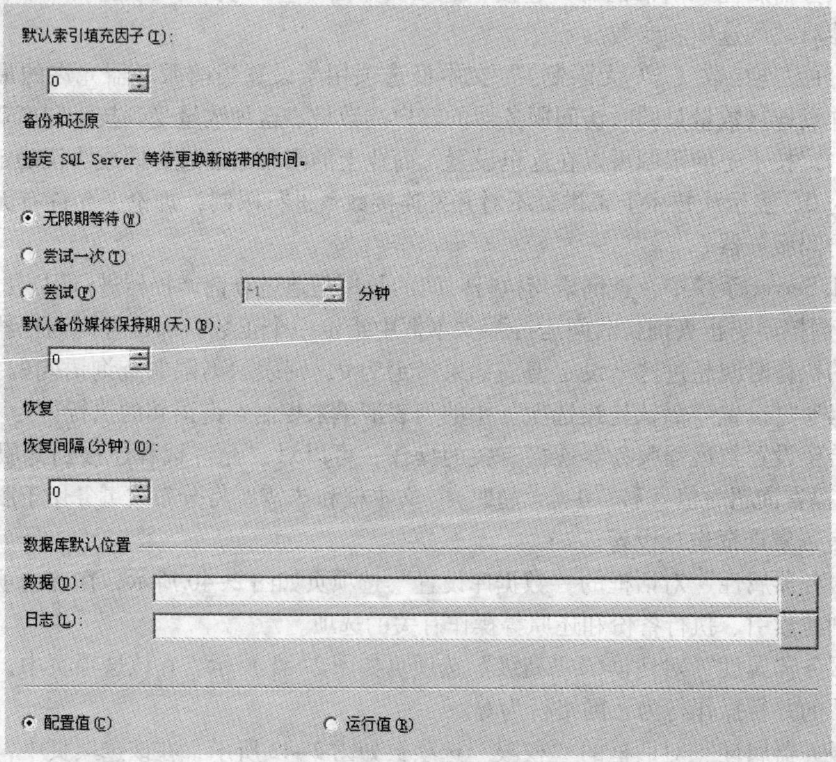

默认索引填充因子(I):

0

备份和还原

指定 SQL Server 等待更换新磁带的时间。

◉ 无限期等待(W)

○ 尝试一次(T)

○ 尝试(F)   -1   分钟

默认备份媒体保持期(天)(B):

0

恢复

恢复间隔(分钟)(O):

0

数据库默认位置

数据(D):

日志(L):

◉ 配置值(C)   ○ 运行值(R)

图 2-40　"数据库设置"选项页

30

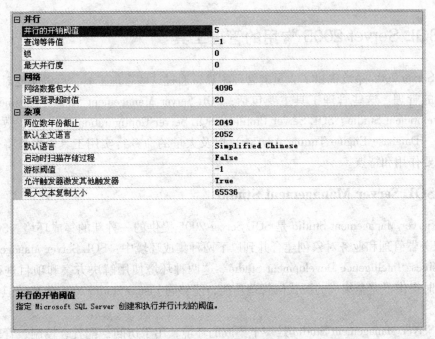

图 2-41　"高级"选项页

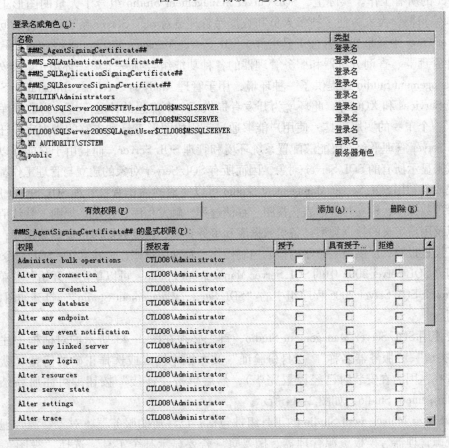

图 2-42　"权限"选项页

2.4 SQL Server 2005 常用的管理工具

SQL Server 2005 系统提供了大量的管理工具，通过这些管理工具，可以实现对系统的快速、高效的管理。这些管理工具主要包括：SQL Server Management Studio、Business Intelligence Development Studio、SQL Server Profiler、SQL Server Configuration Manager、数据库引擎优化顾问（Database Engine Tuning Advisor）以及大量的命令行实用工具。本节将介绍这些工具的主要作用和特点。

2.4.1 SQL Server Management Studio

SQL Server Management Studio 是 SQL Server 2005 提供的一种新的集成环境。SQL Server 2005 将服务器管理和业务对象创建合并到以下两种集成环境中：SQL Server Management Studio 和 Business Intelligence Development Studio。这两种环境使用解决方案和项目进行管理和组织，同时提供了完全集成的源代码管理功能，能够同 Visual Studio 2005 集成，但并非是它的一部分。

SQL Server Management Studio 是一个集成的环境，用于访问、配置、控制、管理和开发 SQL Server 的所有工作。实际上，SQL Server Management Studio 组合了大量的图形工具和丰富的脚本编辑器，大大方便了技术人员和数据库管理员对 SQL Server 系统的各种访问，它是 SQL Server 2005 中最重要的管理工具组件。SQL Server Management Studio 将 SQL Server 2000 中的企业管理器、查询分析器和服务管理器的各种功能组合到一个单一环境中。此外，SQL Server Management Studio 还提供了一种环境，用于管理 Analysis Services、Integration Services、Reporting Services 和 XQuery。此环境为开发者提供了一个熟悉的体验环境，为数据库管理人员提供了一个单一的实用工具，使用户能够通过易用的图形工具和丰富的脚本完成任务。

SQL Server 管理平台不仅能够配置系统环境和管理 SQL Server，而且由于它能够以层叠列表的形式来显示所有的 SQL Server 对象，因而所有 SQL Server 对象的建立与管理工作都可以通过它来完成。利用 SQL Server Management Studio 可以完成的操作有：管理 SQL Server 服务器；建立与管理数据库；建立与管理表、视图、存储过程、触发程序、角色、规则、默认值等数据库对象以及用户定义的数据类型；备份数据库和事务日志、恢复数据库；复制数据库；设置任务调度；设置报警；提供跨服务器的拖放控制操作；管理用户账户；建立 T‑SQL 命令语句。

要打开 SQL Server 2005 中的 SQL Server Management Studio，可以单击"开始"菜单，然后单击 Microsoft SQL Server 2005 程序组中的"SQL Server Management Studio"，打开如图 2-43 所示的界面。

若要使用 SQL Server Management Studio，首先必须在图 2-43 所示的对话框中注册。在"服务器类型"、"服务器名称"、"身份验证"文本框中输入或选择正确的信息（默认情况下不用选择，因为在安装时已经设置完毕），然后单击"连接"按钮即可注册登录到 SQL Server Management Studio，如图 2-44 所示。

SQL Server Management Studio 的工具组件包括：已注册的服务器、对象资源管理器、解决方案资源管理器、模板资源管理器、摘要页。若要显示某个工具，选择"视图"下拉菜单中相应的工具名称即可。

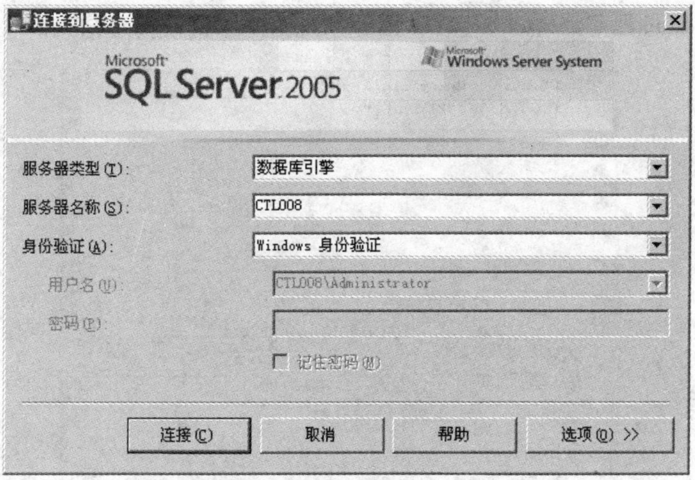

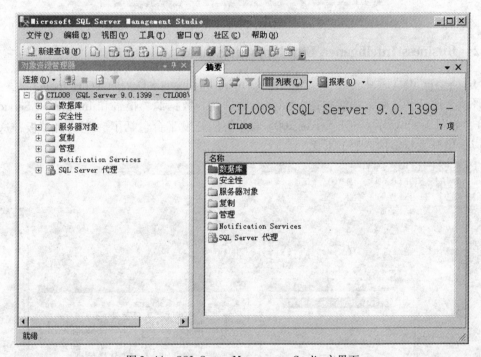

图 2-43 "连接到服务器"界面

图 2-44 SQL Server Management Studio 主界面

"查询编辑器"是以前版本中 Query Analyzer 工具的替代物，使用"查询编辑器"可以编写和执行 T-SQL 语句，并且可以迅速查看这些语句的执行结果，以便分析和处理数据库中的数据。与 Query Analyzer 工具总是工作在连接模式下不同的是，"查询编辑器"既可以工作在连接模式下，又可以工作在断开模式下。另外，"查询编辑器"还支持彩色代码关键字、可视化地显示语法错误、允许开发人员运行和诊断代码等功能。这是一个非常实用的工具，在 SQL Server Management Studio 工具栏中，单击工具栏左侧的 新建查询(N) 按钮可以打开查询分析器，如图 2-45 所示。可以在其中输入要执行的 T-SQL 语句，然后单击 执行(X) 按钮，或按〈Ctrl + E〉组合键执行此 T-SQL 语句，查询结果将显示在结果窗口中。此处由于还没有定义存储过程"getstudent_4"，因此系统给出了错误提示信息。

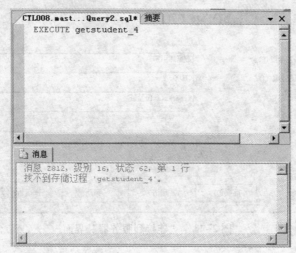

图 2-45　查询分析器界面

2.4.2　Business Intelligence Development Studio

SQL Server 2005 商业智能开发平台（Business Intelligence Development Studio）是一个集成的环境，用于开发商业智能构造（如多维数据集、数据源、报告和 Integration Services 软件包），如图 2-46 所示。SQL Server 2005 商业智能开发平台包括了一些项目模板，这些模板可以提供开发特定构造的上下文。

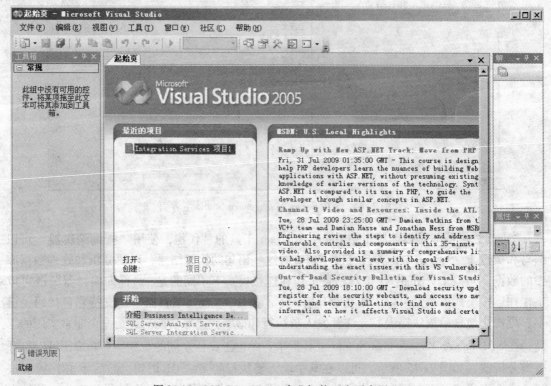

图 2-46　SQL Server 2005 商业智能开发平台界面

在商业智能开发平台中开发项目时，可将其作为某个解决方案的一部分进行开发，而该解决方案独立于具体的服务器。例如，可以在同一个解决方案中包括 Analysis Services 项目、Integration Services 项目和 Reporting Services 项目。在开发过程中，可以将对象部署到测试服务器中进行测试，然后将项目的输出结果部署到一个或多个临时服务器或生产服务器。

SQL Server 2005 商业智能开发平台可用于开发商业智能应用程序。如果要实现使用 SQL Server 数据库服务的解决方案，或者要管理并使用 SQL Server、Analysis Services、Integration Services 或 Reporting Services 的现有解决方案，则应当使用 SQL Server Management Studio。如果要开发并使用 Analysis Services、Integration Services 或 Reporting Services 的方案，则应当使用 SQL Server 2005 商业智能开发平台。

2.4.3　SQL Server Profiler

SQL Server 分析器（SQL Server Profiler）是一个图形化的管理工具，用于监督、记录和检查 SQL Server 2005 数据库的使用情况。对系统管理员来说，它是一个连续实时地捕获用户活动情况的工具。

可以通过多种方法启动 SQL Server Profiler，以支持在各种情况下收集跟踪输出。例如，可以通过"开始"→"所有程序"→"Microsoft SQL Server 2005"→"性能工具"→"SQL Server Profiler"菜单命令来启动 SQL Server Profiler。SQL Server Profiler 的运行界面如图 2-47 所示。在其中选择"文件"→"新建跟踪"命令，并选择连接的服务器之后，将打开如图 2-48 所示的"跟踪属性"对话框。

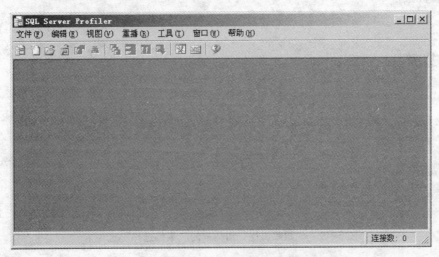

图 2-47　SQL Server Profiler 的运行界面

在"常规"选项卡中，可以设置跟踪名称和跟踪提供程序名称、类型，所使用的模板，保存的位置，是否启用跟踪停止时间设置等。

在"事件选择"选项卡中，可以设置需要跟踪的事件和事件列，如图 2-49 所示。

SQL Server Profiler 是用于捕获来自服务器的 SQL Server 2005 事件的工具，这些事件保存在一个跟踪文件中，可在以后对该文件进行分析，也可以在试图诊断某个问题时，用它来重播某一系列的步骤。SQL Server Profiler 能够支持以下多种活动：

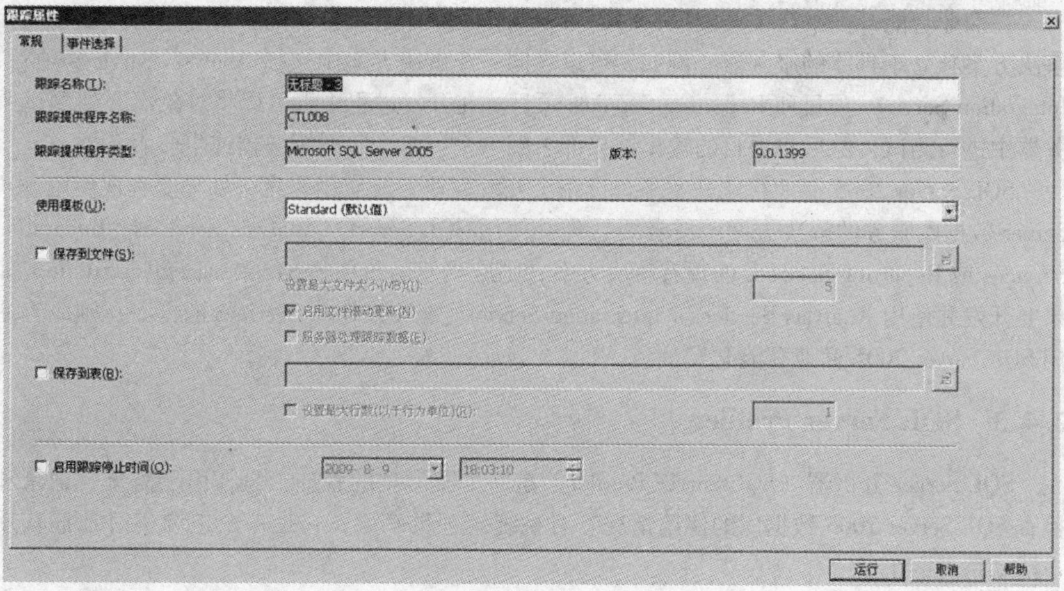

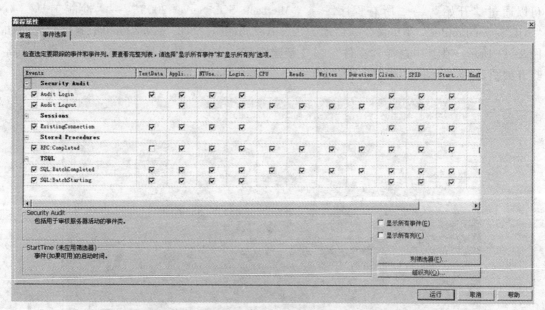

图 2-48　"跟踪属性"对话框的"常规"选项卡

图 2-49　"跟踪属性"对话框的"事件选择"选项卡

- 逐步分析有问题的查询,以便找到问题的原因。
- 查找并诊断执行速度慢的查询。
- 捕获导致某个问题的一系列 T - SQL 语句,然后利用所保存的跟踪,在某台测试服务器上复制此问题,接着在该测试服务器上诊断问题。
- 监视 SQL Server 的性能以便优化工作负荷。
- 使性能计数器与诊断问题关联。

SQL Server Profiler 还支持对 SQL Server 实例上执行的操作进行审核。审核将记录与安全相关的操作,供安全管理员以后复查。

2.4.4 SQL Server Configuration Manager

SQL Server 配置管理器（SQL Server Configuration Manager）用于管理与 SQL Server 相关联的服务，配置 SQL Server 使用的网络协议以及从 SQL Server 客户端计算机管理网络连接配置。可以通过"开始"→"所有程序"→"Microsoft SQL Server 2005"→"配置工具"→"SQL Server Configuration Manager"菜单命令，打开如图 2-50 所示的 SQL Server Configuration Manager 界面。

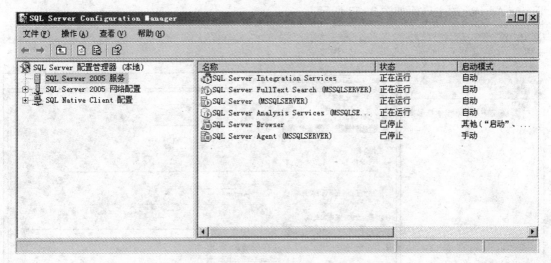

图 2-50　SQL Server Configuration Manager 界面

SQL Server 配置管理器是一个 Microsoft 管理控制台管理单元，它集成了以下工具的功能：服务器网络实用工具、客户端网络实用工具和服务管理器。通过选择"控制面板"→"管理工具"→"计算机管理"命令，打开"计算机管理"窗口，也可以实现对 SQL Server Configuration Manager 的操作，如图 2-51 所示。

图 2-51　"计算机管理"窗口

2.4.5 数据库引擎优化顾问

数据库引擎优化顾问（Database Engine Tuning Advisor）工具可以完成帮助用户分析工作负荷、提出创建高效率索引的建议等功能。借助数据库引擎优化顾问，用户不必详细了解数据库的结构就可以选择和创建最佳的索引、索引视图、分区等。

可以通过"开始"→"所有程序"→"Microsoft SQL Server 2005"→"性能工具"→"数据库引擎优化顾问"菜单命令来启动 Database Engine Tuning Advisor。Database Engine Tuning Advisor 的主界面如图 2-52 所示。

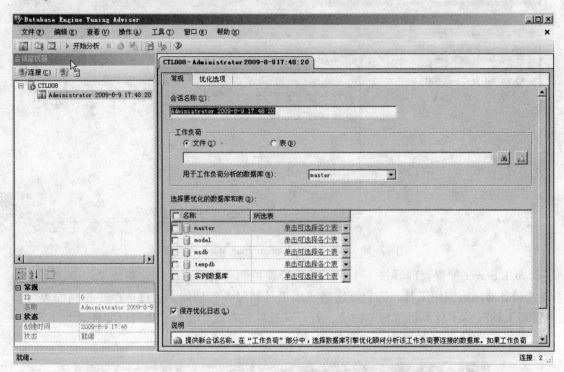

图 2-52　Database Engine Tuning Advisor 的主界面

在 SQL Server 2005 系统中，使用数据库引擎优化顾问工具可以执行如下的操作：
- 通过使用查询优化器分析工作负荷中的查询，推荐数据库的最佳索引组合。
- 为工作负荷中引用的数据库推荐对齐分区和非对齐分区。
- 推荐工作负荷中引用的数据库的索引视图。
- 分析所建议的更改将会产生的影响，包括索引的使用、查询在工作负荷中的性能等。
- 推荐为执行一个小型的问题查询集而对数据库进行优化的方法。
- 允许通过指定磁盘空间约束等选项对推荐进行自定义。
- 提供对所给工作负荷的建议执行效果的汇总报告。

2.4.6 命令行实用工具

SQL Server 2005 系统不仅提供了大量的图形化工具，还提供了大量的命令行实用工具。使用这些命令，可以与 SQL Server 2005 进行交互，但不能在图形界面下运行，只能在 Windows 命令提示符下输入命令行及参数来运行。

这些命令行实用工具包括：bcp、dta、dtexec、dtutil、nscontrol、osql、rs、rsconfig、rskeymgmt、sac、sqlcmd、sqlmaint、sqlservr、sqlwb、tablediff 等，这些工具的功能如下。

- bcp 实用工具可以在 Microsoft SQL Server 2005 实例和用户指定格式的数据文件之间进行数据复制。
- dta 实用工具是数据库引擎优化顾问的命令提示符版本。通过使用 dta 实用工具，用户可以在应用程序和脚本中使用数据库引擎优化顾问功能，从而扩大了数据库引擎优化顾问的作用范围。
- dtexec 实用工具用于配置和执行（SQL Server 2005 Integration Services，SSIS）包。用户通过使用 dtexec 实用工具可以访问所有 SSIS 包的配置信息和执行功能，这些信息包括连接、属性、变量、日志、进度指示等。
- dtutil 实用工具主要用于管理 SSIS 包，这些管理操作包括验证包的存在性以及对包进行复制、移动、删除等操作。
- nscontrol 实用工具与 SQL Server 2005 Notification Services 服务有关，用于管理、部署、配置、监视和控制通知服务，并提供了创建、删除、修复和注册等与通知服务有关的命令。
- osql 实用工具可以用来输入和执行 T – SQL 语句、系统过程、脚本文件等。该工具通过 ODBC 与服务器进行通信，实际上，在 SQL Server 2005 系统中，sqlcmd 实用工具可以代替 osql 实用工具。
- rs 实用工具与 SQL Server 2005 Reporting Services 服务有关，可以用于管理和运行报表服务器的脚本。
- rsconfig 实用工具也是与报表服务相关的工具，可以用来对报表服务连接进行管理。
- rskeymgmt 实用工具也是与报表服务相关的工具，可以用来提取、还原、创建、删除对称密钥。
- sac 实用工具与 SQL Server 2005 外围应用设置相关，可以用来导入、导出这些外围应用设置，方便了多台计算机上的外围应用设置。
- sqlcmd 实用工具可以在命令提示符下输入 T – SQL 语句、系统过程和脚本文件。实际上，该工具是作为 osql 实用工具和 isql 实用工具的替代工具而新增的，它通过 OLE DB 与服务器进行通信。
- sqlmaint 实用工具可以执行一组指定的数据库维护操作，这些操作包括 DBCC 检查、数据库备份、事务日志备份、更新统计信息、重建索引并且生成报表，以及把这些报表发送到指定的文件和电子邮件账户。
- sqlservr 实用工具的作用是在命令提示符下启动、停止、暂停、继续 SQL Server 的实例。
- sqlwb 实用工具可以在命令提示符下打开 SQL Server Management Studio，并且可以与服务器建立连接，打开查询、脚本、文件、项目、解决方案等。
- tablediff 实用工具用于比较两个表中的数据是否一致，对于排除复制中出现的故障非常有用。

习题

1. 简述 SQL Server 2005 数据平台的组成结构。
2. SQL Server 2005 数据库管理系统产品有哪些不同版本？各有什么特点？
3. 安装 SQL Server 2005 前应做哪些准备工作？
4. SQL Server 2005 支持哪两种身份验证方式？
5. 如何注册和启动 SQL Server 服务器？
6. SQL Server 2005 中常用的管理工具有哪些？
7. 如何启动 SQL Server Management Studio、SQL Server Profiler、数据库引擎优化顾问以及 SQL Server Configuration Manager 等管理工具？
8. 上机进行实际操作，熟悉 SQL Server Management Studio 以及查询分析器的功能和基本操作。

第3章 数据库对象的建立与维护

本章要点

- 数据库的基本结构
- 数据库的创建、修改及删除
- 表的数据类型
- 创建表和约束
- 查看、修改和删除表
- 索引的优点及分类
- 索引的创建、修改和删除
- 视图的分类、创建、查看及删除

学习要求

- 掌握数据库的基本结构
- 掌握数据库的创建、修改及删除等基本操作
- 掌握系统提供的数据类型
- 掌握使用对象资源管理器创建表的技术
- 掌握修改表结构的基本技术
- 了解索引的优点及常见类别
- 掌握使用对象资源管理器创建索引的技术
- 掌握使用对象资源管理器创建视图的技术

3.1 数据库

SQL Server 2005 中的数据库，是指所涉及的对象和相关数据的集合。它不仅反映数据本身的内容，而且反映对象以及数据之间的联系。本节主要介绍 SQL Server 2005 数据库的基本结构以及创建、删除、修改数据库等基本操作。

3.1.1 数据库的基本结构

1. 逻辑存储结构

数据库的逻辑存储结构是指数据库是由哪些性质的信息组成的。SQL Server 的数据库是由表、视图、索引等各种不同的对象所组成的，它们分别用来存储特定的信息。

SQL Server 2005 的数据库对象主要包括：表、视图、索引、约束等，如表 3-1 所示。

表 3-1　SQL Server 2005 数据库常用对象

数据库对象	说　　明
表	由行和列构成的集合，用来存储数据
键	表中的列
数据类型	定义列或变量的数据类型
约束	用于保证表中列的数据的完整性规则
默认值	为列提供默认数值
索引	用于快速查找所需信息
视图	用于实现用户对数据的查询并能控制用户对数据的访问

2. 物理存储结构

数据库的物理存储结构，是指数据库文件是如何在磁盘上存储的。数据库在磁盘上以文件为单位存储，由数据库文件和事务日志文件组成，一个数据库文件至少包含一个数据库和一个事务日志文件。

在 SQL Server 2005 中，每个数据库由多个操作系统文件组成，数据库的所有数据、对象和数据库事务日志均存储在这些操作系统文件中。根据这些文件作用的不同，可以将其划分为：主数据库文件、辅助数据库文件和事务日志文件，各文件的作用如表 3-2 所示。

表 3-2　数据库文件的作用

数据库文件	说　　明
主数据库文件	是数据库的起点，指向数据库中文件的其他部分。该文件是数据库的关键文件，包含了数据库的启动信息，并且存储部分或者是全部数据。主文件是必选的，即一个数据库有且只有一个主数据库文件。其扩展名为 mdf。简称主数据文件
辅助数据库文件	用于存储主文件中未包含的剩余数据和数据库对象，辅助数据文件不是必选的，即一个数据库有一个或多个辅助数据文件，也可以没有辅助数据文件。其扩展名为 ndf
事务日志文件	用于存储恢复数据库所需的事务日志信息，是用来记录数据库更新情况的文件。事务日志文件是必选的，即一个数据库可以有一个或多个事务日志文件。其扩展名为 ldf

创建好一个数据库后，该数据库中至少应该包含一个主数据库文件和一个事务日志文件。这些文件的名称是操作系统文件名，它们不能由用户直接使用，而是只能由系统使用。

采用多个或者多重数据库文件来存储数据的优点如下：

- 数据库文件可以不断扩充而不受操作系统文件大小的限制。
- 可以将数据库文件存储在不同的硬盘中，这样可以同时对几个硬盘进行数据存取，提高了数据处理的效率。

3.1.2　数据库的创建

SQL Server 2005 有两类数据库：系统数据库和用户数据库。系统数据库存储有关 SQL Server 的系统信息，是系统管理的依据，如表 3-3 所示。

表 3-3　SQL Server 2005 系统数据库

系统数据库名	说　明
master	记录 SQL Server 实例的所有系统级别信息，包含了登录账号、系统配置、数据库位置及数据库错误信息等，始终有一个可用的最新的 master 数据库备份
model	为 SQL Server 实例中创建的所有数据库提供模板
msdb	用于 SQL Server 代理程序调度警报和作业
tempdb	保存所有的临时表和临时存储过程，并保存临时对象或者中间结果集

安装 SQL Server 2005 时，安装程序将会自动创建系统数据库的数据文件和事务日志文件。SQL Server 不支持用户直接更新系统对象（包括系统表、系统存储过程和目录视图等）中的信息，但是，它提供了一整套管理工具（对象资源管理器），使用户可以充分管理系统和数据库中的所有用户和对象。默认安装后，SQL Server 2005 将会有两个系统示例数据库：AdventureWorks 数据库和 ReportServer 数据库，用户可以通过分析、操作这两个示例数据库来学习 SQL Server 2005 的数据库设计和操作。

在 SQL Server 2005 中，用户可以创建自己的数据库——用户数据库，并且可以对其进行修改和删除等基本操作。

创建数据库，就是确定数据库名称、文件名称、数据库文件大小、数据库的字符集、是否自动增长以及如何自动增长等信息。在一个 SQL Server 实例中，最多可创建 32767 个数据库。

此处以创建一个名为"实例数据库"的操作为例，说明在 SQL Server Management Studio 中使用向导创建数据库的过程。具体操作步骤如下。

1）选择"开始"→"所有程序"→"Microsoft SQL Server 2005"→"SQL Server Management Studio"命令，弹出如图 3-1 所示的"连接到服务器"对话框。在该对话框中，设定好服务器类型、服务器名称、身份验证模式之后，单击"确定"按钮，即可进入 SQL Server Management Studio 主界面，如图 3-2 所示。

2）在"对象资源管理器"窗口中的"数据库"对象上，单击鼠标右键，在弹出的快捷菜单中选择"新建数据库"命令，打开如图 3-3 所示的"新建数据库"对话框。

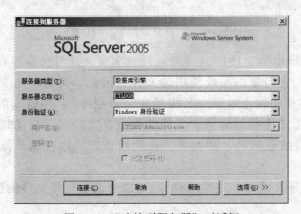

图 3-1　"连接到服务器"对话框

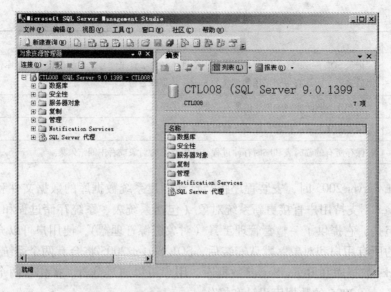

图 3-2　SQL Server Management Studio 主界面

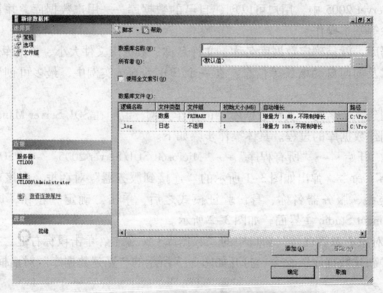

图 3-3　"新建数据库"对话框

3）在"新建数据库"对话框的"常规"选项页，此时已经存在一个主数据文件和一个事务日志文件，它们是由系统使用的文件，因此，其类型与文件组不能更改。在"数据库名称"文本框中输入数据库名称"实例数据库"，在输入的同时，系统自动命名主数据文件与日志文件的逻辑名、文件的类型、文件组、自动增长方式和默认路径等信息。其中，文件的逻辑名、初始名、自动增长方式以及默认路径都可以由用户自行设置。

- 单击选中数据库文件的"逻辑名称"，可以修改数据库文件的逻辑名称，如图 3-4 所示。

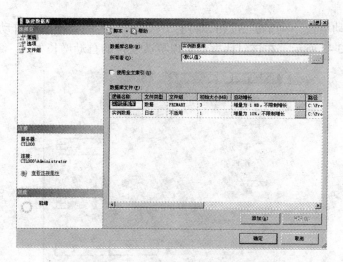

图 3-4　修改数据库文件的逻辑名称

● 单击"添加"和"删除"按钮,可以向数据库添加或者删除辅助数据库文件和事务日志文件,如图 3-5 所示。

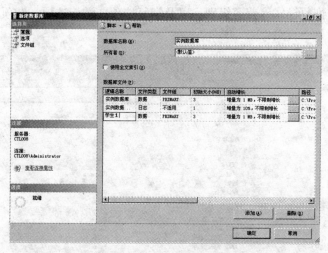

图 3-5　添加辅助数据库文件

● 用鼠标选中与数据库文件对应的"文件类型"和"文件组",可以修改文件类型和文件组,如图 3-6 所示。

● 用鼠标选中数据库文件的"初始大小"列,出现一个微调器按钮，可以通过输入新值或者单击微调按钮改变文件的初始大小,如图 3-7 所示。

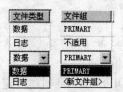

图 3-6　修改数据库文件的文件类型和文件组　　　　　图 3-7　调节初始大小

- 单击"自动增长"列的▢▢按钮，将打开"更改 实例数据库的自动增长设置"对话框，如图3-8所示，在该对话框中可以更改文件的自动增长方式。

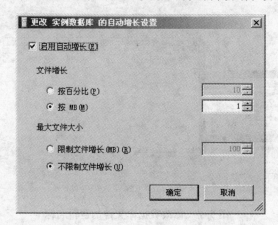

图3-8 "更改 实例数据库的自动增长设置"对话框

4）"新建数据库"对话框的"选项"选项页如图3-9所示，该选项页可以用来设置数据库的排序规则、恢复模式、兼容级别，以及恢复选项、游标选项、杂项、状态选项和自动选项。

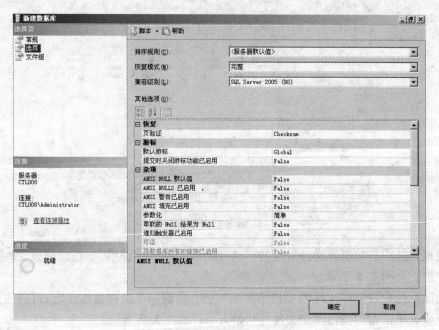

图3-9 "新建数据库"对话框的"选项"选项页

5）"新建数据库"对话框的"文件组"选项页如图3-10所示。在该选项页中，可以添加数据库文件组，并且设置文件组的属性是否为默认值。

当创建一个数据库完毕时，单击"确定"按钮，SQL Server将创建所定义的数据库。在"对象资源管理器"窗口中出现一个新创建的数据库——"实例数据库"，如图3-11所示。

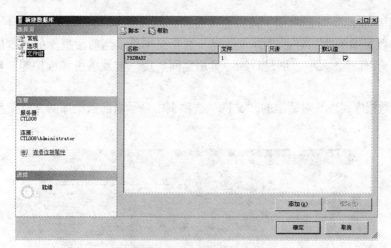

图 3-10 "新建数据库" 对话框的 "文件组" 选项页

图 3-11 "对象资源管理器" 窗口

3.1.3 数据库的修改

创建数据库之后，如果需要更改数据库的某些设置以及创建时无法设置的属性，可以在需要修改的数据库名称上右击，从弹出的快捷菜单中选择"属性"命令，打开"数据库属性"对话框，如图 3-12 所示。

图 3-12 "数据库属性" 对话框

在"数据库属性"对话框中，可以更改数据库的属性，具体操作步骤如下。

1）在"数据库属性"对话框的"常规"选项页中显示当前数据库的基本信息，包括数据库的状态、所有者、大小、创建日期、可用空间、用户数及备份和维护等，该页面的信息不能更改。

2）在"数据库属性"对话框的"文件"选项页中显示当前数据库的文件信息，如图3-13所示。

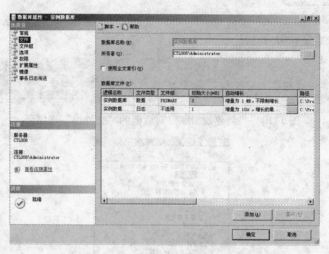

图3-13　数据库的文件信息

在该对话框中，包括前面提到的创建数据库文件和日志文件的基本内容：存储位置、初始大小等。用户可以根据需要对此项内容进行修改。单击文件的"初始大小"选项，将出现微调框，可以通过微调框修改初始大小，"自动增长"选项右侧有一个 ▨ 按钮，单击该按钮可以修改数据库文件的增长方式。选中"路径选项"，可以对文件的存储位置进行设置。

3）在"数据库属性"对话框的"文件组"选项页中显示数据库文件组的信息，用户可以设置是否采用默认值，如图3-14所示。

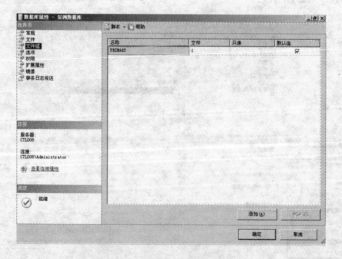

图3-14　数据库文件组的信息

4）"数据库属性"对话框的"选项"选项页显示当前数据库的选项信息，包括恢复选项、游标选项、杂项、状态选项和自动选项等，如图 3-15 所示。

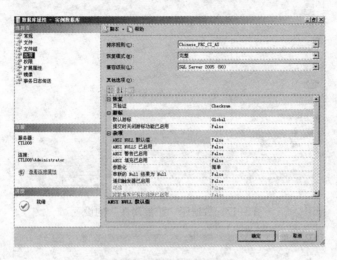

图 3-15 数据库的选项信息

5）"数据库属性"对话框的"权限"选项页，显示当前数据库的使用权限，如图 3-16 所示。

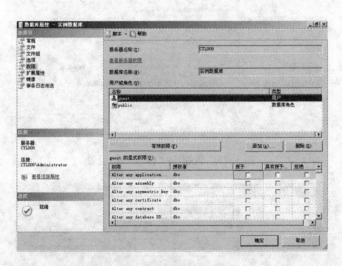

图 3-16 数据库的使用权限

6）在"数据库属性"对话框的"扩展属性"选项页中，可以添加文本，输入掩码和格式规则，将其作为数据库对象或者数据库本身的属性，如图 3-17 所示。

7）"数据库属性"对话框的"镜像"选项页显示当前数据库的镜像设置属性，用户可以设置主体服务器和镜像服务器的网络地址及运行方式，如图 3-18 所示。

8）"数据库属性"对话框的"事务日志传送"选项页显示当前数据库的日志传送配置信息，如图 3-19 所示。用户可以为当前数据库设置事务日志备份、辅助数据库及监视服务器。

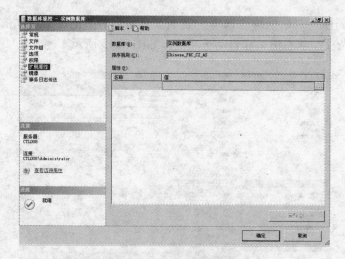

图 3-17　数据库"扩展属性"的设置

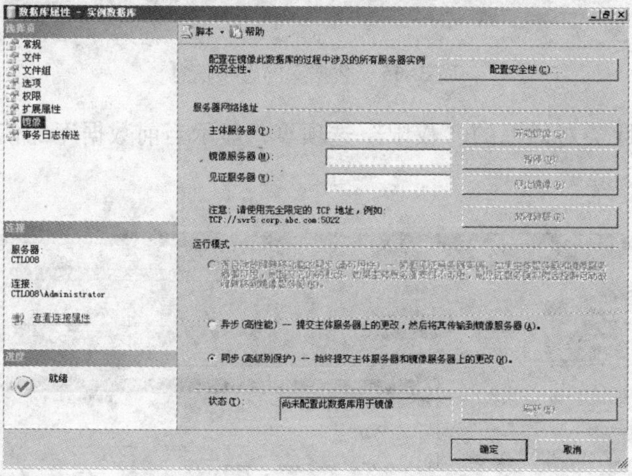

图 3-18　数据库"镜像"的设置

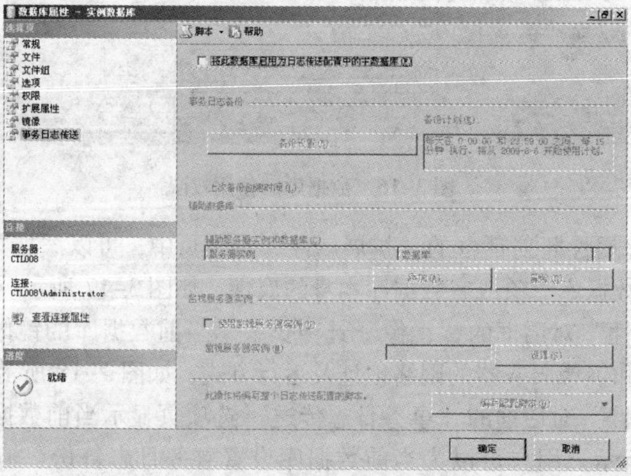

图 3-19　"事务日志传送"选项页

3.1.4 数据库的删除

如果数据库出现了错误或者不再需要某个数据库,可以将其删除,用户只能根据自己的权限删除用户数据库,不能删除系统数据库,并且不能够删除当前正在使用的数据库。

在要删除的数据库上右击,从弹出的快捷菜单中选择"删除"命令,出现如图3-20所示的对话框,选中需要删除的数据库,并选择"关闭现有连接"选项,单击"确定"按钮,则数据库将会被彻底删除。

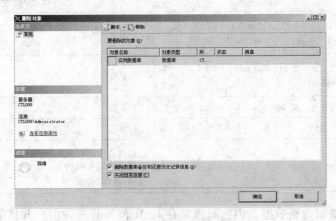

图3-20 删除数据库

3.2 表

表是数据库中最重要的对象,包含着数据库中的所有数据。在 SQL Server 2005 中,一个数据库最多可以存储20亿个表。

表是数据库的实体,由行和列组成。在数据库中,表的每一行表示唯一的一个记录,是对实体完整性的描述,每行最多可以存储8092个字节的内容。每一列表示数据库的一个属性,每个表最多可以存储1024列。例如,在包含学生信息的数据表中,每一行表示一个学生,各列表示学生的详细资料,如学生学号、姓名、性别、出生日期、入学日期及所在院系等。

SQL Server 要求表中每一列具有相同的数据类型。而更改预先设置好的数据类型,将影响这一列中的所有行。因此,在定义表时,要确保表中的列有最恰当的数据类型,本节将首先介绍表中的数据类型,然后讲述表的创建、修改和删除等基本操作。

3.2.1 表的数据类型

在定义数据表的列时,必须要指定其数据类型。数据类型是一种属性,用于指定该字段可以保存的数据的类型:整数数据、字符数据、货币数据、日期数据、二进制字符串等。

SQL Server 2005 中的数据类型可以分为以下几类:精确数字型、近似数字型、日期和时间型、字符串型、Unicode 字符串型、二进制字符串型和其他数据类型。

1. 精确数字型

精确数字型可以细分为整数型、带固定精度和小数位数的数据类型和货币型 3 种。

（1）整数型

此类型的数据可以用来存放整数数据，如 1、2、3、400 等，该类型数据包括 bigint、int、smallint、tinyint 和 bit 等 5 种，其数据范围如表 3-4 所示。

表 3-4　整数型数据类型

数据类型	范　围	存储长度
bigint	-2^{63}（$-9\ 223\ 372\ 036\ 854\ 775\ 808$）~ $2^{63}-1$（$9\ 223\ 372\ 036\ 854\ 775\ 807$）	8 字节
smallint	-2^{31}（$-2\ 147\ 483\ 648$）~ $2^{31}-1$（$2\ 147\ 483\ 647$）	4 字节
int	-2^{15}（$-32\ 768$）~ $2^{15}-1$（$32\ 767$）	2 字节
tinyint	$0\sim255$	1 字节
bit	0、1 或 Null	如果表中的列为 8 bit 或更少，则这些列作为 1 个字节存储。如果列为 9~16 bit，则这些列作为 2 个字节存储，以此类推

虽然将 bit 类型归为整数型，但它只能储存 1、0 和 Null 三种值，并且字符串值 TRUE 和 FALSE 可以转换为 bit 类型：TRUE 转换为 1，FALSE 转换为 0。因此，该类型也常用来代表"是/否"字段。

（2）带固定精度和小数位数的数据类型

此类型的数据可以用来定义有小数部分的数据，如 1.2、3.45 等，此类型有 numeric 与 decimal 两种。使用该类型数据时，必须指明精确度与小数位数，例如 numeric（3，1）表示精确度为 3，小数位数为 1，也就是说，此类型数据一共有 3 位，其中整数为 2 位，小数为 1 位。精确度可指定的范围为 1~38，小数位数可指定的范围最少为 0，最多不能超过精确度。表 3-5 中所列出的是这两种类型数据的数据范围。

表 3-5　带固定精度和小数位数的数据类型

数据类型	范　围	存储长度	
numeric	$-10^{38}+1\sim10^{38}-1$	存储长度与精度有关： 1~9 位时：5 字节 20~28 位时：13 字节	10~19 位时：9 字节 29~38 位时：17 字节
decimal	$-10^{38}+1\sim10^{38}-1$	存储长度与精度有关： 1~9 位时：5 字节 20~28 位时：13 字节	10~19 位时：9 字节 29~38 位时：17 字节

numeric 与 decimal 类型事实上是完全相同的。

（3）货币型

货币型数据是用来定义货币数据的，如\$123、\$7000 等，此类型有 money 和 smallmoney 两种，其数据范围如表 3-6 所示。

表 3-6　货币型数据类型

数据类型	范　　围	存 储 长 度
money	- 922 337 203 685 477. 5808 ~ 922 337 203 685 477. 5807	8 字节
smallmoney	- 214 748. 364 8 ~ 214 748. 364 7	4 字节

2. 近似数字型

当数值非常大或非常小时，可以用表示浮点数值数据的大致数值来表示，浮点数据为近似值，例如 12345678987654 可以用 1. 23E + 13 来表式。由于浮点数据是近似值，所以此类型的数据不一定都能精确表示。此类型为 float 和 real 两种，其数据范围如表 3-7 所示。

表 3-7　近似数字型数据类型

数据类型	范　　围	存 储 长 度
float	- 1. 79E + 308 ~ - 2. 23E - 308、0 以及 2. 23E - 308 ~ 1. 79E + 308 最多可以表示 15 位数	存储长度与数值的位数有关 7 位数时：4 字节 15 位数时：8 字节
real	- 3. 40E + 38 ~ - 1. 18E - 38、0 以及 1. 18E - 38 ~ 3. 40E + 38 最多可以表示 7 位数	4 字节

3. 日期和时间型

该类型是用来存储日期和时间的数据，如 "2006 - 7 - 15"、"2006 - 7 - 15 21：55：34" 等，此类型有 datetime 和 smalldatetime 两种，其数据范围如表 3-8 所示。

表 3-8　日期和时间型数据类型

数据类型	范　　围	存 储 长 度
datetime	1753 年 1 月 1 日到 9999 年 12 月 31 日，可精确到 3. 33 ms	8 字节
smalldatetime	1900 年 1 月 1 日到 2079 年 6 月 6 日，可精确到分钟	4 字节

4. 字符串型

该类型用来存储字符型数据，如 "abc"、"北京大学" 等，此类型有 char、varchar 和 text 三种。

char 为固定长度，可用范围为 1~8000 个字符，例如定义的数据为 char(10)，表示该数据是 char 类型的数据，长度为 10 个字符，如果插入的字符串只有 8 位的话，系统会自动在尾部补上 2 个空格，填满到 10 位。

varchar 为可变长度，例如定义的数据为 varchar(10)，表示该数据是 varchar 类型的数据，最大长度为 10 个字符，如果插入的字符串只有 8 位的话，那就只占 8 位。在 SQL Server 2005 中 varchar 还可以定义为 varchar(n) 和 varchar(max) 两种，在 varchar(n) 中，n 的取值范围是 1~8000，而 varchar(max) 的最大存储大小是 $2^{31} - 1$ 个字节。

text 是用来存储大量字符的类型，其最多可以存储 $2^{31} - 1(2,147,483,647)$ 个字符。

字符串型数据的数据范围如表3-9所示。

表3-9　字符串型数据类型

数 据 类 型	范　　围	存 储 长 度
char	1~8 000 个字符	1 个字符占 1 字节，为固定长度，如果插入的数据不够此长度，系统会自动补上空格
varchar	varchar（n）：1~8 000 个字符 varchar（max）：1~2^{31} -1 个字符	varchar（n）：1 个字符占 1 个字节 varchar（max）：输入数据的实际长度加 2 个字节
text	1~2^{31} -1 个字符	1 个字符占 1 字节，存储多少个字符即占多少空间，最大可存储 2GB 数据

在使用 char 和 varchar 数据类型时，必须指定字符长度，如 char(10)、varchar(30)，默认长度为 1。text 类型不用指定长度。

5. Unicode 字符串型

该类型与字符串数据类型类似，由于 Unicode 是双字节字符编码标准，所以在 Unicode 字符串中，一个字符是用 2 个字节来存储的。此类型有 nchar、nvarchar 和 ntext 三种。其数据范围如表3-10所示。

表3-10　Unicode 字符串型数据类型

数 据 类 型	范　　围	存 储 长 度
nchar	1~4 000 个字符	1 个字符占 2 字节，为固定长度，如果插入的数据不够此长度，系统会自动补上空格
nvarchar	varchar（n）：1~4 000 个字符 varchar（max）：1~2^{31} -1 个字符	varchar（n）：1 个字符占 2 个字节 varchar（max）：输入数据的实际长度的两倍再加 2 个字节
ntext	1~2^{30} -1 个字符	1 个字符占 2 字节，存储多少个字符即占多少空间，最大可存储 2GB 数据

和字符串型数据一样，在使用 nchar 和 nvarchar 数据类型时，必须指定字符长度，如 nchar(10)、nvarchar(30)，默认长度为 1。ntext 类型不用指定长度。

6. 二进制字符串型

该类型用来存储二进制数据，如"0xAB"、图像文件等。此类型有 binary、varbinary 和 image 三种。其数据范围如表3-11所示。

表3-11　二进制字符串型数据类型

数 据 类 型	范　　围	存 储 长 度
binary	1~8 000 个字节	为固定长度，如果插入的数据不够此长度，系统会自动补上 0x00
varbinary	varbinary（n）：1~8 000 个字节 varbinary（max）：1~2^{31} -1 个字符	varbinary（n）：可变长度，输入数据的实际长度 varbinary（max）：输入数据的实际长度再加 2 个字节
image	1 至 2^{31} -1 个字节	可变长度，输入数据的实际长度

在使用 binary 和 varbinary 数据类型时，必须指定字符长度，如 binary（10）、varbinary（30），默认长度为 1。image 类型不用指定长度。Image 还可以用来存储二制进文件，如 word 文件、图像文件、可执行文件等。

7. 其他数据类型

归在其他数据类型里的数据类型有：cursor、sql_variant、table、timestamp、uniqueidentifier 和 xml 六种。

cursor 类型主要是用于变量或存储过程 OUTPUT 参数的一种数据类型，这些参数包含对游标的引用。cursor 主要用来存储查询结果，它是一个数据集，其内部的数据可以单条取出来做处理。

注意： cursor 只能用于程序中声明变量类型，不能用来定义数据表的字段。

sql_variant 类型可以用来存储除了 text、ntext、image、timestamp 和 sql_variant 之外的所有 SQL Server 2005 支持的各种数据类型，其主要用于在列、参数、变量和用户定义函数的返回值中。当某个字段可能会存储不同类型的数据时，可以将其设为 sql_variant 类型。

table 类型是一种特殊的数据类型，用于存储结果集以便于后续的处理。table 类型主要用于临时存储一组行，这些行是作为表值函数的结果集返回的，其用途与临时表很类似。

注意： 可以将函数和变量声明为 table 类型，但不可以将字段定义为 table 类型，table 类型主要用于函数、存储过程和批处理中。

timestamp 数据类型的作用是在数据库范围内提供唯一值，当它所定义的列在更新或插入数据行时，此列的值就会自动更新，将一个计数值自动地添加到此列中，而且此值是整个数据库中唯一的值。每个数据表中只能有一个 timestamp 类型的字段。

uniqueidentifier 数据类型与 timestamp 数据类型类似，timestamp 存储的是 8 字节的 16 进制数据，uniqueidentifier 存储的是 16 字节的 16 进制数据；timestamp 提供的是在数据库范围内的唯一值，uniqueidentifier 提供的是在全球范围内的唯一值。

xml 数据类型可以在列或变量中存储 xml 文档和片段，xml 片段是缺少单个顶级元素的 xml 实例。这是 SQL Server 2005 新增的数据类型。xml 数据类型实例的存储不能超过 2GB。

8. 用户自定义类型

除了使用系统提供的数据库类型外，SQL Server 2005 还允许用户根据自己的需要自定义数据类型，并可以用此数据类型来声明变量或字段。

例如在一个数据库中，有很多数据表的字段都需要用到 char（50）的数据类型，那么就可以自定义一个数据类型，如 ch50，它代表的是 char（50）。然后在所有数据表里需要用到 char（50）的列时，都可以将其设为 ch50 的自定义类型。

说明： 数据类型中的 char（max）、varchar（max）、nchar（max）、nvarchar（max）、binary（max）、varbinary（max）、xml 类型为 SQL Server 2005 新增类型。

3.2.2　创建表

创建一个数据库表主要是对表中的列属性进行定义，需要注意的是，同一个表中不允许出现重名列，每一个列名可以长达 128 个字符，可以包含中文、英文字母、"#"号、"￥"货币符号、下划线和@ 符号。

此处将以在数据库"实例数据库"中表的操作为例，介绍表的基本操作，包括创建、修改、删除等，以及对表中的数据进行操作等。

"实例数据库"主要用于创建学生选课系统，包含 3 个表：学生表、课程表和选课表，如表 3-12 ~ 表 3-14 所示。

表 3-12　学生表

属 性 名	数 据 类 型	是否允许为空	默 认 值	是 否 主 键
学号	varchar（12）	不允许		主键
姓名	varchar（20）	不允许		
性别	char（2）	允许	'男'	
出生日期	smalldatetime	允许		
入学日期	smalldatetime	允许		
院系名称	varchar（20）	允许		
备注	text	允许		

表 3-13　课程表

属 性 名	数 据 类 型	是否允许为空	默 认 值	是 否 主 键
课程号	varchar（6）	不允许		主键
课程名	varchar（20）	不允许		
学分	int	允许		
备注	text	允许		

表 3-14　选课表

属 性 名	数 据 类 型	是否允许为空	默 认 值	是 否 主 键
学号	varchar（12）	不允许		主键
课程号	varchar（6）	不允许		主键
分数	int	允许		

创建表的操作步骤如下。

1）在"对象资源管理器"窗口中，打开需要创建表的数据库"实例数据库"，在"表"上右击，从弹出的快捷菜单中选择"新建表"命令，打开表设计器，如图 3-21 所示。

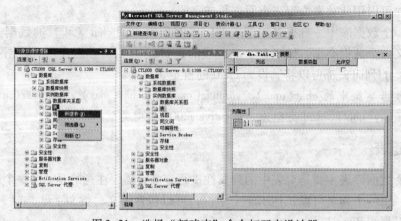

图 3-21　选择"新建表"命令打开表设计器

2）如果要创建学生表，在该对话框中，输入学生表的列名（属性名），选择每列的数据类型，设置各个列是否允许为空，如图 3-22 所示。

图 3-22　创建学生表

列名在一个表中的唯一性是由 SQL Server 强制实现的。每一列都有一个唯一的数据类型，数据类型确定列的精度和长度，可以根据实际需要进行设置。列允许为空值时将显示"√"，表示该列可以不包含任何数据，空值既不是 0，也不是空字符，而是表示未知，如果不允许某个列包含空值，则必须为该列提供具体的数据。创建其他两个表与此类似。

3）填写完成后，单击工具栏中的"保存"按钮，将弹出"选择名称"对话框，如图 3-23 所示。输入新建表的名称后，单击"确定"按钮，则创建了一个新表。

4）表是用来组织和存储数据的，为了保证表中数据的正确性、一致性和安全性，需要对列属性进行设置，主要是设置列的约束。在表的任意行上右击，将弹出如图 3-24 所示的快捷菜单，通过该菜单可以将该列设置为主键、插入新列、删除列、建立关系、建立索引、建立检查约束、生成可以更改的脚本等。选中某一列后，对话框下部将会出现列属性对话框，在该对话框中可以设置列属性，例如，设置列是否允许为空、设置默认约束等。

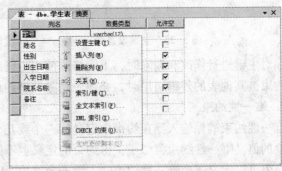

图 3-23　输入表名称　　　　　　　　　图 3-24　设置字段的属性

3.2.3　创建约束

约束是 SQL Server 提供的自动保持数据库完整性的一种方法，它通过限制字段中的数据、记录中的数据以及表之间的数据来将表约束在一起，确保一个表中的数据改动不会影响到另一个表中的数据。对表的约束可以分为列约束和表约束两种。列约束是对某个特定的列进行约束，表约束通常用于对多个列进行约束。定义表约束时，必须指出要约束的列名称。

在 SQL Server 2005 中提供了 6 种约束：主键约束、唯一性约束、检查约束、默认约束、外键约束和空值约束。

1. 主键约束

主键是最重要的约束类型，在表中定义的主键列不能具有重复值，并且主键作为表中每一个记录的标识符，不允许有空值，且一个表中只能有一个主键。可以指定多个列的组合作为主键，这多个列中每一列都不能出现 NULL 值，此时一个列中可以出现重复值。但所有列的组合值必须是唯一的。text 和 image 数据类型不能被指定为主键。主键约束既可以作为列约束，也可以作为表约束。

主键的创建方法为：右击要操作的数据库表，从弹出的快捷菜单中选择"修改"命令，将打开设计表的对话框。在学生表中，学生的学号用来区分每个学生，其值不允许相同且一般都是连续的，所以，可以将学号设置为主键。具体的操作方法如图 3-25 所示。有的表主键有多个列，例如创建选课表，在该表中，将学号和课程号两个列组合在一起共同组成主键。方法是：首先按住〈Ctrl〉键，选中这两列，然后在选中列上右击，从弹出的快捷菜单中选择"设置主键"命令，这两列将同时被设置为主键，如图 3-26 所示。

图 3-25　主键设置图　　　　图 3-26　将列组合设置为主键

在对主键进行修改和删除时，不能修改使用主键约束定义的列的长度，而且，当本表的主键约束被其他表的外键引用时，必须先删除外键约束，才能删除本表的主键。

2. 唯一性约束

唯一性约束确保输入到在约束中定义的一个或几个列中只能是唯一值，以防止在列中输入重复的值。唯一性约束类似于主键约束的定义但不同于主键约束，一个表中只能定义一个主键，但可以定义多个唯一性约束，主键不允许为 NULL 值，其唯一性约束允许。通过上述的比较可以知道，当表中已经有一个主键值时，如果还需要保证其他的标识符唯一，可以使用唯一性约束。

当向表中的列添加唯一性约束后，SQL Server 2005 将自动检查此列中的数值，以保证数据的唯一性，如果向该列中所添加的数据出现重复值，系统将返回错误信息。该数据不能添加到列中。

创建唯一性约束的操作方法如下：

在需要操作的数据库表上右击，从弹出的快捷菜单中选择"修改"命令，打开表的设计对话框。选择要设为唯一性约束的字段，在该字段上右击，从弹出的快捷菜单中选择"索引/键"命令，打开"索引/键"对话框，如图3-27所示，单击"添加"按钮，然后在"常规"选项区中的"列"选项栏中选择字段的名称，将"类型"选项设置为"是唯一的"。在"标识"选项区的"名称"文本框中输入唯一性约束的名称，如图3-28所示。单击"关闭"按钮。在表格设计的对话框中单击"保存"按钮，使得数据库的修改生效。

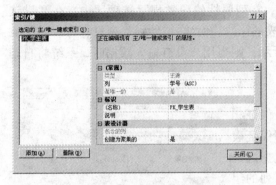

图3-27　"索引/键"对话框

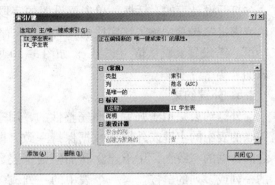

图3-28　创建唯一的索引

3. 检查约束

检查约束即是对表中的数据设置检查条件，以保证数据的完整性。例如，对于"分数"列，可以限制只能输入0~100个数值，其他的输入均为错的。一个表中可以定义多个检查约束。

创建检查约束的操作方法如下：

在设计表的对话框中，选择需要设置检查约束的字段"分数"，在该字段上右击，从弹出的快捷菜单中选择"CHECK约束"命令，打开"CHECK约束"对话框，如图3-29所示。单击"添加"按钮，在"常规"选项区的"表达式"文本框中输入检查约束的表达式"分数 >=0 AND 分数 <=0"；在"标识"选项区的"名称"文本框中输入检查约束的名称，单击"关闭"按钮，然后单击"保存"按钮使得表的修改生效。

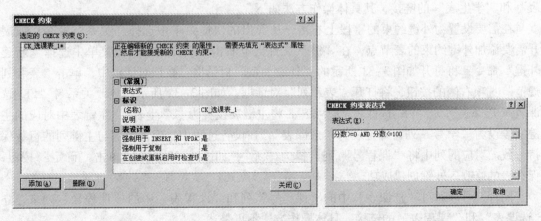

图3-29　"CHECK约束"对话框

4. 默认约束

默认约束指用户在进行插入操作时，没有显示为列提供的数据，那么系统将默认值赋给该列。默认值约束所提供的默认值可以为常量、函数、系统函数、空值等，对于表，每一列只能定义一个默认约束；对于具有 IDENTITY 属性和 timestamp 数据类型的字段，不能使用默认约束。同时定义的默认值不允许高过对应字段的允许长度。

创建默认约束的操作方法如下：

打开设计表的对话框，单击要设置的字段，在列属性的"常规"选项区中，在"默认值或绑定"选项中输入该字段的默认值，保存表的修改。例如，"性别"列只能为"男"或"女"，若设置其默认值为"男"，如图 3-30 所示，则当用户没有输入数据时，系统将自动添加"男"字符串。

5. 外键约束

外键约束是用于强制参照完整性的，用来保证相关联的表中的主键或外键的数据保持一致，即保证表之间数据的一致性，用于建立和加强两个表数据之间的一列或多列的链接。当一个表中的一列或多列的组合与其他表中定义的主键或唯一性约束相同时，可以将这些列或列的组合定义为外键，并设定它与哪个表中的哪些列相关联。其中包含外键的表，称为从表，包含外键所引用的主键或唯一键的表称为主表。SQL Server 2005 系统保证从表在外键上的取值为主表中的某一个主键或者唯一键的值，且主键和外键的数据类型必须保持一致，以此来保证参照完整性。

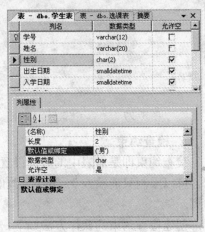

图 3-30　默认值设置

当主表中的主键值或唯一键值更新时，从表中的外键需要做相应的更新。同时，当向从表中插入数据时，如果主表的主键列中没有相同的值，系统将拒绝插入数据。一个表中最多可以有 31 个外键约束。

例如，通过"选课表"中的"学号"列和"学生表"中的"学号"列来建立"选课表"和"学生表"的链接，其具体操作方法如下。

在需要设置为外键约束的字段上右击，从弹出的快捷菜单中选择"关系"命令；或展开需要添加外键约束的表节点，在"键"文件夹上右击，从弹出的快捷菜单中选择"新建外键"命令，将打开如图 3-31 所示的"外键关系"对话框，在该对话框中，单击"表和列规范"选项右侧的按钮，将打开"表和列"对话框，如图 3-32 所示。更改关系名"FK_选课表 V 选课表"为"FK_选课表_学生表"，将主键表设置为"学生表"，主键表中对应的主键字段设为"学号"列，外键表为"选课表"，在设置过程中，保证外键与主键列的行数保持一致。对应的列中将"课程号"列选择为"无"，如图 3-32 所示。单击"确定"按钮，保存表的修改。外键创建成功。

同理，可以通过"选课表"中的"课程号"列和"课程表"中的"课程号"列来建立"选课表"和"课程表"的链接，具体操作方法不再赘述。

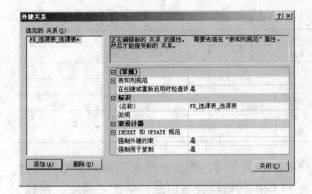

图 3-31 "外键关系"对话框

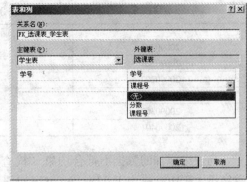

图 3-32 外键约束选项

6. 空值约束

空值约束即是否允许该字段的值为 NULL,即空值。主键列不允许为空值,否则就失去了唯一标识的意义。

创建空值约束的操作方法如下:

打开设计表的对话框,选中需要设置空值约束的字段,直接设置"允许空"复选框,然后保存表的修改即可,如图 3-33 所示。

图 3-33 空值约束

3.2.4 向表中添加数据

首先在需要添加数据的表上右击,从弹出的快捷菜单中选择"打开表"命令,出现如图 3-34 所示的"表"对话框,在其中可以向打开的表中添加数据。此处向各个表中添加的数据如表 3-15 ~ 表 3-17 所示。

图 3-34 "表"对话框

表 3-15 学生表

学　号	姓　名	性　别	出生日期	入学日期	院系名称	备　注
20090201	李峰	男	1988.03.08	2009.09.01	计算机系	
20090202	王娟	女	1988.12.07	2009.09.01	计算机系	
20090203	赵启明	男	1987.05.31	2009.09.01	计算机系	
20090301	汪胜利	男	1987.03.06	2009.09.01	企管系	
20090302	赵斌	男	1987.05.02	2009.09.01	企管系	
20090401	张丹	女	1987.06.23	2009.09.01	国贸系	

表 3-16 课程表

课　程　号	课　程　名	学　分	备　注
01001	数据库应用技术	4	
02001	市场营销	4	
01002	操作系统	4	
02002	消费心理学	3	

表 3-17　选课表

学　号	课　程　号	分　数
20090201	01001	89
20090201	01002	93
20090202	01002	87
20090301	02001	65
20090302	02002	60
20090401	02002	90

向表中添加的数据不符合约束（检查约束）的规定时，例如，当向选课表中输入的分数字段大于 100 或小于 0 时，将出现如图 3-35 所示的错误提示信息。单击"确定"按钮，然后根据提示进行修改。单击错误的行，按〈Esc〉键取消该行，重新添加信息。

图 3-35　错误提示信息

3.2.5　查看表

在数据库中创建表之后，有时需要查看表的有关信息、表中存储的数据及表与其他数据库对象之间的依赖关系。下面分别介绍如何查看这些信息。

1. 查看表中的有关信息

打开指定的数据库，在需要查看的表上右击，从弹出的快捷菜单中选择"属性"命令，将打开"表属性"对话框，如图 3-36 所示。"常规"选项页中显示了该表格的定义，包括存储结构、当前的链接及名称等属性，该选项页中显示的属性不能更改。

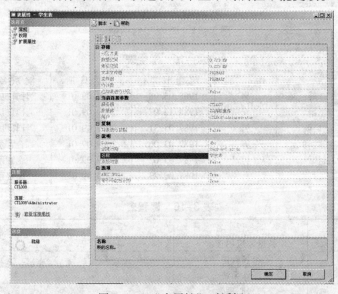

图 3-36　"表属性"对话框

2. 查看表中存储的数据

在"课程表"上右击，从弹出的快捷菜单中选择"打开表"命令，显示"课程表"中的数据，如图 3-37 所示。

图 3-37　显示表中的数据

3. 查看表与其他数据对象的依赖关系

在要查看的表上右击，从弹出的快捷菜单中选择"查看依赖关系"命令，打开"对象依赖关系"对话框，该对话框显示了该表依赖的其他数据对象和依赖于此表的依赖对象。例如，查看"选课表"的依赖对象，可以看到如图 3-38 所示的对话框，其中显示了选课表依赖于课程表和学生表。

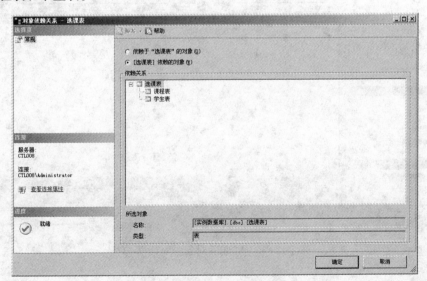

图 3-38　表的对象依赖关系

3.2.6　修改和删除表

1. 修改表

当需要对表进行修改时，展开"数据库"节点，在需要修改的表上右击，从弹出的快捷菜单中选择"修改"命令，如图 3-39 所示。在打开的表设计对话框中对列属性进行修改。然后，在表的列上右击，通过弹出的快捷菜单对表进行插入列、删除列、设置主键等操作。也可以用鼠标拖动进行列的顺序交换。

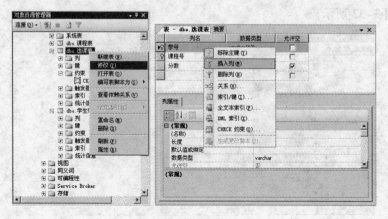

图 3-39　修改表

2. 删除表

在需要删除的表上右击，从弹出的快捷菜单中选择"删除"命令，打开"删除对象"对话框，如图 3-40 所示，选中需要删除的表，然后单击"确定"按钮即可删除该表。

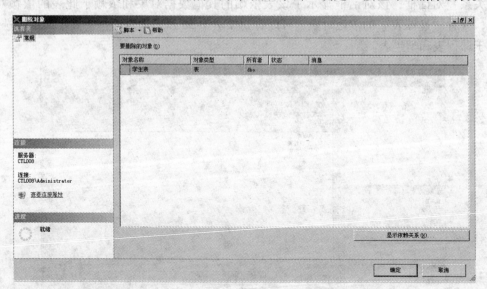

图 3-40　"删除对象"对话框

3.3　索引

索引是一种物理结构，它能够提供以一列或多列的值为基础迅速查找或存取表中行的功能。索引可以用来快速访问数据库表中的特定信息。索引提供指针以指向存储在表中指定列的数据值，然后根据指定的排序规则排列这些指针，检索时首先通过搜索索引找到特定的值，然后跟踪指针到达包含该值的行。

在数据库中，索引使数据库管理系统无需对整个表进行扫描，就可以在表中找到所需的数据。而数据库的索引是一个表中所包含值的列表，其中包含了各个值的行所在的存储位置。可以为表中的单个列建立索引，也可以为若干列建立索引。

索引包含一个条目，该条目来自表中每一行的一个或多个列。索引按照搜索关键字排列，可以在搜索关键字的任何词条上高效搜索。例如，对于一个 A、B、C 列上的索引，可以在 A 以及 A、B 和 A、B、C 上对其进行高效搜索。

带索引的表在数据库中会占据更大的空间。另外，为了维护索引，对数据进行插入、修改、删除等操作时，所花费的时间会更长。在设计和创建索引时，应该确保对性能的提高程度大于在存储空间和占用资源方面的消耗。

使用索引的主要优点如下：

- 索引能够大大提高 SQL 语句的执行速度。通过索引还能够快速地删除行，这是由于索引能够将行在磁盘上的位置告诉 SQL Server，从而也加速了连接的操作。
- 在执行查询时，SQL 会对查询进行优化。但是，优化器是依赖索引起作用的，取决于选择哪些索引可以使得该查询最快。
- 通过创建唯一索引，可以保证表中的数据不重复。

3.3.1 索引的分类

按照索引组织方式的不同，可以将索引分为聚集索引和非聚集索引。

1. 聚集索引

在表中没有创建聚集索引时，SQL Server 以堆的形式存储数据行，即数据行没有特定的顺序。在进行扫描或者查询时，从表的起始处开始，对表中的所有行进行顺序的扫描，将消耗大量的时间。

聚集索引定义了数据在表中存储的物理顺序，它使用表中的一列或者多列来对记录进行排序，然后再重新存储在磁盘上，也就是说，聚集索引与数据是混为一体的，它的叶节点存储的是实际的数据。表的物理行顺序和聚集索引中行的顺序是一致的，因此将大大提高查询的速度。

由于数据行只能按一个顺序排列，因此每一个表中只能有一个聚集索引。一般会在表中经常搜索的列或按顺序访问的列上创建聚集索引。

但是，聚集索引是将表的所有数据完全重新排列，它所需要的空间也特别大，相当于表中数据所占空间的 120%。

基于聚集索引的特点，在创建聚集索引时需要考虑以下两点：

- 每个表只能有一个聚集索引。
- 由于聚集索引改变了表中行的物理顺序，所以，在创建索引时，首先创建聚集索引。

SQL Server 2005 在一个表中创建主键或者唯一性约束时会创建一个唯一索引。在主键定义之后，如果在表中还没有定义聚集索引，SQL Server 2005 会默认为这个主键建立聚集索引。

2. 非聚集索引

非聚集索引并不存储数据本身，只存储指向表数据的指针，因此，使用非聚集索引的表，其中的数据并不是按照索引列排序，而是由存储指针的索引页构成。从非聚集索引中的索引指向数据行的指针称为行定位器。行定位器的结构取决于数据的存储方式。对于聚集表，行定位器就是聚集索引键；对于堆，行定位器就是指向数据行的指针。这些指针本身是有序的，这有助于表中快速定位数据。一个表中可以存储多达 249 个非聚集索引。

聚集索引和非聚集索引均可以被定义为唯一的，在整个表中，带有唯一索引的列中的值只出现一次。SQL Server 自动对带有唯一索引的列强制其唯一性。唯一索引通常用来实现对数据的约束。

3.3.2　索引的创建

在创建索引时，首先要考虑以下准则：

- 使用索引的效果在很大程度上取决于对表访问的形式。要使得索引最有效，必须使索引与用户访问数据的形式匹配。
- 要保证索引的更新与数据库的更新同步。
- 一般来说，存取表的最常用方式是通过主键来进行。因此，应该在主键上建立索引。同时，在连接中频繁使用的外键，也要建立索引。对于经常搜索的列和排序频繁检索的列，也应当建立索引。
- 由于建立和维护索引需要消耗一定的资源，因此，很少或者从来不在查询中引用的列，只有两个列或者列数较少的表，以及行数较少的表不要创建索引。
- 对表进行大批量的插入和更新时，应先删除索引，待插入和更新完成后，再重新建立索引。

创建索引的具体操作步骤如下。

1) 展开需要设置索引的表节点，如果表中已经设置了关键字或者唯一属性，则系统将自动创建一个聚集索引。如果用户还需要创建其他索引，例如，对学生表创建一个索引，则展开"学生表"节点，选中"索引"选项并右击，从弹出的快捷菜单中选择"新建索引"命令，打开"新建索引"对话框，如图 3-41 所示。

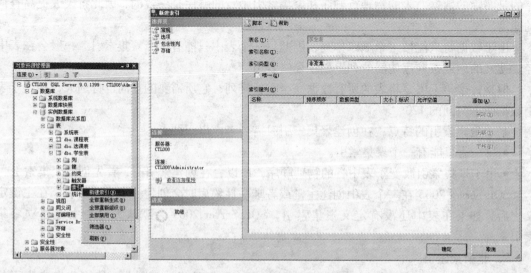

图 3-41　"新建索引"对话框

2）在该对话框的"常规"选项页中，在"索引名称"文本框中输入新建索引的名称"学生出生日期"。在"索引类型"下拉列表框中选择索引类型，此处选择"非聚集"索引。然后单击"添加"按钮，打开如图 3-42 所示的对话框，在其中选择要添加到索引中的列，这里选择"姓名"与"出生日期"列。

3）单击"确定"按钮返回"新建索引"对话框，打开"选项"选项页，如图 3-43 所示，在该页面中，可以设置索引是否可以忽略重复的值，设置填充因子，是否将排序结构存储在 tempdb 数据库中，是否重新计算统计信息等操作，然后单击"确定"按钮完成索引的创建。在对象资源管理器的窗口中可以看到，学生表的"索引"对象下面会出现一个新建的索引——学生出生日期，如图 3-43 所示。

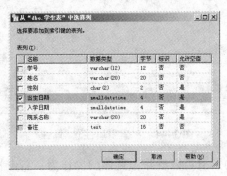

图 3-42　选择要添加到索引中的列

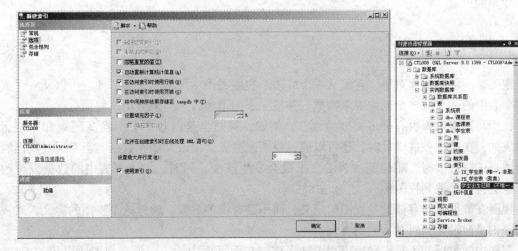

图 3-43　"选项"选项页和新建的索引

3.3.3　索引的修改和删除

展开"索引"节点，在需要修改的索引上右击，从弹出的快捷菜单中选择"属性"命令，打开"索引属性"对话框，如图 3-44 所示。在"索引属性"对话框多了"碎片"和"扩展属性"选项，其中"碎片"选项用来查看索引碎片数据及是否需要重新组织索引，"扩展属性"选项用来帮助用户在多个数据库对象上定义和操作用户定义的属性。如果要修改索引，单击对话框右侧的"添加"按钮，可以重新选择添加索引的列。"删除"按钮可以删除不需要的索引的列。"上移"和"下移"可以更改索引的顺序。

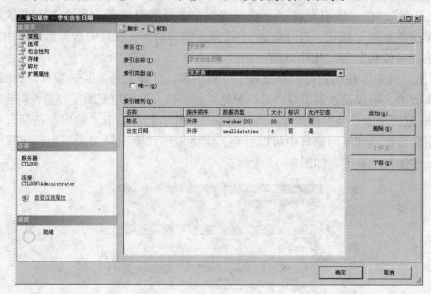

图 3-44 "索引属性"对话框

对于不需要或者错误的索引可以删除，具体的操作为：右击将要删除的索引，从弹出的快捷菜单中选择"删除"命令，打开"删除对象"对话框，选中要删除的索引，单击"确定"按钮即可。

3.4 视图

视图是一种数据库对象，它是从一个或多个表或视图中导出的虚表，即它可以从一个或者多个表中的一个或多个列中提取数据，并按照表的组成行和列来显示这些信息。

视图与真实的表也有很多类似的地方。例如，视图也是由若干个字段（列）和一些记录组成的，在某些条件满足时，还可以通过视图来插入、更改和删除数据。当对通过视图看到的数据进行修改时，相应基本表的数据也会发生改变，同时，如果本表中的数据发生改变，也会自动反映到视图中。

视图在数据库中存储的是视图的定义，而不是查询的数据。通过这个视图的定义，对视图的查询最后转化为对基本表的查询。

视图中的数据并不是实际地以视图结构存储在数据库中的，而是在视图所引用的表中。视图被定义后便存储在数据库中，通过视图看到的数据只是存放在数据库中的数据，其结构和数据均是建立在对表的查询基础上的。

使用视图不仅可以简化数据操作，还可以提高数据库的安全性，使用视图的主要优点如下：

- 视图是作为一个数据库对象存在于数据库中的，便于管理和维护，且视图像表一样还可以用在查询语句中，从而简化了检索数据的操作。
- 可以定制允许用户查看哪些数据，让用户通过视图来访问表中特定字段和记录，而不对用户授予直接访问数据库表的权限。

- 可以针对不同的用户定义不同的视图，在用户视图上不包括机密数据字段，从而自动提供对机密数据的保护。
- 可以使用视图将数据导出到其他的应用程序。
- 允许用户以不同的方式查看数据，即使在用户同时使用相同的数据时也可如此。

3.4.1　视图的分类

视图分为标准视图、索引视图和分区视图。

标准视图是视图的标准形式，标准视图组合了一个或多个表中的数据，用户可以通过标准视图对数据库进行查询、修改、插入和删除数据等操作。

索引视图是通过计算并存储的视图，索引视图可以提高某些类型查询的性能，适合同一时间对多行的查询，还可以对其创建一个唯一的聚集索引。

分区视图是用户可以把来自不同表的两个或多个查询结果组合成单一的结果集，在用户看来是一个单独的表。

3.4.2　视图的创建

要在数据库中创建视图，首先需要对视图中需要引用的数据库表或其他视图具有相应的权限。此外，建立视图时还要注意以下几点：

- 建立视图时必须遵循标识符命名规则，在数据库范围内视图名称要具有唯一性，不能与用户所拥有的其他数据库对象名称相同。
- 一个视图最多可以引用 1024 个字段，这些字段可以来自一个表或视图，也可以来自多个表或视图。
- 视图可以在其他视图上建立。SQL Server 允许视图最多嵌套 32 层。
- 即使删除了一个视图所依赖的表或视图，这个视图的定义仍然保留在数据库中。
- 不能在视图上定义全文索引。
- 不能在视图上绑定规则、默认值和触发器。
- 不能建立临时视图，也不能在一个临时表上建立视图。
- 只能在当前数据库中创建视图，但是视图所引用的表或视图可以是其他数据库中的，甚至可以是其他服务器上的。

创建视图的具体操作步骤如下。

1）展开"实例数据库"下的表节点，在"视图"选项上右击，从弹出的快捷菜单中选择"新建视图"命令，打开"添加表"对话框，如图 3-45 所示。

2）在"添加表"对话框的"表"选项中，列出了所有可用的表，选择相应的表作为创建视图的数据库表，然后单击"添加"按钮将其添加进去。在"添加表"对话框中可以看到，有"视图"、"函数"和"同义词"选项。

"视图"选项是指可以在视图的基础上创建视图，称为视图的视图。

"函数"选项是指可以将基表中的列通过函数运算后显示在视图中，例如，可以通过日期转换函数将学生的年龄计算出来。

"同义词"选项，是指在创建视图中可以使用的同义词。在 SQL Server 2005 中，同义词是用来实现下列用途的数据库对象：为本地或远程服务器上的另一个数据库对象（称为

"基对象") 提供备选名称。这相当于提供了一个提取层, 该层防止客户端应用程序的基对象的名称或位置被更改。本例中不涉及 "同义词" 选项。

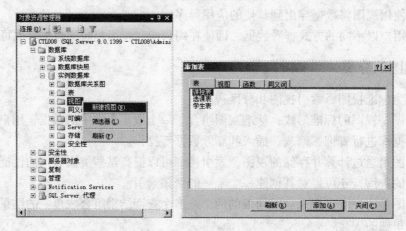

图 3-45   "添加表" 对话框

3) 选择好创建视图所需要的表、视图和函数之后, 单击 "关闭" 按钮, 进入到视图设计窗口, 如图 3-46 所示。在此窗口中有多个子窗格。

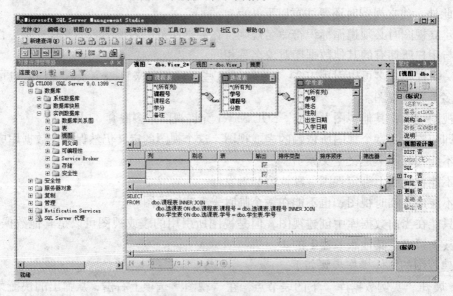

图 3-46   视图设计窗口

第一个子窗格中是用户添加的表的图形表示, 用户可以通过双击字段, 或者在字段窗格中的列内选择需要添加的字段, 把字段添加到视图中。

第二个子窗格中显示用户选择的列的名称、别名、表、输出、排序类型、排序顺序等属性, 用户可以对其进行设置。

● 列名是视图中包含的字段名称。

● 别名列是指当字段被输出时, 可以通过该列给字段指定一个不同的名称。

● 表列是字段所在的数据表的名称。

● 如果输出复选列显示该列被选中, 那么查询输出结果将包括该字段; 反之, 则不包含该字段。可以使用该列来筛选记录，通过特定的字段来筛选记录而不用输出该字段。例如，要输出某天出生的所有学生的记录，需要在字段窗格中包括出生日期字段，这样才能精确描述限制标准。但包含在所有输出记录中的该字段的值都相同，即某天的日期，所以没有必要输出这个字段的内容。

- 排序类型和排序顺序用来确定输出的顺序。在排序类型中，必须说明该字段是否用于排序。如果用于排序，应指明排序方式。然后，在后面的列中确定该字段的排序等级。仅当需要对一个以上的字段排序时才需要制定排序等级，等级 1 表示该字段具有最高排序等级，等级 2 表示该字段具有次高等级。例如，想要按照学生的姓名进行排序，可以定义字段按姓氏字母排序等级为 1，定义字段按名的字母排序等级为 2。

第三个子窗格称为 SQL 窗格。在此可以看到需要运行的视图的 SQL 语法。该窗格对于用户学习 SQL 十分有用。可以通过拖放功能快速创建一个视图，并在 SQL 窗格中学习执行该视图的 SQL 表达式。

第四个子窗格称为执行结果窗格。当单击对象资源管理器上方的红色感叹号图标时，查询结果将显示在这个窗格中。

本实例中，将学生表、课程表和选课表添加到创建视图的数据库表中后，第一个窗格中显示了这 3 个表及 3 个表之间的关系。现在需要查看学生的课程成绩，可以选择课程表中的课程名，学生表中的姓名以及选课表中的分数字段，然后单击对象资源管理器上方的红色感叹号图标，执行结果将显示在第四个窗格中，从中可以看到学生的各门功课的成绩，如图 3-47 所示。

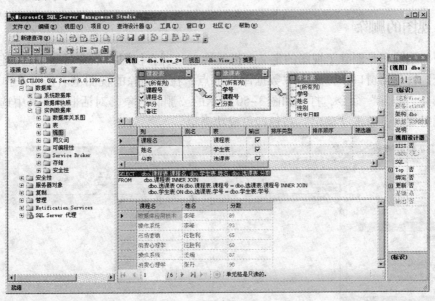

图 3-47　执行结果

4）单击"保存"按钮，将打开如图 3-48 所示的"选择名称"对话框，输入视图的名称"成绩单"，并单击"确定"按钮，即可成功创建视图。

图 3-48　"选择名称"对话框

3.4.3 视图的查看

建立视图后，可以查看视图的定义信息。展开"实例数据库"节点，然后展开"视图"节点，在需要查看的"成绩单"视图上右击，从弹出的快捷菜单中选择"打开视图"命令，将显示视图的信息，如图3-49所示。

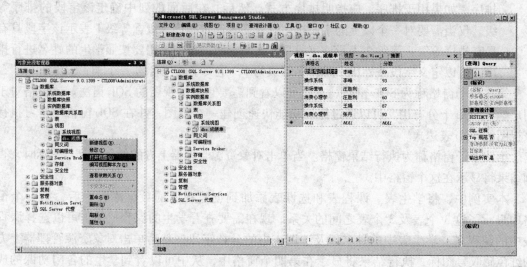

图3-49　显示视图的信息

3.4.4 视图的删除

视图的删除只是删除了视图的定义和指派给它的所有权限，不会对基表造成任何影响。在对象资源管理器窗口中，展开"数据库"节点，在要删除的视图上右击，从弹出的快捷菜单中选择"删除"命令，打开如图3-50所示的"删除对象"对话框，在其中选择需要删除的视图对象后，单击"确定"按钮即可成功删除。

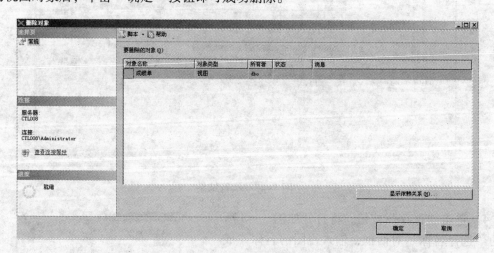

图3-50　删除对象

此外，还可以通过视图对创建视图的基表进行修改，如插入新的记录、更新记录及删除记录等。使用视图修改数据时，需要注意以下几点：

- 插入视图中的列值个数、数据类型应该和视图定义中的列数、基础表对应列的数据类型保持一致。
- 修改视图中的数据时，不能同时修改两个或多个基表，可以对基于两个或多个基表或视图进行修改，但每次修改都只能影响到一个基表。
- 不能修改通过计算得到的字段。

习题

1. 组成 SQL Server 2005 数据库的文件有哪几类？扩展名是什么？各有什么作用？
2. 使用对象资源管理器创建"公司人事管理系统"数据库的员工表和部门表，并向各表中添加数据。其结构如表 3-18、表 3-19 所示。

表 3-18　员工表

列　名	数据类型	允许空	默认值	标识规范	主键	CHECK 约束
员工编号	int			增量为 1，种子为 1	主键	
姓名	char（6）					
性别	char（2）	√	'男'			
出生日期	smalldatetime	√				
工资	int	√				
部门编号	char（10）	√				

表 3-19　部门表

列　名	数据类型	允许空	默认值	标识规范	主　键	CHECK 约束
部门编号	int			增量为 1，种子为 1	主键	
部门名称	char（10）					

3. 简述视图的概念以及分类，并说明使用视图有哪些优点。
4. 通过视图显示"公司人事管理系统"数据库中职工的姓名、其所在部门和相应的工资。
5. 创建视图时需要注意哪些要点？具体操作步骤有哪些？
6. 什么是聚集索引和非聚集索引？其含义是什么？
7. 使用索引的优点有哪些？创建索引时需要考虑哪些设计准则？
8. 约束的类型有哪些？如何创建主键约束？

第4章 T-SQL语言基础

本章要点

- T-SQL语言的发展历程及内容构成
- 数据类型、常量和变量
- 运算符和表达式
- 常用的流程控制语句
- 常用的系统函数
- 用户自定义函数

学习要求

- 了解T-SQL语言的发展历程及内容构成
- 掌握用户定义数据类型的创建、修改、删除和应用
- 掌握T-SQL流程控制语句的语法和使用方法
- 掌握SQL Server系统函数的分类和常用系统函数的用法
- 掌握用户自定义函数的用法

4.1 T-SQL语言简介

T-SQL是使用SQL Server 2005的一个非常实用的工具。在SQL Server 2005中，很多操作都是使用T-SQL语言实现的。本节将首先介绍T-SQL语言的发展历程及分类，然后讲述T-SQL的语法约定。

4.1.1 T-SQL语言的发展历程及内容构成

SQL（Structure Query Language），中文译为"结构化查询语言"，最初在1974年由Boyce和Chambedin提出，称为"SEQUEL"，是Structure English QUEry Language的缩写。

1976年，San Jose Reserch Laboratory在研制关系型数据库管理系统System R时，对其进行修改，并称为"SEQUEL2"，即当前使用的SQL语言。

1982年美国国家标准协会（American Nation Standards Instiute，ANSI）确认SQL为数据库系统的工业标准，即SQL-86，此后SQL的标准几经修改和完善。

目前最新的SQL标准是2003年制定的ISO/IEC 9075：2003，即SQL：2003（SQL4）。

目前，不同的数据库产品厂商在各自的数据库系统中都支持SQL语言，但又在此标准基础上针对各自的产品对SQL进行了不同的修改和扩充。例如，Oracle公司的P/L SQL、Sybase公司的SQLAnywhere等。而T-SQL则是Microsoft公司针对其自身的数据库产品SQL Server设计开发、遵循SQL标准的结构化查询语言。

T-SQL虽然具备许多与程序设计语言类似的功能，但是T-SQL本身并不是编程语言。

程序员使用 T-SQL 的目的是操作关系型数据库及其数据。应用程序和 SQL Server 数据库的所有交流都是通过服务器发送 T-SQL 语句进行的。

T-SQL 语言包括以下几部分的内容。

- 数据定义语言（Data Definition Language，DDL）：基本关系表、视图、索引和完整性约束的定义、修改和删除。
- 数据操纵语言（Data Manipulation Language，DML）：是指对已创建的数据库对象中的数据表数据的添加、修改和删除。
- 数据控制语言（Data Control Language，DCL）：用来设置或者更改数据库用户或者角色权限。
- 系统存储过程（System Stored Procedure）：指系统中自带的程序。
- 一些附加的语言元素。这部分是 Microsoft 公司为了用户编程的方便而增加的语言要素。

本章接下来将介绍 T-SQL 语言的基础知识，而数据定义语言、数据操纵语言、系统存储过程、数据控制语言等内容将在本书的后续章节中陆续介绍。

4.1.2　T-SQL 的语法约定

T-SQL 在语法的书写和对象的限定方面都有一定的限制，掌握这些约定，将有助于快速理解并掌握 T-SQL 的语法结构。

1. 语法书写约定

在对 T-SQL 的语句进行语法说明时，语法要符合一定的约定。表 4-1 列出了 T-SQL 的参考语法关系图中使用的约定。

表 4-1　T-SQL 的参考语法关系图中使用的约定

约　　定	说　　明
UPPERCASE（大写）	T-SQL 关键字
|（竖线）	分隔括号或大括号中的语法项。只能选择其中一项
［］（方括号）	可选语法项。不要键入方括号
｛｝（大括号）	必选语法项。不要键入大括号
［，...n］	指示前面的项可以重复 n 次。每一项由逗号分隔
［...n］	指示前面的项可以重复 n 次。每一项由空格分隔
［;］	可选的 T-SQL 语句终止符，不要键入方括号
＜label＞::=	语法块的名称。此约定用于对可在语句中的多个位置使用的过长语法段或语法单元进行分组和标记。可使用的语法块的每个位置由尖括号内的标签指示：＜label＞

2. 多部分名称

除非另外指定，否则所有对数据库对象名的 T-SQL 引用可以是由 4 部分组成的名称，格式如下：

```
［server_name.［database_name］.［schema_name］. |
    database_name.［schema_name］. | schema_name. ］object_name
```

- server_name：指定链接的服务器名称或远程服务器名称。

- database_name：如果对象驻留在 SQL Server 的本地实例中，则指定 SQL Server 数据库的名称。如果对象在链接服务器中，则 database_name 将指定 OLE DB 目录。
- schema_name：如果对象在 SQL Server 数据库中，则指定包含对象的架构的名称。如果对象在链接服务器中，则 schema_name 将指定 OLE DB 架构名称。
- object_name：对象的名称。引用某个特定对象时，不必总是指定服务器、数据库和架构供 SQL Server 2005 数据库引擎标识该对象。但是，如果找不到对象，就会返回错误消息。

如果要省略中间节点，则使用句点来表示这些位置。表 4-2 所示的是各类对象名的有效格式。

表 4-2 各类对象名的有效格式

对象引用格式	说　明
server. database. schema. object	4 个部分的名称
serve. database. . object	省略架构名称
server. . schema. object	省略数据库名称
server. . . object	省略数据库和架构名称
database. schema. object	省略服务器名
database. . object	省略服务器和架构名称
schema. object	省略服务器和数据库名称
object	省略服务器、数据库和架构名称

4.2 数据类型、常量和变量

4.2.1 数据类型

T－SQL 的数据类型包括两大类，即系统数据类型和用户定义数据类型。

系统数据类型是 T－SQL 内部支持的固有的数据类型，关于数据类型的分类和说明在第 3 章已经做过详细介绍。

T－SQL 支持用户定义数据类型，其实质是在系统数据类型基础上的扩充或限定。当对多表进行操作时，这些表中的某些列要存储同样的数据类型，且该数据类型要有完全相同的基本类型（系统数据类型）、长度和是否允许为空的规则，这时用户可以定义数据类型，并且在定义表中的这些列时使用该数据类型。

使用用户定义数据类型可以简化用户定义表的过程。接下来介绍用户定义数据类型的定义、创建及删除。

例如，"实例数据库"中的"学生表"和"选课表"均包含有"学号"列，该列的数据类型为 varchar，长度为 12，取值不允许为空。这时，可以为这两列定义一个名称为 xuehao 的数据类型。

用户定义数据类型的创建和删除可以采用两种方法。一种是图形化方法，即在 SQL Server Management Studio 中实现；另外一种是执行命令的方法，即调用系统存储过程来实现。

1. 图形化的方法创建和删除用户定义数据类型

在 SQL Server Management Studio 中创建和删除名为 xuehao 的用户定义数据类型，具体操作步骤如下。

1）启动 SQL Server Management Studio，并连接到服务器。

2）在 SQL Server Management Studio 的对象资源管理器窗口中，依次展开树形视图中的以下节点："数据库"→"实例数据库"→"可编程性"→"类型"→"用户定义数据类型"，在该项上右击，从弹出的快捷菜单中选择"新建用户定义数据类型"命令，如图4-1所示。

图4-1　选择"新建用户定义数据类型"命令

3）系统将弹出"新建用户定义数据类型"对话框，如图4-2所示。在该对话框中设置各个选项。

4）单击"确定"按钮，返回到 SQL Server Management Studio，可以在对象资源管理器的树形视图中看到刚刚定义的数据类型，如图4-3所示。

5）要删除已经存在的用户定义数据类型，可以在图4-3所示的数据类型 xuehao 上右击，从弹出的快捷菜单中选择"删除"命令即可。

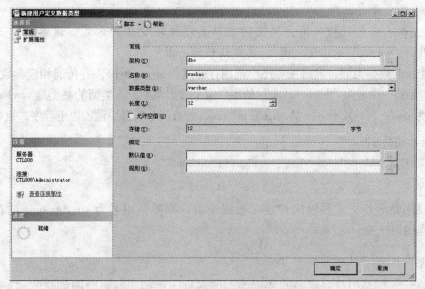

图4-2　"新建用户定义数据类型"对话框

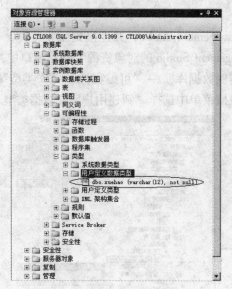

图 4-3 查看用户定义数据类型

2. 调用系统的存储过程创建和删除用户定义数据类型

在 SQL Server 中，还可以通过调用系统定义的存储过程来实现用户定义数据类型的创建和删除。创建用户定义数据类型的语法格式如下：

> sp_addtype [@typename =] type,
> [@phystype =] system_data_type
> [, [@nulltype =] 'null_type'] ;

说明：

- type：用户定义的数据类型的名称。该名称在数据库中必须是唯一的。
- system_data_type：该参数是用户定义数据类型所基于的 SQL Server 提供的基本类型，例如 int 或者 char 型。
- null_type：该参数指明用户定义的数据类型处理空值的方式。该参数有 3 个取值：'null'、'not null'或者'nonull'。其默认值为'null'。

要创建新的数据类型，只需在程序中调用存储过程 sp_addtype，并传递相应参数即可。

例如，创建一个名为 "kechenghao" 的用户定义数据类型，该类型的基类是 varchar，长度是6，不允许为 null，在 SQL Server Management Studio 的查询分析器中输入以下程序，执行即可。

```
USE 实例数据库
EXEC sp_addtype 'kechenghao ','varchar(6)','not null '
GO
```

如果要用命令行方式删除用户定义数据类型，则要调用名为 sp_droptype 的存储过程，该存储过程的语法为：

> sp_droptype[@typename =]'type '

其中的 type 即是用户要删除的数据类型的名称，例如，要删除刚创建的 "kechenghao"数据类型，则执行以下语句：

```
USE 实例数据库
EXEC sp_droptype 'kechenghao '
GO
```

3. 应用用户定义数据类型来定义字段

创建用户定义数据类型之后，可以在创建表的字段时使用用户定义数据类型，既可以在 SQL Server Management Studio 环境中使用，也可以通过调用命令使用。

例如，在 SQL Server Management Studio 环境中创建表时，在设置字段的数据类型时可以直接选用已创建的用户定义数据类型，如图 4-4 所示。

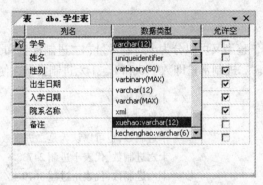

图 4-4   设计表时使用用户定义数据类型

也可以用命令方式指定字段使用用户自定义的数据类型，例如，下面的程序段中对"学号"字段的定义就采用了用户自定义的数据类型 xuehao。

```
USE 实例数据库
CREATE TABLE 学生表
    [学号] xuehao,
    [姓名] [nchar] (20) NOT NULL,
    [性别] [char] (2) NULL,
    [出生日期] [smalldatetime] NULL,
    [入学日期] [smalldatetime] NULL,
    [院系名称] [varchar] (20) NULL,
    [备注] [text] NULL,
GO
```

4.2.2   常量

常量，即在程序的执行过程中不改变值的量。常量的使用格式取决于值的数据类型。根据数据类型的不同，常量可以分为以下几种类型。

1. 字符串

字符串常量代表特定的一串字符，在使用时用单引号括起来。例如：

```
'Hello '
'数据库应用技术'
```

如果字符串中要包含单引号，则使用两个单引号表示，例如：

'He say: ''Hello! '''

可以在字符串内包含字母和数字字符（a～z、A～Z 和 0～9）以及特殊的字符，例如，感叹号（!）、at 字符（@）和数据号（#）。

2. Unicode 字符串

Unicode 字符串也属于字符串的一种表达形式，它的格式与普通的字符串类似，不同的是在使用时前面加上一个 N 标识符（N 必须为大写），例如：

N 'Hello '

N '数据库应用技术'

3. 整型常量

根据整型的进制不同，整型又可以分为十进制常量、二进制常量和十六进制常量。其中十进制常量以普通的整数表示。二进制常量即数字 0 和 1。十六进制常量在使用时加上前缀 0x。例如：

2009	/＊十进制数＊/
−28	/＊十进制数＊/
0	/＊十进制数,也可以认为是二进制数,二者在数值上相等＊/
0x60A2	/＊十六进制数,代表十进制 24738＊/
0xE5f	/＊十六进制数,代表十进制 3679＊/

4. 实型常量

实型常量是包含有小数点的数字，分为定点表示和浮点表示两种。例如：

32.50	/＊定点表示的实型常量＊/
25.8E4	/＊浮点表示的实型常量,其值为 25.8×10^4＊/
3.2E−2	/＊浮点表示的实型常量,其值为 3.2×10^{-2}＊/
−2E6	/＊浮点表示的实型常量,其值为 -2×10^6＊/

5. 日期时间常量

使用特定格式的日期值字符来表示日期和时间常量。在使用时用单引号引起来。在 SQL Server 中系统可以识别多种格式的日期时间常量。例如：

'2009−08−08 '	/＊数字日期格式＊/
'8/12/2009 '	/＊数字日期格式＊/
'Febrary 2,2009 '	/＊字母日期格式＊/
'20090825 '	/＊未分割的字符串日期格式＊/
'12:00:00 '	/＊时间格式＊/
'05:30PM '	/＊时间格式＊/
'2009−9−10 08:40:30 '	/＊日期时间格式＊/

6. 货币常量

货币常量代表货币的多少，通常采用整型或者实型常量加上 '$' 前缀构成，例如：

$88.8

−$600

7. 唯一标识常量

唯一标识常量用于表示全局唯一标识符（GUID）的字符串。可以使用字符或者二进制字符串指定。例如：

> '6A526F – 88C635 – DA94 – 0035C4100FC '
>
> '0xfa35998cc44abe3e60028d5daf279ff '

通常情况下，T-SQL 中的常量是存储在数据库二维表中当前行的某列的值，可以使用 UPDATE 语句的 SET 子句，或者 INSERT 语句的 VALUES 子句来指定，例如：

> UPDATE 课程表
>   SET 课程名 = '电子商务'
> WHERE 课程号 = '02001 '

以上语句中利用 UPDATE 语句将课程号 02001 的课程名修改为"电子商务"，其中第 2 行等号后的"电子商务"为字符串常量。UPDATE 语句的使用方法和意义参看本书第 5 章的相关说明。

4.2.3　变量

变量是指在程序的执行过程中可以改变的量，变量可以保存特定类型的值。变量包括变量名和数据类型两个属性。在 SQL Server 2005 中，变量的作用域大多是局部的，也就是说，在某个批处理或者存储过程中，变量的作用范围从声明开始，到该批处理或者存储过程结束为止。

1. 变量的命名规则

变量的命名要符合标识符的命名规则：

- 以 ASCII 字母、Unicode 字母、下划线、@ 或者#开头，后续可以为一个或多个 ASCII 字母、Unicode 字母、下划线、@ 、#或者 $ ，但整个标识符不能全部是下划线、@ 或者#。
- 标识符不能是 T-SQL 的关键字。
- 标识符中不能嵌入空格或者其他的特殊字符。
- 如果要在标识符中使用空格或者 T-SQL 的关键字以及特殊字符，则要使用双引号或者方括号将该标识符括起来。

2. 局部变量的声明和赋值

用 DECLARE 语句声明 T-SQL 的变量，声明的同时可以指定变量的名称（必须以@ 开头）、数据类型和长度，同时将该变量的值设置为 NULL。

如果要为变量赋值，则使用 SET 语句直接赋值，或者使用 SELECT 语句将列表中当前所引用的值为变量赋值。下面通过几个具体的例子说明局部变量的声明和赋值。

【例 4–1】　下面的语句创建了 int 类型的局部变量，其名称为@ var，由于没有为该变量赋值，则该变量的初始值为 NULL。

> DECLARE @ var int

可以用 DECLARE 语句依次声明多个变量，各个变量之间用逗号"，"隔开。

【例4-2】 下面的语句创建了3个局部变量，名称分别为@var1，@var2，@var3，并用SET语句分别为3个变量赋值。

```
DECLARE @var1 nvarchar(10),@var2 nchar(10),@var3 int
SET @var1 = '技术支持'
SET @var2 = '软件开发'
SET @var3 = 30
```

为变量赋值后，可以用SELECT语句查看变量的值。

【例4-3】 下面的语句创建变量并赋值，然后用SELECT语句返回该变量的值。

```
DECLARE @xuehao int
SET @xuehao = 5
SELECT @xuehao
```

在查询分析器中，执行以上语句后，在结果窗格会显示出变量"@xuehao"的值为"5"，如图4-5所示。

在查询分析器中，还可以使用SELECT语句将数据表中的内容赋值给定义的变量。

【例4-4】 将选课表中学号为'20090301'的学生的分数赋值给变量@fenshu，并将该变量的值显示在结果窗口中。

```
DECLARE @fenshu int
SELECT @fenshu = 分数
FROM 选课表
WHERE 学号 = '20090301'
SELECT @fenshu AS 分数
```

在查询分析器中执行完上述命令后，结果窗格的内容如图4-6所示。

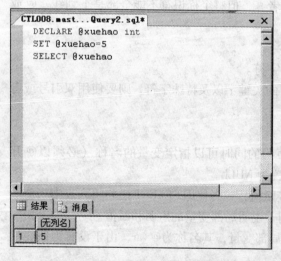

图4-5 【例4-3】的执行结果

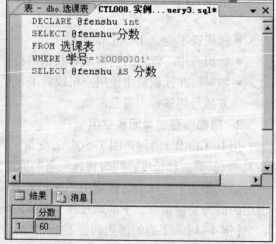

图4-6 【例4-4】的执行结果

在【例4-4】中，第2行的"分数"是指数据表中的列名，第5行的"分数"是指该变量的别名，即图4-6结果窗格中显示的名称。

3. 全局变量

全局变量是 SQL Server 系统内部使用的变量,其作用范围并不局限于某个程序,而是任何程序、任何时间都可以调用。全局变量通常用于存储一些 SQL Server 的配置设定值和效能统计数据。可以利用全局变量来测试系统的设定值或者 T-SQL 命令执行后的状态值。

全局变量不能够自定义,它是由 SQL Server 服务器定义的,用户只能使用服务器定义的全局变量。下面列出 SQL Server 2005 的全局变量及简要说明。

- @@CONNECTIONS:返回自最近一次启动 SQL Server 以来连接或试图连接的次数。
- @@CPU_BUSY:返回最近一次启动 SQL Server 以来 CPU 的工作时间,单位为毫秒。
- @@CURSOR_ROWS:返回本次连接最后打开的游标中当前存在的合格行的数量。
- @@DATEFIRST:返回 SET DATEFIRST 参数的当前值,SET DATEFIRST 参数用于指定每周的第一天是星期几。例如 1 对应星期一,7 对应星期日。
- @@DBTS:返回当前数据库中 timestamp 数据类型的值。
- @@ERROR:返回最近执行的 T-SQL 语句的错误代码。
- @@FETCH_STATUS:返回最近一次 FETCH 语句的状态值。
- @@IDENTITY:返回最后插入的标识列的值。
- @@IDLE:返回自最近一次启动 SQL Server 以来 CPU 的闲置时间,单位为毫秒。
- @@IO_BUSY:返回自最近一次启动 SQL Server 以来 CPU 执行输入和输出的时间,单位为毫秒。
- @@LANGID:返回当前使用的语言的标识符。
- @@LANGUAGE:返回当前使用的语言名。
- @@LOCK_TIMEOUT:返回当前会话的当前锁超时设置,单位为毫秒。
- @@MAX_CONNECTIONS:返回 SQL Server 允许的用户同时连接的最大数。
- @@MAX_PRECISION:返回 decimal 和 numeric 数据类型的精度的最大值。
- @@NESTLEVEL:返回当前存储过程执行的嵌套层次。
- @@OPTIONS:返回当前 SET 选项的信息。
- @@PACK_RECIVED:返回自最近一次启动 SQL Server 以来从网络上读取的输入数据包的数量。
- @@PACK_SENT:返回自最近一次启动 SQL Server 以来写到网络上的输出数据包的数量。
- @@PACKET ERRORS:返回网络数据包的错误数量。
- @@PROCID:返回当前存储过程的标识符。
- @@REMSERVER:返回远程数据库服务器的名称。
- @@ROWCOUNT:返回最近一次 T-SQL 语句影响的数据行的行数。
- @@SERVERNAME:返回运行 SQL Server 的本地服务器的名称。
- @@SERVICENAME:返回 SQL Server 当前运行的服务器名称。
- @@SPID:返回当前用户进程的服务器进程标识符。
- @@TEXTSIZE:返回 SET 语句的 TEXTSIZE 选项的当前值,它指 SELECT 语句返回的 text 或 image 数据类型的最大长度,单位是字节。
- @@TIMETICKS:返回每一时钟的微秒数。

- ●@@TOTAL ERRORS：返回磁盘读写错误数。
- ●@@TOTAL READ：返回读取磁盘的次数。
- ●@@TOTAL WRITE：返回写磁盘的次数。
- ●@@TRANCOUNT：返回当前连接的活动事务数。
- ●@@VERSION：返回SQL Server当前安装的日期、版本和处理器类型。

【例4-5】 返回自最近一次启动SQL Server 2005以来连接或试图连接的次数。主要练习@@CONNECTIONS变量的使用。

> SELECT @@CONNETCIONS AS '连接次数'

执行结果如图4-7所示。

【例4-6】 @@DATEFIRST的使用。将星期五设为每周的第一天，假设今天是星期三，则今天是该周的第6天。

> SET DATEFIRST 5
> SELECT @@DATEFIRST AS '第一天', DATEPART(dw, GETDATE()) AS '今天'

执行结果如图4-8所示。

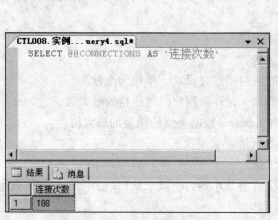

图4-7 【例4-5】的执行结果

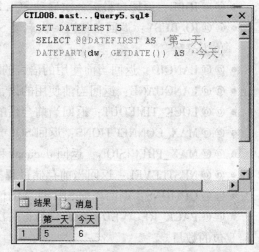

图4-8 【例4-6】的执行结果

4.3 运算符和表达式

运算符是一种符号，用来指定要在一个或者多个表达式中执行的操作。在SQL Server 2005中所使用的运算符包括算术运算符、赋值运算符、按位运算符、字符串连接运算符、比较运算符、逻辑运算符和一元运算符。

表达式是标识符、值和运算符的组合，它可以是常量、函数、列名、变量、子查询等实体，也可以用运算符对这些实体进行组合而成。

1. 算术运算符

算术运算符可以用于任何计算，包括：加（+）、减（-）、乘（*）、除（/）、求余（mod）。如果一个表达式中包括多个运算符，计算时要有先后顺序。

如果表达式中的所有的运算符都具有相同的优先级，则执行顺序为从左到右；如果各个运算符的优先级不同，则先乘、除和求余，然后再加、减。

【例 4-7】 将"选课表"中各个成绩乘以 0.8 后输出。

```
SELECT 学号,课程号,分数 * 0.8
FROM 选课表
```

2. 赋值运算符

等号（＝）是 T-SQL 唯一的赋值运算符。可以将变量和常量赋值给变量，在赋值的过程中，主要赋值符号两边的量的数据类型要一致或者可以相互转换。

3. 按位运算符

按位运算符包括 &（位与）、~（位非）、|（位或）、^（位异或），主要用于 int、smallint 和 tinyint 类型数据的运算，其中 ~（位非）还可以用于 bit 数据。所有的按位运算符都可以在 T-SQL 语句中转换成二元表达式的整数值进行运算。

【例 4-8】 创建两个变量，对其赋值，并输出两个变量的 &（位与）、|（位或）和^（位异或）的结果。

```
DECLARE @ var1 int,@ var2 int
SET @ var1 = 22
SET @ var2 = 147
SELECT @ var1 & @ var2,@ var1 | @ var2,@ var1^@ var2
```

执行的结果如图 4-9 所示，将输出 3 个值：18，151，133。

4. 字符串连接运算符

字符串连接运算符为加号（＋），可以将两个或者多个字符串连接成一个字符串。

例如，SELECT '123 ' + '456 '语句的结果是'123456 '。

5. 比较运算符

比较运算符用于测试两个表达式的值是否相同。比较的结果为逻辑值，可以取以下三个值其中的一个：TRUE、FALSE 和 UNKNOWN。

比较运算符包括等于（＝）、大于（＞）、小于（＜）、大于等于（＞＝）、小于等于（＜＝）、不等于（＜＞或者！＝）、不小于（！＜）和不大于（！＞）。

由比较运算符连接的表达式多用于条件语句（如 IF 语句）的判断表达式中，以及在检索时的 WHERE 子句中。

【例 4-9】 将"实例数据库"中"学生表"的出生日期在 1988 年 10 月 1 日后的学生显示出来。

```
USE 实例数据库
SELECT 学号,姓名,出生日期
FROM 学生表
WHERE 出生日期 > '1988 - 10 - 01 '
GO
```

执行的结果如图 4-10 所示。

图4-9 【例4-8】的执行结果   图4-10 【例4-9】的执行结果

6. 逻辑运算符

逻辑运算符的运算结果为 TRUE 或者 FALSE。SQL Server 的逻辑运算符以及各个运算符的意义如下。

- AND：如果两个操作数的值为 TRUE，则结果为 TRUE。
- OR：如果两个操作数其中一个为 TRUE，则结果为 TRUE。
- NOT：如果操作数的值为 TRUE，则结果为 FALSE。如果操作数的值是 FALSE，则结果为 TRUE。
- ALL：如果每个操作数的值都是 TRUE，则结果为 TRUE。
- ANY：任意一个操作数的值为 TRUE，则结果为 TRUE。
- BETWEEN：如果操作数在指定的范围内，则结果为 TRUE。
- EXISTS：如果子查询的结果包含一些行，则结果为 TRUE。
- IN：如果操作数在一系列数中，则结果为 TRUE。
- LIKE：如果操作数在某些字符串中，则结果为 TRUE。
- SOME：如果操作数在某些值中，则结果为 TRUE。

在 SQL Scrver 2005 中逻辑运算符最经常和 SELECT 语句的 WHERE 子句配合使用，查询符合条件的记录。

7. 一元运算符

一元运算符只对一个操作数或者表达式进行操作，该操作数或者表达式的结果可以是数字数据类型中的任意一种。一元运算符包括 3 个：+（表示该数值为正），-（表示该数值为负），~（返回数值的补数）。

4.4 流程控制语句

T-SQL 中提供流程控制语句的要素，流程控制语句是指那些用来控制程序执行和流程分支的语句。T-SQL 中的主要的流程控制语句如下。

- IF…ELSE：条件选择语句。

- CASE 表达式：多分支选择语句。
- GOTO：无条件转移语句。
- WHILE：循环语句。
- BREAK：循环跳出语句。
- CONTINUE：重新开始下一次循环。
- WAITFOR：设置语句执行的延迟时间。
- RETURN：无条件返回。
- BEGIN…END：定义语句块。

下面对这些语句进行简要说明和举例。

4.4.1 IF…ELSE 语句

IF…ELSE 语句是条件选择语句，在程序的执行过程中对所给出的条件进行判断，当条件为真或者假时执行不同的 T-SQL 语句块。

其语法格式为：

```
IF Boolean_expression
    { sql_statement | statement_block }
[ ELSE
    { sql_statement | statement_block } ]
```

参数说明如下。

- Boolean_expression：条件表达式，其结果必须为逻辑值。
- sql_statement | statement_block：语句行或者语句块。
- 最简单的 IF 语句可以没有 ELSE IF 和 ELSE 子句。
- 可以在 IF 语句块中或者 ELSE 语句块中嵌套另一个 IF 语句，对于嵌套的层数没有限制。

【例 4-10】 IF 语句的使用。

```
DECLARE @ pingyu char(10)
IF (SELECT MIN(分数) FROM 选课表) >=60
SELECT @ pingyu = '全部及格'
ELSE
SELECT @ pingyu = '存在不及格'
PRINT @ pingyu
```

本实例通过判断"选课表"的"分数"列中的最小值是否大于等于 60 分，如果大于等于 60 分，则给出"全部及格"的评语，否则给出"存在不及格"的评语。

本实例的执行结果将给出"全部及格"的评语。

4.4.2 CASE 语句

CASE 语句计算条件列表并返回多个可能结果表达式之一，其语法格式有两种。

1. 简单的 CASE 语句

其语法格式为：

```
CASE input_expression
    WHEN when_expression THEN result_expression
    [ ... n ]
    [
        ELSE else_result_expression
    ]
```

参数说明如下。

- input_expression：测试表达式。
- when_expression：结果表达式。input_expression 及每个 when_expression 的数据类型必须相同或者必须是隐式转换的数据类型。
- else_result_expression：当 input_expression 的值不在任意一个 when_expression 中时的结果。

计算 input_expression，然后按照顺序对每个 WHEN 子句的 "input_expression = when_expression" 进行计算。返回 "input_expression = when_expression" 的第一个计算结果为 TURE 的 result_expression。如果 "input_expression = when_expression" 计算结果不为 TRUE，则在指定 ELSE 子句的情况下，SQL Server 2005 数据库引擎将返回 else_result_expression；如果没有指定 ELSE 子句，则返回 NULL 值。

【例 4-11】 简单的 CASE 语句的使用。

```
DECLARE @ var1 varchar(1)
SET @ var1 = 'B '
DECLARE @ var2 varchar(10)
SET @ var2 =
CASE @ var1
WHEN 'R 'THEN '红色'
WHEN 'B 'THEN '蓝色'
WHEN 'G 'THEN '绿色'
ELSE '错误'
END
PRINT @ var2
```

本例的执行结果是输出 "蓝色"。

2. 搜索类型的 CASE 语句

语法格式如下：

```
CASE
    WHEN Boolean_expression THEN result_expression
    [ ... n ]
    [
        ELSE else_result_expression
    ]
END
```

参数说明如下。

- Boolean_expression：条件表达式。其结果必须为逻辑值。
- result_expression：结果表达式。当 WHEN 的条件为"真"时执行语句。

【例4-12】 根据输入的学生成绩，对该学生做出一个具体的评语，成绩和对应的评语如下。

85 ~ 100：优秀。

70 ~ 85：优良。

60 ~ 70：及格。

60 以下：不及格。

如果成绩在 0 ~ 100 分的范围之外，则提示用户"输入的成绩超出范围！"。

```
DECLARE @ chengji float,@ pingyu varchar(40)
SET @ chengji = 80
SET @ pingyu =
CASE
    WHEN @ chengji > 100 or @ chengji < 0 then '您输入的成绩超出范围！'
    WHEN @ chengji >= 60 and @ chengji < 70 then '及格'
    WHEN @ chengji >= 70 and @ chengji < 85 then '良好'
    WHEN @ chengji >= 85 and @ chengji <= 100 then '优秀'
    ELSE '不及格'
END
PRINT '该生的成绩评语是:' + @ pingyu
```

程序的运行结果是输出"该生的成绩评语是：良好"。

4.4.3 GOTO 语句

GOTO 语句将执行语句无条件跳转到标签处，并从标签位置继续执行。GOTO 语句和标签可以在过程、批处理或语句块中的任何位置使用。

【例4-13】 利用 GOTO 语句计算 1 ~ 100 所有数的和。

```
DECLARE @ x int,@ sum int
SET @ x = 0
SET @ sum = 0
biaoqian:SET @ x = @ x + 1
SET @ sum = @ sum + @ x
if @ x < 100
GOTO biaoqian
PRINT '1 ~ 100 所有数的和是:' + ltrim( str( @ sum))
```

在该程序段的第 4 行使用了标签 biaoqian，运行结果是"1 ~ 100 所有数的和是：5050"。

GOTO 语句也可以嵌套使用，还可以出现在条件控制语句、语句块或者过程中，但不能跳转到该语句块之外的标签。标签的位置可以在 GOTO 语句之前或者之后。

4.4.4 WHILE 语句

WHILE 语句在设置的条件成立时重复执行命令行或者程序块。其语法格式为：

> WHILE Boolean_expression
>> { sql_statement | statement_block }

如果 Boolean_expression 为真，则执行 sql_statement 或者 statement_block，执行后再判断 Boolean_expression 的值，接着执行 sql_statement 或者 statement_block，直到 Boolean_expression 的值为假。

【例 4-14】 利用 WHILE 语句计算 1~100 所有数的和。

```
DECLARE @ x int,@ sum int
SET @ x = 0
SET @ sum = 0
WHILE @ x < 100
BEGIN
SET @ x = @ x + 1
SET @ sum = @ sum + @ x
END
PRINT '1 ~ 100 所有数的和是:' + ltrim(str(@ sum))
```

程序的运行结果是"1~100 所有数的和是：5050"。

4.4.5 BREAK 语句

BREAK 语句一般都出现在 WHILE 语句的循环体内，作为 WHILE 语句的子句。在循环体内使用 BREAK 语句，会使进程提前跳出循环。

【例 4-15】 求 1 ~ 100 的所有数之和，但是如果和大于 1000，立刻跳出循环，输出结果。

```
DECLARE @ x int,@ sum int
SET @ x = 0
SET @ sum = 0
WHILE @ x < 100
BEGIN
SET @ x = @ x + 1
SET @ sum = @ sum + @ x
if @ sum > 1000
BREAK
END
PRINT '结果是:' + ltrim(str(@ sum))
```

程序的运行结果是输出"结果是：1035"。

4.4.6 CONTINUE 语句

CONTINUE 和 BREAK 语句一样，一般都出现在 WHILE 语句的循环体内，作为 WHILE

语句的子句。在循环体内使用 CONTINUE 语句，结束本次循环，重新转到下一次循环。

【例 4-16】 计算 1~100 所有偶数之和，并输出结果。

```
DECLARE @ x int,@ sum int
SET @ x = 0
SET @ sum = 0
WHILE @ x < 100
BEGIN
SET @ x = @ x + 1
if @ x% 2 = 1
CONTINUE
SET @ sum = @ sum + @ x
END
PRINT '1 ~ 100 所有偶数之和是:' + ltrim( str( @ sum) )
```

程序的运行结果是"1~100 所有偶数之和是：2550"。

4.4.7　WAITFOR 语句

WAITFOR 语句称为延迟语句，设定在达到指定时间或时间间隔之前，或者指定语句至少修改或返回一行之前，阻止执行批处理、存储过程或者事务。其语法格式为：

```
WAITFOR
{
    DELAY 'time_to_pass '
    | TIME 'time_to_execute '
}
```

参数说明如下。

● time_to_pass：要等待的时间段。

● time_to_execute：要等到的时间点。

【例 4-17】 WAITFOR 语句的使用。

```
WAITFOR DELAY '0:0:10 '        / * 等待 10 s * /
WAITFOR TIME '12:00:00 '       / * 等到 12 点 * /
```

4.4.8　RETURN 语句

RETURN 语句用于结束当前程序的执行，返回到上一个调用它的程序或其他程序。其语法格式为：

```
RETURN [ integer_expression ]
```

参数说明如下。

integer_expression：要返回的整型值。

RETURN 语句通常在存储过程中使用，且不能返回空值。在系统存储过程中，一般情况下返回 0 值表示成功，返回非 0 值则表示失败。

4.4.9 BEGIN…END 语句

在 IF 语句、WHILE 语句的程序体内使用 BEGIN…END 语句，表示一次执行一组 SQL 语句。即将一组语句用 BEGIN…END 语句封闭起来。

BEGIN…END 语句允许在使用的过程中嵌套。

4.5 函数

SQL Server 2005 提供强大的函数功能，常用的系统函数有以下几类：聚合函数、数学函数、字符串函数、数据类型转换函数、日期时间函数等。

除系统函数之外，用户也可以创建自定义函数，将 SQL Server 对象处理能力进行扩展。在 SQL Server 中用户可以创建、修改和删除自定义函数，并在程序中使用自定义函数。

本节将介绍常用系统函数的用法以及用户自定义函数的相关内容。

4.5.1 常用的系统函数

系统函数是 SQL Server 自身提供的，用户只需要理解其定义和用法，直接调用即可。

1. 聚合函数

聚合函数对一组数据执行某种计算并返回一个结果。聚合函数经常在 SELECT 语句的 GROUP BY 子句中使用。下面分别对聚合函数进行简要说明，并给出一些简单的示例。

- AVG：返回一组值的平均值。
- BINARY_CHECKSUM：返回对表中的行或者表达式列表计算的二进制校验位。
- CHECKSUM：返回在表中的行或者表达式列表计算的校验值，该函数用于生成哈希索引。
- CHECKSUM_AGG：返回一组值的校验值。
- COUNT：返回一组值中项目的数量（返回值为 int 类型）。
- COUNT_BIG：返回一组值中项目的数量（返回值为 bigint 类型）。
- GROUPING：产生一个附加的列，当用 CUBE 或 ROLLUP 运算符添加行时，附加的列输出为 1，当添加的行不是由 CUBE 或 ROLLUP 运算符产生时，附加的列输出为 0。
- MAX：返回表达式或者项目中的最大值。
- MIN：返回表达式或者项目中的最小值。
- SUM：返回表达式中所有项的和，或者只返回 DISTINCT 值。SUM 只能用于数字列。
- STDEV：返回表达式中所有值的统计标准偏差。
- VAR：返回表达式中所有值的统计标准方差。

下面介绍几个常用的聚合函数的实例。

【例 4-18】 AVG 函数的使用。以下语句统计所有学生成绩的平均值。

```
USE 实例数据库
SELECT AVG(分数) as 平均成绩
FROM 选课表
GO
```

92

【例4-19】 MAX 函数的使用。以下语句返回选课表中学生成绩的最高分数。

```
USE 实例数据库
SELECT MAX(分数) as 最高成绩
FROM 选课表
GO
```

【例4-20】 COUNT 函数的使用。以下语句返回学生表中的记录个数。

```
USE 实例数据库
SELECT COUNT(学号) as 总人数
FROM 选课表
GO
```

2. 数学函数

数学函数用于执行数学运算。使用数学函数可以执行代数、三角、统计、估算和财务运算等。下面列出常用的数学函数及简单的说明。

(1) 三角函数

- SIN：正弦函数。
- COS：余弦函数。
- TAN：正切函数。
- COT：余切函数。

(2) 反三角函数

- ASIN：反正弦函数。
- ACOS：反余弦函数。
- ATAN：反正切函数。
- ATN2：返回两个值的反正切。

(3) 角度弧度转换函数

- DEGREES：返回弧度值相对应的角度值。
- RADINANS：返回一个角度的弧度值。

(4) 幂函数

- EXP：指数函数。
- LOG：计算以 2 为底的自然对数。
- LOG10：计算以 10 为底的自然对数。
- POWER：幂运算。
- SQRT：平方根函数。
- SQUARE：平方函数。

(5) 取近似值函数

- CEILING：返回大于或等于所给数字表达式的最大整数。
- FLOOR：返回小于等于一个数的最大整数。
- ROUND：对一个小数进行四舍五入运算，使其具备特定的精度。

(6) 符号函数

- ABS：返回一个数的绝对值。
- SIGN：根据参数是正还是负，返回 -1、+1 和 0。

（7）随机函数

RAND：返回 float 类型的随机数，该数的值在 0 和 1 之间。

（8）PI 函数

PI：返回以浮点数表示的圆周率。

以下将给出几个算术函数的实例。

【例 4-21】 ABS 函数的使用。

    SELECT ABS(-8.5)

在查询分析器内执行上条语句，返回的结果是 8.5，即参数的绝对值。

【例 4-22】 CEILING 函数的使用。

    SELECT CEILING(25.3), CEILING(-25.3), CEILING(0)

返回结果是：26，-25，0。

【例 4-23】 RAND 函数的使用。

    SELECT FLOOR(RAND( ) * 10), FLOOR(RAND(5) * 10)

RAND 函数返回 0 ~ 1 的一个随机数，但是如果其参数（随机数种子）相同的话产生的随机数相同，如果参数不同则随机数不同。上面的语句对产生的随机数乘以 10 再取整，得到 0 ~ 10 的随机整数。

3. 字符串函数

字符串函数对字符串进行操作，以下列出 SQL Server 的字符串函数及简要说明和示例。

- ASCII：返回字符串首字母的 ASCII 码。
- CHAR：返回 ASCII 码值对应的字符。
- CHARINDEX：返回字符串中指定表达式的起始位置。
- DIFFERENCE：返回一个整数，该整数是两个字符表达式的 SOUNDEX 值的差。
- LEFT：返回字符串从左端起指定个数的字符串。
- LEN：返回字符串的长度。
- LOWER：将字符串中的所有的大写字符转换为小写字符。
- LTRIM：将字符串左端的所有空格删除后返回。
- NCHAR：根据 Unicode 标准的定义，返回整数值的 Unicode 字符。
- PATINDEX：返回表达式中某模式第一次出现的起始位置。
- QUOTENAME：返回带有分隔符的 Unicode 字符串。
- REPLACE：用第三个表达式替换第一个字符串表达式中出现的所有的第二个给定的字符串表达式。
- REPLICATE：以指定的次数重复字符表达式。
- REVERSE：返回字符表达式的反转值。
- RIGHT：返回字符串从右端起指定个数的字符串。
- SOUNDEX：返回由四个字符组成的代码，以评估两个字符串的相似性。

- SPACE：返回指定个数的空格字符串。
- STR：将数字类型的数据转换成字符串。
- STUFF：删除指定长度的字符，并在指定的起始点插入另一串字符。
- SUBSTRING：返回表达式的一部分。
- UNICODE：依照 Unicode 标准的定义，返回输入表达式的第一个字符的整数值。
- UPPER：将字符串转换为大写字母。

以下对常用的字符串函数举例。

【例 4-24】 ASCII 函数的用法。

```
SELECT ASCII('ABC ')
```

执行结果是输出 "65"，即大写字母 A 的 ASCII 码值。

【例 4-25】 CHAR 函数的用法。

```
SELECT CHAR(65)
```

执行结果是输出 "A"。

【例 4-26】 LEFT 函数的用法。

```
SELECT LEFT('CHINA ',2)
```

执行结果是输出 "CH"。

【例 4-27】 REPLACE 函数的用法。

```
SELECT REPLACE('CHINA ','A ','ESE ')
```

执行结果是输出 "CHINESE"。

【例 4-28】 REPLACATE 函数的用法。

```
SELECT REPLICATE(' * ',5) + 'AA ' + REPLICATE(' * ',5)
```

执行结果是输出 " ***** AA ***** "。

4. 日期和时间函数

日期和时间函数对日期和时间输入值执行操作，并返回一个字符串、数字值或日期和时间值。

以下列出 SQL Server 的日期和时间函数及简要的说明。

- DATEADD：返回给指定日期加上一个时间间隔后的新 datetime 值。
- DATEDIFF：返回跨两个指定日期的日期边界数和时间边界数。
- DATENAME：返回表示指定日期的指定日期部分的字符串。
- DATEPART：返回表示指定日期的指定日期部分的整数。
- DAY：返回一个整数，表示指定日期的天的部分。
- GETDATE：以 datetime 值的 SQL Server 2005 标准内部格式返回当前系统日期和时间。
- GETUTCDATE：返回表示当前的 UTC 时间（通用协调时间或格林尼治标准时间）的 datetime 值。当前的 UTC 时间取自当前的本地时间和运行 SQL Server 实例的计算机操作系统中的时区设置。
- MONTH：返回表示指定日期的月部分的整数。

- YEAR：返回表示指定日期的年份的整数。

【例 4-29】 DATEADD 函数的使用。

```
USE 实例数据库
SELECT DATEADD(DAY,30,入学日期)
FROM 学生表
GO
```

【例 4-30】 DATEDIFF 函数的使用。计算"入学日期"和当前日期之间经过了多少天。

```
USE 实例数据库;
SELECT DATEDIFF(day, 入学日期, GETDATE()) AS 入学天数
FROM 学生表
GO
```

【例 4-31】 GETDATE 的用法。

```
SELECT GETDATE();
```

执行结果是"2009 – 08 – 12 17：21：05. 500"。

【例 4-32】 YEAR、MONTH 和 DAY 函数的用法。

```
SELECT STR(YEAR('08/12/2009')) + '年' + STR(MONTH('08/12/2009')) + '月' + STR(DAY
('08/12/2009')) + '日'
```

返回结果是"2009 年 8 月 12 日"。

4.5.2 用户自定义函数

用户在编写程序的过程中除了可以调用系统函数外，还可以根据自己的需要自定义函数。自定义函数包括表值函数和标量值函数两类，其中表值函数又包括内联表值函数和多语句表值函数。

- 内联表值函数：返回值为可更新表。如果用户自定义函数包含单个 SELECT 语句且该语句可以更新，则该函数返回的表也可以更新。
- 多语句表值函数：返回值为不可更新表。如果用户自定义函数包含多个 SELECT 语句，则该函数返回的表不可更新。
- 标量函数：返回值为标量值。

用户自定义函数的创建有两种方法，一种是直接在 SQL Server Management Studio 中创建，另一种是通过编写代码创建。

1. 在 SQL Server Management Studio 中创建自定义函数

下面以创建"内联表值函数"为例列出创建的具体步骤。

1）进入 SQL Server Management Studio 环境。

2）在"对象资源管理器"窗口中依次展开如下节点："数据库"→"实例数据库"→"可编程性"→"函数"→"表值函数"。

3）在"表值函数"项上右击，在弹出菜单中选择"新建内联表值函数"命令，如图4-11所示。

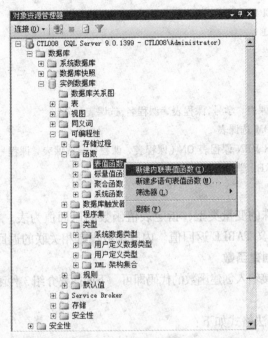

图4-11　选择"新建内联表值函数"命令

4）用户选择"新建内联表值函数"后，系统自动打开新的查询分析器并将创建内联表值函数的语法模板显示出来，如图4-12所示。

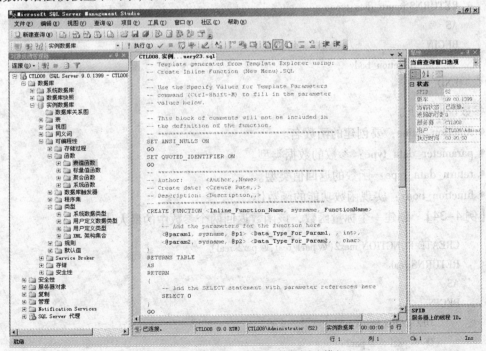

图4-12　新建内联表值函数的语法模板

5）用户在相关的参数处修改相关项即可。

【例 4-33】 创建一个内联表值函数 xscj，返回指定学生的成绩。

```
CREATE FUNCTION [dbo].[xscj](@ xh varchar(12))
RETURNS TABLE
AS
RETURN
(
        SELECT 选课表.学号,课程表.课程名,选课表.分数
            FROM 选课表
            INNER JOIN 课程表 ON (课程表.课程号 = 选课表.课程号)
            WHERE [学号] = @ xh
)
```

其中 TABLE 是特殊的变量类型，指定表值函数的返回值为表。在内联表值函数中，通过单个 SELECT 语句定义 TABLE 返回值。内联函数没有相关联的返回变量。

2. 通过编写代码创建函数

在查询分析器内直接输入创建函数的代码即可。下面简要介绍 3 种函数的创建语法及示例。

（1）标量函数

创建标量函数的语法格式如下：

```
CREATE FUNCTION function_name
( @ param1 parameter_data_type
[ , @ param2 parameter_data_type])
RETURNS return_data_type
AS
BEGIN
            function_body
END
```

参数说明如下。

- function_name：要创建的函数名。
- parameter_data_type：参数的数据类型。
- return_data_type：函数的返回值类型。
- function_body：实现函数功能的函数体。

【例 4-34】 创建一个标量函数，该函数返回两个参数中的最大值。

```
CREATE FUNCTION max2(@ par1 real,@ par2 real)
RETURNS real
AS
BEGIN
        DECLARE @ par real
        IF @ par1 > @ par2
            SET @ par = @ par1
```

```
        ELSE
            SET @ par = @ par2
        RETURN( @ par)
    END
```

（2）内联表值函数

内联表值函数创建语法和示例参见【例4-33】。

（3）多语句表值函数

创建多语句表值函数的语法格式如下：

```
CREATE FUNCTION function_name
( @ param1  parameter_data_type
[ , @ param2 parameter_data_type] )
RETURNS
table_varible_name TABLE
(
        < column_definiton >
)
AS
BEGIN
        function_body
            RETURN
END
```

参数说明如下。

- table_variable_name：要返回的表变量名。
- column_definition：返回表中各个列的定义。

【例4-35】 在"实例数据库中"创建函数"chengjibiao"。该函数以"学号"为实参，通过调用该函数显示该学生的各门功课的成绩。

```
CREATE FUNCTION chengjibiao
(
        @ xuehao varchar(12)
)
RETURNS @ chengji TABLE
(
        xuehao nchar(12),
        xingming nchar(20),
        kecheng nchar(20),
        fenshu tinyint
)
AS
BEGIN
        insert @ chengji
```

```
    SELECT 学生表.学号,学生表.姓名,课程表.课程名,选课表.分数
    FROM 学生表
INNER JOIN 选课表 ON (学生表.学号 = 选课表.学号)
INNER JOIN 课程表 ON (课程表.课程号 = 选课表.课程号)
WHERE 学生表.学号 = @ xuehao
    RETURN
END
```

3. 自定义函数的修改与删除

（1）在 SQL Server Management Studio 中修改和删除自定义函数

当用户创建了自定义函数后，可以在 SQL Server Management Studio 的对象资源管理器中查看、修改和删除它。

打开对象资源管理器，依次展开如下节点："数据库"→"实例数据库"→"可编程性"→"函数"，分别打开"表值函数"和"标量值函数"节点。右击函数项，在弹出的快捷菜单中选择"修改"或者"删除"命令即可，如图 4-13 所示。

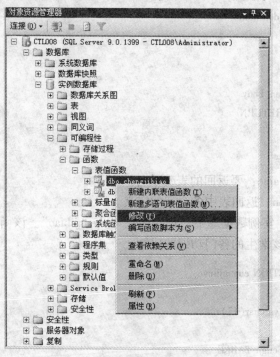

图 4-13　选择"修改"命令

（2）利用代码删除自定义函数

利用 DROP 语句，可以删除自定义函数。例如，要删除名为"max2"的函数，可以执行以下语句：

```
DROP FUNCTION max2
```

4. 自定义函数的调用

（1）调用标量函数

当调用用户定义的标量函数时，必须提供至少两部分组成的名称（所有者.函数名），

函数的默认所有者是 dbo。可以在 PRINT、SELECT 和 EXEC 语句中调用标量函数。

【例 4-36】 使用 PRINT 调用 max2 函数。

```
PRINT dbo. max2(2009,2015)
```

该语句返回的结果是 2015。

【例 4-37】 使用 SELECT 调用 max2 函数。

```
SELECT dbo. max2(168,58)
```

该语句返回的结果是 168。

【例 4-38】 使用 EXEC 语句调用 max2 函数。

```
USE 实例数据库
DECLARE @ par real
EXEC @ par = dbo. max2 168,58
SELECT @ par
GO
```

程序执行结果是输出 "168"。

使用 EXEC 调用自定义函数时，参数的标识次序与函数定义中的参数标识次序可以不同。必须使用复制符号为函数的形参指定相应的实参。上述程序段还可以用下面的程序段代替，执行结果也是输出 "168"。需要注意的是，对 max2 函数本身而言，参数的位置变化并不影响执行结果。

```
USE 实例数据库
DECLARE @ par real
EXEC @ par = dbo. max2 @ par2 = 58,@ par1 = 168
SELECT @ par
GO
```

（2）调用内联表值函数

内联表值函数的调用只能通过 SELECT 语句，在调用时可以省略函数的所有者。

【例 4-39】 调用 xscj，返回指定学生的各科成绩。

```
SELECT *
FROM xscj('20090201')
```

执行以上程序，结果窗格的显示内容如图 4-14 所示。

（3）调用多语句表值函数

多语句表值函数的调用和内联表值函数的调用方法相同。

【例 4-40】 调用多语句表值函数。

```
SELECT *
FROM chengjibiao('20090201')
```

执行结果如图 4-15 所示。

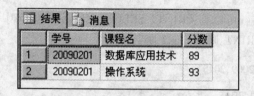

图 4-14　调用 xscj 函数的运行结果

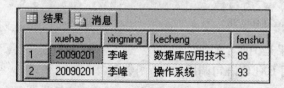

图 4-15　调用 chengjibiao 函数的结果

习题

1. 使用图形化方法创建一个用户定义数据类型，类型名称为 char_id，其基类为 varchar，长度为 16。

2. T-SQL 系统函数主要包含哪些类型？

3. 使用 MAX 函数，查询"选课表"中的最高分。

4. 使用 RAND 函数产生 1~100 的随机整数。

5. 使用图形化的方法创建一个用户自定义函数，函数名称为 my_var(x,y)，属于标量函数，其功能是计算并返回 x 和 y 的平均值。

第5章 T-SQL 数据库操作语句

本章要点

- 数据定义语言（DDL）
- 数据查询语句（SELECT 语句）
- 数据操纵语言（DML）

学习要求

- 掌握使用 DDL 语句操作数据库、数据表、视图和索引的方法
- 掌握 SELECT 语句及各个子句的使用方法
- 掌握 INSERT 语句、UPDATE 语句及 DELETE 语句的使用方法

5.1 数据定义语言（DDL）

数据定义语言（Data Definition Language，DDL）主要用于对数据库对象的创建、修改和删除。其中的数据库对象包括数据库、表、视图、过程、触发器、函数等。DDL 中的 3 个 DDL 语句的基本用途如下。

- CREATE 语句：用来创建新的数据库对象。
- ALTER 语句：用来修改已有对象的结构。
- DROP 语句：用来删除已有的数据库对象。

5.1.1 操作数据库

T-SQL 提供了对数据库管理的语句，包括创建数据库、修改数据库、删除数据库等。

1. 创建数据库

创建数据库的语句是 CREATE DATABASE，其语法格式如下：

```
CREATE DATABASE database_name          /*指定数据库逻辑名*/
[ ON                                   /*指定数据库物理文件和文件组属性*/
    [ PRIMARY ] [ <filespec> [ ,... n ]
    [ , <filegroup> [ ,... n ] ]
    [ LOG ON { <filespec> [ ,... n ] } ]/*指定数据库日志文件属性*/
]
    [ COLLATE collation_name ]         /*指定数据库默认的排序规则*/
    [ FOR LOAD | FOR ATTACH ]
]
```

参数说明如下。

1) database_name：新数据库的名称。数据库名称在 SQL Server 的实例中必须唯一，并且必须符合标识符规则。database_name 最多可以包含 128 个字符。如果未指定数据文件的名称，则 SQL Server 使用 database_name 作为 logical_file_name 和 os_file_name。

2) ON：指定显式定义用来存储数据库数据部分的磁盘文件（数据文件）。ON 子句为可选项。如果没有指定 ON 子句，则系统将自动创建一个主数据文件，并为该文件自动生成名称，指定该文件的大小为 3 MB。ON 后面是以逗号分隔的 <filespec> 选项列表，<filespec> 选项用来定义主文件组的数据文件。

3) PRIMARY：指定关联的 <filespec> 列表定义主文件。在主文件组的 <filespec> 项中指定的第一个文件将成为主文件。一个数据库只能有一个主文件。如果没有指定 PRIMARY，那么 CREATE DATABASE 语句中列出的第一个文件将成为主文件。

4) LOG ON：指定显式定义用来存储数据库日志的磁盘文件（日志文件）。LOG ON 后跟以逗号分隔的用于定义日志文件的 <filespec> 项列表。如果没有指定 LOG ON，则将自动创建一个日志文件，其大小为该数据库的所有数据文件大小总和的 25% 或 512 KB，取两者之中的较大者。

5) COLLATE：collation_name 指定数据库的默认排序规则。排序规则名称既可以是 Windows 排序规则名称，也可以是 SQL 排序规则名称。如果没有指定排序规则，则将 SQL Server 实例的默认排序规则分配为数据库的排序规则。

6) FOR ATTACH：指定通过附加一组现有的操作系统文件来创建数据库。

【例 5-1】 创建"Example"数据库。

    CREATE DATABASE "Example"

执行完以上语句后，系统将会创建一个新的没有任何内容的数据库，名称为 Example，由于创建时没有指定主数据文件和事务日志文件等信息，系统以默认值设置。

用户可以在 SQL Server Management Studio 的"对象资源器"中查看刚刚创建的数据库 Example，在数据库上单击鼠标右键，从弹出的快捷菜单中选择"属性"命令，在打开的"数据库属性"对话框中查看该数据库的相关文件，如图 5-1 所示。

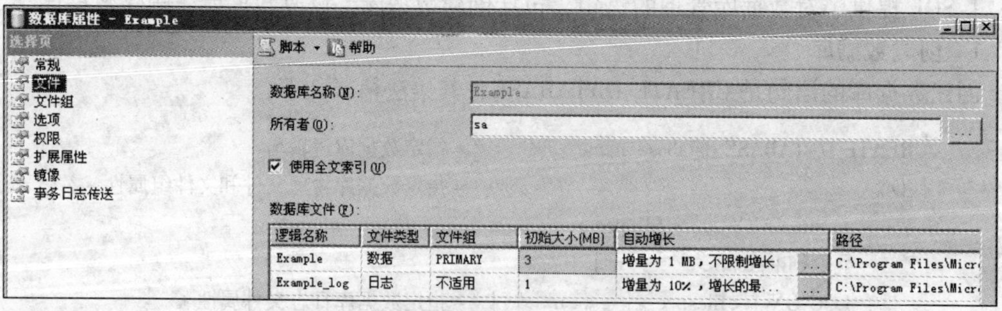

图 5-1　查看"Example"数据库的属性

【例 5-2】 创建"练习数据库"数据库。其中主数据文件大小为 10 MB，最大值不受限，每次增量为 1 MB；事务日志文件大小为 1 MB，最大值不受限，文件每次增量 1%。

    CREATE DATABASE 练习数据库

```
ON PRIMARY
( NAME = '练习数据库',
FILENAME = 'C:\数据库\练习数据库\练习数据库.mdf',
SIZE = 10 MB,
MAXSIZE = UNLIMITED,
FILEGROWTH = 1 MB)
LOG ON(
NAME = '练习数据库_LOG',
        FILENAME = 'C:\数据库\练习数据库\练习数据库.ldf',
SIZE = 1 MB,
MAXSIZE = UNLIMITED,
FILEGROWTH = 1%)
GO
```

【例5-3】 创建名为"DB1"的数据库,要求同时创建3个数据文件。其中主数据文件为10 MB,最大大小为100 MB,增量为10 MB;次要数据文件属于F_Group文件组,文件大小为10 MB,最大值不受限,增量为10%。事务日志文件大小为20 MB,最大值不受限,每次增量为5 MB。

```
CREATE DATABASE DB1
ON
    PRIMARY
( NAME = DB1,
FILENAME = 'C:\数据库\DB1\DB1.mdf',
SIZE = 10 MB,
MAXSIZE = 100 MB,
FILEGROWTH = 10 MB),
FILEGROUP F_Group
( NAME = DB2,
    FILENAME = 'C:\数据库\DB1\DB2.Ndf',
SIZE = 10 MB,
MAXSIZE = UNLIMITED,
FILEGROWTH = 10%)
LOG ON(
NAME = 'DB1_LOG',
    FILENAME = 'C:\数据库\DB1\DB1.ldf',
SIZE = 20 MB,
MAXSIZE = UNLIMITED,
FILEGROWTH = 5 MB)
GO
```

查看该数据库的相关文件,如图5-2所示。

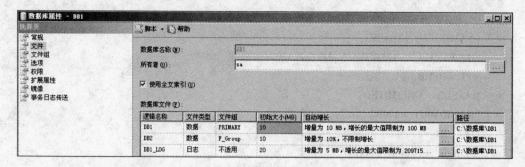

图 5-2　查看数据库 DB1 的属性

2. 修改数据库

ALTER DATABASE 语句可以对创建的数据库进行修改，包括添加或删除文件和文件组，更改文件和文件组的属性，例如更改文件的名称、大小和增量方式。

其语法格式如下：

```
ALTER DATABASE database_name                                    /*指定数据库逻辑名*/
{ ADD FILE < filespec > [ ,... n] [ TO FILEGROUP filegroup_name ]
                                                               /*在文件组中增加数据文件*/
    | ADD LOG FILE < filespec > [, ... n ]                    /*增加事务日志文件*/
    | REMOVE FILE logical_file_name                           /*删除数据文件串*/
    | ADD FILEGROUP filegroup_name                            /*增加文件组*/
    | REMOVE FILEGROUP filegroup name                         /*删除文件组*/
    | MODIFY FILE < filespec >                                /*修改文件属性*/
    | MODIFY NAME = new _dbname                               /*数据库更名*/
    | MODIFY FILEGROUP filegroup_name { filegroup_property | NAME = new_filegroup_name }
                                                               /*修改文件组*/
    | SET < optionspec > [ ,... n ] [ WITH < termination > ]  /*设置修改数据库的选项*/
    | COLLATE < collation_name >                              /*修改数据库排序规则*/
}
```

参数说明如下。

- database_name：所要修改的数据库的逻辑名。
- ADD FILE：向数据库添加数据文件。TO FILEGROUP 指定了添加文件所在的文件组，如果未指定，则为主文件组。
- ADD LOG FILE：向数据库添加事务日志文件。
- REMOVE FILE：从数据库中删除数据文件。当删除文件时，该文件的逻辑文件和物理文件全部被删除。只有该文件为空时才能删除。
- ADD FILEGROUP：向数据库中添加文件组。
- REMOVE FILEGROUP：从数据库中删除文件组。
- MODIFY FILE：修改数据库的文件属性。可以修改的文件属性包括 FILENAME、SIZE、MAXSIZE 和 FILEGROWTH，但是需要注意的是，一次只能修改其中的一个属性。

- MODIFY NAME：修改数据库名。
- SET 子句：设置修改数据库的选项。

【例5-4】 向所创建的"Example"数据库中增加一个次要数据文件。文件的逻辑名为Exa，物理名为 Exa. ndf，大小为 20 MB，最大大小不受限制，每次增加 5 MB。

```
ALTER DATABASE Example
ADD FILE
( NAME = 'Exa ',
FILENAME = 'C:\Program Files\Microsoft SQL Server\MSSQL. 1\MSSQL\Data\exa. ndf ',
SIZE = 20 MB ,
MAXSIZE = UNLIMITED,
    FILEGROWTH = 5 MB)
GO
```

本例向 Example 数据库中增加数据文件，只能对已有的数据库文件增加次要数据文件，因为一个数据库文件只能有一个主数据文件。

【例5-5】 向所创建的"Example"数据库中增加一个日志文件数据文件。文件的逻辑名为 Exa_1，物理名为 Exa_1. ldf，大小为 10 MB，最大大小不受限制，每次增加 10 MB。

```
ALTER DATABASE Example
ADD LOG FILE
( NAME = 'Exa_1 ',
FILENAME = 'C:\Program Files\Microsoft SQL Server\MSSQL\Data\exa_1. ldf ',
SIZE = 10 MB,
MAXSIZE = UNLIMITED ,
    FILEGROWTH = 10 MB)
GO
```

【例5-6】 删除名为"Exa_1. ldf"的日志文件。

```
ALTER DATABASE Example
REMOVE FILE Exa_1
GO
```

【例5-7】 将数据库"DB1"的大小修改为 100 MB。

```
ALTER DATABASE DB1
MODIFY FILE
(NAME = DB1 ,
    SIZE = 100 MB)GO
```

【例5-8】 将数据库"DB1"重新命名为"DataBase1"。

```
ALTER DATABASE DB1
MODIFY NAME = DataBase1
GO
```

3. 删除数据库

DROP DATABASE 语句从 SQL Server 中删除一个或者多个数据库。用户只能根据自己的权限删除数据库，不能删除当前打开的数据库，不能删除系统数据库，数据库删除后不可恢复。

删除数据库的语法如下：

```
DROP DATABASE database_name[ ,. . . n]
```

【例 5-9】 删除 "Example" 数据库。

```
DROP DATABASE Example
GO
```

5.1.2 操作数据表

数据表是数据库的非常重要的对象。对数据表的操作也使用 DDL 语句，包括对表的创建、修改和删除等。

1. 创建表

CRRATE TABLE 语句用于在数据库中创建数据表。其语法格式如下：

```
CREATE TABLE
        [ database name . [ schema_name ] . | schema_name . ]        /*指定表的所有者*/
    table_name                                                        /*指定表名*/
    ( { < column_definition > | < computed_column_definition > }
    [ < table_constraint > ] [ ,. . . ] )                            /*列定义*/
    [ ON { partition_schema_name ( partition_column_name ) | filegroup | "default" } ]
    [ { TEXTIMAGE_ON { filegroup | "default" } ]
    [ ;]
```

参数说明如下。

- table_name：创建的表名。表名在一个数据库中必须唯一，并且符合标识符的规则。表名可以是一个部分限定名，也可以是一个完全限定名。
- < column_definition >：列属性定义，包括列名、列数据类型、默认值、标识规范、是否允许空等。
- < table_constraint >：对一个或者多个表的列进行约束设计。

【例 5-10】 在 "练习数据库" 中创建 "学生表"。

```
USE 练习数据库
CREATE TABLE 学生表
(
        [学号] [varchar](12) NOT NULL,
        [姓名] [nchar](20) NOT NULL,
        [性别] [char](2) NULL,
            [出生日期] [smalldatetime] NULL,
            [入学日期] [smalldatetime] NULL DEFAULT ('2009. 09. 01'),
```

　　　　　　　　　［院系名称］［varchar］（20）NULL，
　　　　　　　　　）
　　　　GO

2. 修改表

修改表的语法格式如下：

```
ALTER TABLE ［ database_name . ［ schema_name ］. | schema_name . ］ table_name
                                            /＊指定要修改的表名＊/
{
    ALTER COLUMN column_name              /＊指定修改的列名＊/
    {
        ［ type_schema_name. ］ type_name ［ ( { precision ［ ,scale ］
            | max | xml_schema_collection } ) ］ /＊指定修改的属性＊/
        ［ NULL | NOT NULL ］
        ［ COLLATE collation_name ］
    | { ADD | DROP } { ROWGUIDCOL | PERSISTED }
    }
} ［ ,... n ］
| DROP                                      /＊指定要删除的列或属性＊/
{
    ［ CONSTRAINT ］ constraint_name
    ［ WITH ( <drop_clustered_constraint_option> ［ ,... n ］ ) ] }
    | COLUMN column_name
} ［ ,... n ］
```

其中的各参数与创建表中的相应参数的定义相同。

【例 5-11】 为"学生表"添加"备注"列。

```
USE 练习数据库
ALTER TABLE 学生表
ADD
［备注］［text］NULL
GO
```

【例 5-12】 将"学生表"的"学号"设置为主键。

```
USE 练习数据库
ALTER TABLE 学生表
ADD CONSTRAINT PK_ID PRIMARY KEY （学号）
GO
```

如果"练习数据库"存在另一个表"选课表"，包括"学号"、"课程号"和"分数"3列，其中的"学号"列的定义为［varchar］（12）NOT NULL；并且已经设置"学号"和"课程号"为该表的主键。则可以为"选课表"的"学号"列添加外键。

【例 5-13】 为"选课表"的"学号"列添加外键，外键的名称为"fk_学号"，对应了

"学生表"的"学号"。

```
USE 练习数据库
ALTER TABLE 选课表
ADD CONSTRAINT fk_学号 FOREIGN KEY (学号)
REFERENCES 学生表(学号)
GO
```

3. 删除表

DROP TABLE 语句用于从数据库中删除表，同时删除该表的所有数据、索引、触发器、约束和权限规范。DROP TABLE 语句不能用于有外键约束引用的表。必须先删除引用的外键约束或者引用的表。不能使用 DROP TABLE 语句删除系统表。

DROP TABLE 的语法格式如下：

```
DROP TABLE table_name
```

5.1.3 操作视图语句

使用 T-SQL 可以创建、修改和删除视图。

1. 创建视图

CREATE VIEW 语句用于创建视图。在 SQL Server 中，视图是一个虚拟的表，它可以由一个或者多个表中的某些列组成。

CREATE VIEW 的语法如下：

```
CREATE VIEW [ schema_name . ] view_name [ ( column [ ,... n ] ) ]
[ WITH < view_attribute > [ ,... n ] ]
AS select_statement [ ; ]
[ WITH CHECK OPTION ]
```

参数说明如下。

1）schema_name：视图所属架构的名称。

2）view_name：视图的名称。视图名称必须符合有关标识符的规则。

3）column：视图中的列使用的名称。仅在下列情况下需要列名：列是从算术表达式、函数或者常量派生的，两个或者多个列的名称可能相同（通常是由于连接的原因）；视图中某列的名称与其来源列的名称不同。如果未指定 column，则视图列将其来源列名称相同。

4）WITH < view_attribute > 子句：定义视图的属性。视图的可用属性包括 ENCRYPTION、SCHEMABINDING、VIEW_METADATA，各个属性的说明如下。

- ENCRYPTION：表示 SQL Server 加密包含 CREATE VIEW 语句文本的系统表列。防止将视图作为 SQL Server 复制的一部分发布。

- SCHEMABINDING：将视图绑定到基础表的架构上。当使用该属性时，则不能够按照影响视图定义的方式修改基表和表，必须先修改或者删除视图定义本身，才能删除将要修改的表的依赖关系。select_statement 部分必须包括所引用的表、视图或用户定义函数的两部分名称（owner. object）。

- VIEW_METADATA：指定为引用视图的查询请求浏览模式的元数据时，SQL Server 将向 DBLIB ODBC 和 OLEDB API 返回有关视图的元数据信息，而不是返回基表或表。

5）AS：指定视图要执行的操作。

6）select_statement：定义视图的 SELECT 语句。该语句可以使用一个或者多个表和视图中的列。

7）WITH CHECK OPTION：强制针对视图执行的所有数据修改语句都必须符合在 select_statement 中设置的条件。

【例 5-14】 创建视图"view_1"，该视图包含 3 个列，分别来自"实例数据库"中"学生表"的"姓名"列、"课程表"的"课程名"列、"选课表"的"分数"列。

```
USE 实例数据库
CREATE VIEW view_1
AS
SELECT 学生表. 姓名,课程表. 课程名,选课表. 分数
FROM 课程表
INNER JOIN 选课表 ON 课程表. 课程号 = 选课表. 课程号
INNER JOIN 学生表 ON 选课表. 学号 = 学生表. 学号
GO
```

本实例创建的视图，如图 5-3 所示。

	姓名	课程名	分数
▶	李峰	数据库应用技术	89
	李峰	操作系统	93
	汪胜利	市场营销	65
	汪胜利	消费心理学	60
	王娟	操作系统	87
	张丹	消费心理学	90
*	NULL	NULL	NULL

图 5-3 例 5-14 创建的视图

2. 修改视图

ALTER VIEW 语句可以修改视图，其语法格式如下：

```
ALTER VIEW [ schema_name . ] view_name [ ( column [ ,...n ] ) ]
[ WITH < view_attribute > [ ,...n ] ]
AS select_statement [ ; ]
[ WITH CHECK OPTION ]
```

其中的各参数与 CREATE VIEW 相应参数的定义相同。

【例 5-15】 修改视图"view_1"。

```
ALTER VIEW view_1
AS
SELECT 学生表. 学号,学生表. 姓名,课程表. 课程名,选课表. 分数
FROM 课程表
INNER JOIN 选课表 ON 课程表. 课程号 = 选课表. 课程号
```

```
INNER JOIN 学生表 ON 选课表．学号 = 学生表．学号
GO
```

修改后的视图“view_1”又添加了“学生表”的“学号”列，如图 5-4 所示。

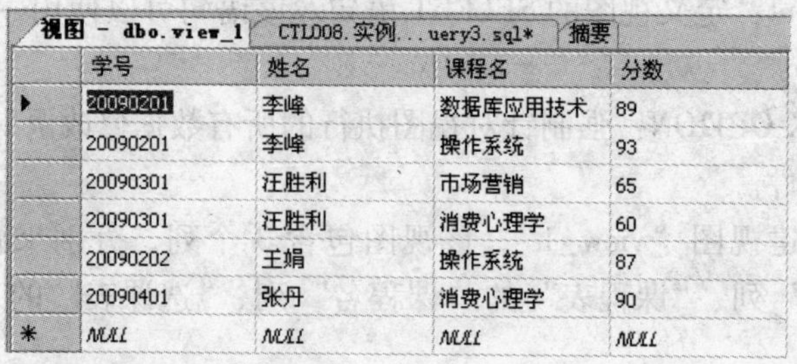

视图 - dbo.view_1 | CTL008.实例...uery3.sql* | 摘要

	学号	姓名	课程名	分数
▶	20090201	李峰	数据库应用技术	89
	20090201	李峰	操作系统	93
	20090301	汪胜利	市场营销	65
	20090301	汪胜利	消费心理学	60
	20090202	王娟	操作系统	87
	20090401	张丹	消费心理学	90
*	NULL	NULL	NULL	NULL

图 5-4　修改后的视图 view_1

3. 删除视图

DROP VIEW 语句用于删除视图。

【例 5-16】 删除视图“view_1”。

```
DROP VIEW view_1
```

5.1.4　管理索引语句

1. 创建索引

SQL Server 2005 可以自动创建唯一索引，以满足强制实施主键和唯一约束的唯一性要求。如果要创建不依赖于约束的索引，则使用 CREATE INDEX 语句。用户可以基于表或者视图创建索引。

CREATE INDEX 语句的语法格式如下：

```
CREATE [ UNIQUE ] [ CLUSTERED | NONCLUSTERED ] INDEX index_name
    ON <object> ( column [ ASC | DESC] [ ,... n ] )
    { WITH
    | FILLFACTOR = fillfactor
    | IGNORE_DUP_KEY = { ON | OFF }
    | DROP_EXISTING = { ON | OFF }
    }
```

参数说明如下。

- UNIQUE：为表或视图创建唯一索引。唯一索引不允许两行具有相同的索引键值。视图的聚集索引必须唯一。
- CLUSTERED：创建聚集索引。
- NONCLUSTERED：创建非聚集索引，默认值为 NONCLUSTERED。
- index_name：索引的名称。索引名称在表或视图中必须唯一，但在数据库中不必唯一。索引名称必须符合标识符的规则。
- column：索引所基于的一列或多列。指定两个或多个列名，可为指定列的组合值创建组合索引。一个组合索引键中最多可组合 16 列。

- [ASC ｜ DESC]：指定特定索引列的升序或降序排序方向。默认值为 ASC。
- FILLFACTOR：为索引指定填充因子，提高表的更新性能。
- IGNORE_DUP_KEY：如果为索引指定了 IGNORE_DUP_KEY，当 INSERT 语句向唯一索引列插入重复分键值时，则 SQL Server 将发出警告信息并忽略重复的行。
- DROP EXISTING：指定应删除并重建已命名的先前存在的聚集索引或非聚集索引。指定的索引名称必须和现有的索引名称相同。

【例 5-17】 在"学生表"的"姓名"列上创建非聚集索引。

```
USE 实例数据库
CREATE INDEX name_idx
ON 学生表(姓名)
GO
```

【例 5-18】 在"学生表"的"学号"列上创建唯一聚集索引。

```
USE 实例数据库
CREATE UNIQUE CLUSTERED INDEX id_idx
ON 学生表(学号)
GO
```

【例 5-19】 在"选课表"的"学号"和"课程号"列上创建组合索引。

```
USE 实例数据库
CREATE INDEX index_1
ON 选课表(学号,课程号)
GO
```

2. 修改索引

ALTER INDEX 语句用来修改索引。其语法格式如下：

```
ALTER INDEX { index_name | ALL }
ON < object >
{ REBUILD
[ WITH ( < rebuild_index_option > [ ,... n ] ) ]
| DISABLE
| REORGANIZE
}
```

参数说明如下。
- object：要修改的索引所在的表或者视图。
- rebuild_index_option：指定了重建索引的相关选项，这些项包括以下形式。

```
{
PAD_INDEX = { ON | OFF }
    | FILLFACTOR = fillfactor
    | SORT_IN_TEMPDB = { ON | OFF }
    | IGNORE_DUP_KEY = { ON | OFF }
```

```
| STATISTICS_NORECOMPUTE = { ON | OFF }
| ONLINE = { ON | OFF }
| ALLOW_ROW_LOCKS = { ON | OFF }
| ALLOW_PAGE_LOCKS = { ON | OFF }
| MAXDOP = max_degree_of_parallelism
}
```

- DISABLE：将索引标记为已禁用。
- REORGANIZE：指定将重新组织的索引。

【例 5-20】 修改"学生表"的索引。

```
USE 实例数据库
ALTER INDEX id_idx ON 学生表
REBUILD WITH（FILFACTOR = 80,SORT_IN_TEMPDB = ON）
GO
```

【例 5-21】 删除"选课表"的索引。

```
USE 实例数据库
DROP INDEX 选课表 . index_1
GO
```

5.2 数据查询语句（SELECT）

SELECT 语句是 SQL Server 中使用最频繁、功能最强大的语句。用户可以使用最简单的不包括任何条件的查询，也可以使用添加了多个子句的查询。

SELECT 语句的子句包括以下几个。

- SELECT：指定从数据库中要查询的列。
- INTO：创建新表，并将查询的结果行插入到新表中。
- FROM：指定要查询的数据所在的表。
- WHERE：指定查询返回的数据要符合的条件。
- ORDER BY：指定查询的排序条件。
- GROUP BY：指定查询结果的分组条件。
- HAVING：分组后查询要符合的条件。

在 SELECT 语句中经常使用的还有 UNION、COMPUTE、FOR、OPTION 等关键词。

5.2.1 SELECT 语句的简单应用

1. 简单查询列（SELECT 和 FROM 子句）

SELECT 子句指定了要返回的列名，FROM 子句指定了该列所在的表。

【例 5-22】 查询"实例数据库"中"学生表"的其中 3 列：学号、姓名和院系名称。

```
SELECT 学号,姓名,院系名称
FROM 学生表
```

在查询分析器中执行以上语句的结果如图 5-5 所示。

【例 5-23】 查询"实例数据库"中"课程表"的所有列。

```
SELECT *
FROM 课程表
```

查询结果如图 5-6 所示。

	学号	姓名	院系名称
1	20090201	李峰	计算机系
2	20090202	王娟	计算机系
3	20090203	赵启明	计算机系
4	20090301	汪胜利	企管系
5	20090302	赵斌	企管系
6	20090401	张丹	国贸系

图 5-5 例 5-22 查询结果

	课程号	课程名	学...	备注
1	01001	数据库应用技术	4	
2	01002	操作系统	4	NULL
3	02001	市场营销	4	NULL
4	02002	消费心理学	3	NULL

图 5-6 例 5-23 查询结果

在 SELECT 子句中，如果要查询某个表的所有的列，则可以使用"＊"代替所有的列名。"＊"号的使用可以简化用户的书写过程，但是会降低查询的效率，一般应具体指明查询的列。

2. 限制结果集（TOP 和 PERCENT）

在 SELECT 子句中使用 TOP 和 PERCENT 关键词可以限制查询的结果集。

【例 5-24】 返回结果集中最前面的 4 条记录。

```
SELECT TOP 4 学号,姓名,院系名称
FROM 学生表
```

查询结果如图 5-7 所示。

【例 5-25】 返回结果集的前 50%。

```
SELECT TOP 50 PERCENT 学号,姓名,院系名称
FROM 学生表
```

查询结果如图 5-8 所示。

	学号	姓名	院系名称
1	20090201	李峰	计算机系
2	20090202	王娟	计算机系
3	20090203	赵启明	计算机系
4	20090301	汪胜利	企管系

图 5-7 例 5-24 查询结果

	学号	姓名	院系名称
1	20090201	李峰	计算机系
2	20090202	王娟	计算机系
3	20090203	赵启明	计算机系

图 5-8 例 5-25 查询结果

3. 过滤结果中的重复值（DISTINCT）

DISTINCT 关键字可以从 SELECT 语句的结果集中消除重复项。查询时如果没有指定 DISTINCT，将返回所有的行。如果指定了 DISTINCT 则只返回取值不同的行。

【例 5-26】 没有指定 DISTINCT，查询所有的院系。

SELECT 院系名称

FROM 学生表

查询结果如图 5-9 所示。

【例5-27】 指定 DISTINCT，查询所有的院系。

SELECT DISTINCT 院系名称

FROM 学生表

查询结果如图 5-10 所示。

图 5-9　例 5-26 查询结果　　　　　图 5-10　例 5-27 查询结果

对 DISTINCT 关键字来说，NULL 将被认为是相互重复的内容。当 SELECT 语句中指定 DISTINCT 时，无论遇到多少个空值，结果中只包括一个 NULL。

4. 对查询的列进行排序（ORDER BY）

ORDER BY 用于对结构集进行排序。

【例5-28】 按照院系名称排序。

SELECT 学号,姓名,院系名称

FROM 学生表

ORDER BY 院系名称

查询结果如图 5-11 所示。

	学号	姓名	院系名称
1	20090401	张丹	国贸系
2	20090201	李峰	计算机系
3	20090202	王娟	计算机系
4	20090203	赵启明	计算机系
5	20090301	汪胜利	企管系
6	20090302	赵斌	企管系

图 5-11　例 5-28 查询结果

ORDER BY 子句可以指定 ASC 和 DESC 关键词。ASC 为升序，DESC 为降序。ORDER BY 子句后可以跟多个列，第一列优先级最高。

5. INTO 子句的使用

INTO 子句的作用是创建新表，并将查询的结果插入新表中。如果执行带有 INTO 子句的 SELECT 语句时，要确保在目标数据库中具有 CREATE TABLE 权限。INTO 子句的语法是

INTO new_table

其中，new_table 是根据选择列表中的列和 WHERE 子句选择的行，指定要创建的新表名。new_table 的格式通过对选择列表中的表达式进行取值来确定。new_table 中的列按选择列表指定的顺序创建。new_table 中的每列与选择列表中的相应表达式具有相同的名称、数据类型和值。

【例 5-29】 创建新表"student"，其列来自于学生表的"学号，姓名，性别，院系名称"4 列。

```
SELECT 学号,姓名,性别,院系名称
INTO student
FROM 学生表
```

用户可以在"对象资源管理器"中查看"实例数据库"中的新建"student"表。

5.2.2 在结果集列表中使用表达式

SELECT 子句后的结果集列表可以是多个简单的列名，也可以由表达式构成。这些表达式的值并不存在表中，而是该表的派生列。派生列的形式有以下几种。

1. 计算的结果

在查询的过程中，对基表的某些数值列或者常量使用算术运算符或者函数进行运算，并显示运算结果。

【例 5-30】 查询学生表中各个学生的年龄。

```
SELECT 学号,姓名,(YEAR(GETDATE())–YEAR(出生日期)) AS 年龄
FROM 学生表
```

查询结果如图 5-12 所示。

2. 连接两个或者多个列

可以使用"＋"将两个或者多个列连接起来，作为一列来显示。

【例 5-31】 将学生和学号作为一列显示。

```
SELECT 学号 +': '+姓名 AS 学生,
    (YEAR(GETDATE())–YEAR(出生日期)) AS 年龄,
院系名称
FROM 学生表
```

查询结果如图 5-13 所示。

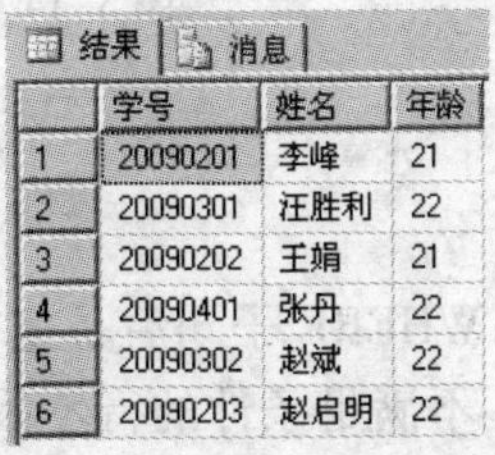

	学号	姓名	年龄
1	20090201	李峰	21
2	20090301	汪胜利	22
3	20090202	王娟	21
4	20090401	张丹	22
5	20090302	赵斌	22
6	20090203	赵启明	22

图 5-12 例 5-30 查询结果

	学生	年龄	院系名称
1	20090201: 李峰	21	计算机系
2	20090202: 王娟	21	计算机系
3	20090203: 赵启明	22	计算机系
4	20090301: 汪胜利	22	企管系
5	20090302: 赵斌	22	企管系
6	20090401: 张丹	22	国贸系

图 5-13 例 5-31 查询结果

3. 数据类型的转换

CAST 和 CONVERT 函数功能相似，可以将常量、变量或者列需要显示的数据类型进行转换。

二者的使用语法不同，CAST 函数的语法如下：

CAST (expression AS data_type [(length)])

CONVERT 函数的语法如下：

CONVERT (data_type [(length)] , expression [, style])

【例 5-32】 使用 CAST 函数将 3.14 转换为整型。

SELECT CAST(3.14 AS int)

执行的结果返回 3。

【例 5-33】 使用 CONVERT 函数将 9.8 转换为整型。

SELECT CONVERT(int, 9.8)

执行的结果返回 9。

【例 5-34】 查询结果进行数据转换。

SELECT CAST(学号 AS VARCHAR(15)),
          姓名,
          CAST((YEAR(GETDATE()) – YEAR(出生日期)) AS INT) AS 年龄
FROM 学生表

4. 使用 CASE 语句

在查询的结果列表中使用 CASE 语句对查询的结果进行分类。

【例 5-35】 使用 CASE 语句。

SELECT 学号,课程号, 分数,等级 =
CASE
      WHEN 分数 >= 85 THEN '优秀'
      WHEN 分数 >= 70 THEN '良好'
      WHEN 分数 >= 60 THEN '及格'
    ELSE '不及格'
END
FROM 选课表

	学号	课程...	分...	等级
1	20090201	01001	89	优秀
2	20090201	01002	93	优秀
3	20090202	01002	87	优秀
4	20090301	02001	65	及格
5	20090301	02002	60	及格
6	20090401	02002	90	优秀

图 5-14　例 5-35 查询结果

查询结果如图 5-14 所示。

5.2.3　WHERE 子句的使用

使用 WHERE 子句可以对查询的结果进行筛选，WHERE 子句后是逻辑表达式，该式定义了要返回结果符合的条件，满足条件的行被返回，不满足条件的行不采用。WHERE 子句同时也可以用在 DELETE 和 UPDATE 语句中。

WHERE 子句的限定条件有多种表达形式。下面分别讨论。

1. 使用比较运算符

比较算符包括以下几个：等于（＝）、大于（＞）、小于（＜）、大于等于（＞＝）、小于等于（＜＝）、不等于（＜＞或者！＝）、不大于（！＞）、不小于（！＜）。

【例5-36】 查询学号为"20090201"的学生的基本信息。

```
SELECT *
FROM 学生表
WHERE 学号 = '20090201 '
```

查询结果如图5-15所示。

图5-15 例5-36查询结果

【例5-37】 查询所有课程成绩在85分以上的学生及相关科目。

```
SELECT *
FROM 选课表
WHERE 分数 >=85
```

查询结果如图5-16所示。

	学号	课程...	分数
1	20090201	01001	89
2	20090201	01002	93
3	20090202	01002	87
4	20090401	02002	90

图5-16 例5-37查询结果

2. 使用逻辑运算符

逻辑运算符包括3个，分别是 AND、OR 和 NOT。

【例5-38】 查询所有课程成绩在85分以上、100分以下的学生及相关科目。

```
SELECT *
FROM 选课表
WHERE 分数 >=85 AND 分数 <=100
```

【例5-39】 查询分数在59分以上（不包括59）的学生及科目信息。

```
SELECT *
FROM 选课表
WHERE NOT 分数 <=59
```

本例中的 WHERE 子句还可以用另外的形式表示，例如"WHERE 分数 >=60"，或者"WHERE 分数！<60"。

当一个语句中使用了多个逻辑运算符时，计算的顺序依次为：NOT、AND 和 OR。算术运算符和位运算符优先于逻辑运算符。

【例 5-40】 查询“学生表”中“计算机系”和“国贸系”或者“女生”的信息。

```
SELECT *
FROM 学生表
WHERE 院系名称 ='计算机系' AND 院系名称 ='国贸系' OR 性别 ='女'
```

查询结果如图 5-17 所示。

结果 消息

	学号	姓名	性...	出生日期	入学日期	院系名称	备注
1	20090202	王娟	女	1988-12-07 00:00:00	2009-09-01 00:00:00	计算机系	
2	20090401	张丹	女	1987-06-23 00:00:00	2009-09-01 00:00:00	国贸系	

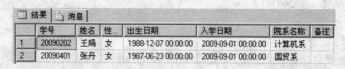

图 5-17 例 5-40 查询结果

【例 5-41】 查询“学生表”中“计算机系”的学生或者“国贸系”的“女生”信息。

```
SELECT *
FROM 学生表
WHERE 院系名称 ='计算机系' OR 院系名称 ='国贸系' AND 性别 ='女'
```

查询结果如图 5-18 所示。

结果 消息

	学号	姓名	性...	出生日期	入学日期	院系名称	备注
1	20090201	李峰	男	1988-03-08 00:00:00	2009-09-01 00:00:00	计算机系	
2	20090202	王娟	女	1988-12-07 00:00:00	2009-09-01 00:00:00	计算机系	
3	20090203	赵启明	男	1987-05-31 00:00:00	2009-09-01 00:00:00	计算机系	
4	20090401	张丹	女	1987-06-23 00:00:00	2009-09-01 00:00:00	国贸系	

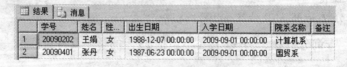

图 5-18 例 5-41 查询结果

如果要强制改变计算机的优先级，可以通过添加括号来实现。

【例 5-42】 查询“学生表”中“计算机系”或者“国贸系”的“女生”信息。

```
SELECT *
FROM 学生表
WHERE (院系名称 ='计算机系' OR 院系名称 ='国贸系') AND 性别 ='女'
```

查询结果如图 5-19 所示。

结果 消息

	学号	姓名	性...	出生日期	入学日期	院系名称	备注
1	20090202	王娟	女	1988-12-07 00:00:00	2009-09-01 00:00:00	计算机系	
2	20090401	张丹	女	1987-06-23 00:00:00	2009-09-01 00:00:00	国贸系	

图 5-19 例 5-42 查询结果

3. 限定查询的范围

使用 BETWEEN 和 NOT BETWEEN 关键字对条件进行限制。

【例 5-43】 查询分数在 0 到 59 的学生信息。

```
SELECT *
```

FROM 选课表

WHERE 分数 BETWEEN 0 AND 59

【例 5-44】 查询分数不在 0 到 59 的学生信息。

SELECT *

FROM 选课表

WHERE 分数 NOT BETWEEN 0 AND 59

4. 使用列表（IN 和 NOT IN）

使用 IN 和 NOT IN 关键字，查询与 IN 子句中的任意一项匹配的记录。

【例 5-45】 不使用 IN 子句查询"计算机系"或者"国贸系"学生。

SELECT *

FROM 学生表

WHERE 院系名称 ='计算机系' OR 院系名称 ='国贸系'

【例 5-46】 使用 IN 子句查询"计算机系"或者"国贸系"学生。

SELECT *

FROM 学生表

WHERE 院系名称 IN ('计算机系','国贸系')

【例 5-47】 使用 NOT IN 子句查询非"计算机系"或者"国贸系"学生。

SELECT *

FROM 学生表

WHERE 院系名称 NOT IN ('计算机系','国贸系')

5. 模糊查询（LIKE 和 NOT LIKE）

使用 LIKE 和 NOT LIKE 关键字可以实现模糊查询。LIKE 后跟匹配的模式，可以是字符串、日期或者时间值。匹配包含的通配符包含以下 4 种。

- %：包含零个或多个字符的任意字符串。
- _ ：下划线，任何单个字符。
- []：指定范围([a-f]) 或集合([abcdef]) 内的任何单个字符。
- [^]：不在指定范围([^a-f]) 或集合([^abcdef]) 内的任何单个字符。

如果要查询的目标本身就是通配符，例如需要查询"10%"其中的"%"是通配符，则可以采用 ESCAPE 关键字或者[]进行转化。

ESCAPE 关键字可以定义转义符。当转义符置于通配符之前时，该通配符解释为普通字符，例如，WHERE col LIKE '%10/%%' ESCAPE '/'。该句中的前导和结尾的 '%' 为通配符，而由于使用了 ESCAPE '/'，则 '/' 之后的 '%' 被转义为普通字符。

使用[]，将通配符指定为中括号中的第一个字符，表示此通配符作为普通的字符使用。例如，WHERE col LIKE '%10[%]%'，[ ] 中的 '%' 为普通字符。

6. ALL 和 ANY（SOME）关键字的使用

ALL 关键字的使用语法为

scalar_expression { = | < > | ! = | > | > = | ! > | < | < = | ! < } ALL（subquery）

其中 scalar_expression 是数量表达式，subquery 是值的列表。例如：> ALL（1，8，6）表示要大于1、8和6中的每一个值，即大于8。

ANY（SOME）的语法为

scalar_expression { = | < > | ! = | > | > = | ! > | < | < = | ! < }

{ SOME | ANY }（subquery）

其中参数的含义同 ALL 的语法，例如 > ANY（1，8，6）表示大于三个数中的至少一个值，即大于1。SOME 和 ANY 的功能相同。

ALL 和 ANY 关键字较多用于子查询中，在子查询中查找到符合条件的某些值，而外部查询在此基础上再做出条件查询。

5.2.4　GROUP BY 子句的使用

使用 GROUP BY 子句可以将结果集进行分组。分组的主要目的就是对分组后的数据进行统计，因此使用 GROUP BY 的 SELECT 语句中一般也包含了聚合函数的使用，例如 SUM( )、AVG( )、COUNT( )、MAX( )、MIN( )等。

1. GROUP BY 的简单使用

【例5-48】　以"院系名称"分组，并统计各系的人数。

```
SELECT 院系名称,COUNT(学号) AS 人数
FROM 学生表
GROUP BY 院系名称
```

查询结果如图5-20所示。

【例5-49】　以"课程号"分组，并统计各门课程的平均分。

```
SELECT 课程号, AVG（分数）AS 平均分
FROM 选课表
GROUP BY 课程号
```

查询结果如图5-21所示。

图5-20　例5-48查询结果　　　图5-21　例5-49查询结果

使用了 GROUP BY 子句后，SELECT 后的列必须是分组依据的列，或者是聚合函数的参数，否则不能作为返回的列表。例如，以下的语句执行时会出现错误。

```
SELECT 学号,姓名,院系名称
FROM 学生表
GROUP BY 院系名称
```

执行后，将给出错误提示信息，如图 5-22 所示。

```
消息
消息 8120，级别 16，状态 1，第 1 行
选择列表中的列 '学生表.学号' 无效，因为该列没有包含在聚合函数或 GROUP BY 子句中。
```

图 5-22　错误提示信息

2. CUBE 关键字的使用

在 GROUP BY 子句后如果使用了 CUBE 关键字，则指定返回的结果不仅包含分组列，聚合函数的结果还包括了汇总行。

【例 5-50】 以“课程号”分组，并统计各门课程的平均分，同时给出汇总行。

```
SELECT 课程号, AVG(分数) AS 平均分
FROM 选课表
GROUP BY 课程号
WITH CUBE
```

查询结果如图 5-23 所示。

CUBE 的汇总行在查询结果中用 NULL 表示。

	课程号	平均分
1	01001	89
2	01002	90
3	02001	65
4	02002	75
5	NULL	80

图 5-23　例 5-50 查询结果

3. HAVING 子句的使用

在完成分组之前，如果使用了 WHERE 子句，则不符合 WHERE 子句的记录将不参与分组，如果在分组之后还要按照某种条件进行筛选，则需要用 HAVING 子句。

WHERE 子句和 HAVING 子句的根本区别在于作用的对象不同：WHERE 子句作用于基本表或者视图，从中选择满足条件的元组，用于 GROUP BY 子句之前；HAVING 子句作用于组，选择满足条件的组，必须用于 GROUP BY 子句之后。HAVING 语法与 WHERE 语法相似，但 HAVING 可以包含聚合函数。

【例 5-51】 以“课程号”分组，并统计各门课程的平均分，并且只查询平均分大于 80 分的行。

```
SELECT 课程号, AVG(分数) AS 平均分
FROM 选课表
GROUP BY 课程号
HAVING AVG(分数) >80
```

查询结果如图 5-24 所示。

【例 5-52】 以“课程号”分组，并统计各门课程的平均分，并且只查询课程号不为 01001 和 01002 的行。

```
SELECT 课程号, AVG(分数) AS 平均分
FROM 选课表
GROUP BY 课程号
HAVING 课程号 NOT IN(01001,01002)
```

查询结果如图 5-25 所示。

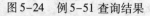

图 5-24　例 5-51 查询结果

图 5-25　例 5-52 查询结果

5.2.5　表的连接（JOIN）和联合（UNION）

查询的结果可以来自多个表，这些表可以通过 JOIN 连接起来，也可以通过 UNION 进行联合。连接分为内连接、外连接和交叉连接。内连接（INNER JOIN）是系统的默认方式。外连接又分为左外连接（LEFT JOIN 或 LEFT OUTER JOIN）、右外连接（RIGHT JOIN 或 RIGHT OUTER JOIN）和全外连接（FULL JOIN 或 FULL OUTER JOIN）3 种。交叉连接返回表中所有数据行的笛卡尔积。联合则是将多个 SELECT 的语句合并成一个结果。

使用 JOIN 连接的语法如下：

```
SELECT select_list
FROM table_name < join_type > table[ < join_type > table_name... ]
ON join_condition
WHERE condition
```

1. 内连接（INNER JOIN）

内连接（INNER JOIN）是 T - SQL 中最典型、使用最多的连接方式。如果使用了内连接，则查询返回的结果是两个表中相匹配的记录，而相连的两个表中不匹配的记录则不显示。在一个 JOIN 语句中可以连接多个 ON 子句。

【例 5-53】　查询学生的分数情况，查询的各列来自于 3 个表。

```
SELECT 学生表 . 学号,学生表 . 姓名,课程表 . 课程名,选课表 . 分数
FROM 学生表
INNER JOIN 选课表 ON（学生表 . 学号 = 选课表 . 学号）
INNER JOIN 课程表 ON（课程表 . 课程号 = 选课表 . 课程号）
```

查询结果如图 5-26 所示。

2. 左外连接（LEFT JOIN 或 LEFT OUTER JOIN）

左外连接的结果集包括 LEFT OUTER 子句中指定的左表的所有行，而不仅仅是连接列所匹配的行。如果左表的某一行在右表中没有匹配行，则在关联的结果集行中，来自右表的所有选择列表列均为空值。

【例 5-54】　查询"学生表"中的学号和姓名以及该学生的分数。

```
SELECT 学生表 . 学号,学生表 . 姓名,选课表 . 分数
FROM 学生表
LEFT OUTER JOIN 选课表 ON（学生表 . 学号 = 选课表 . 学号）
```

查询结果如图 5-27 所示。如果左表中的数据记录在右表中没有相应的分数，则显示为 NULL。

	学号	姓名	课程名	分数
1	20090201	李峰	数据库应用技术	89
2	20090201	李峰	操作系统	93
3	20090301	汪胜利	市场营销	65
4	20090301	汪胜利	消费心理学	60
5	20090202	王娟	操作系统	87
6	20090401	张丹	消费心理学	90

图 5-26　例 5-53 查询结果

	学号	姓名	分数
1	20090201	李峰	89
2	20090201	李峰	93
3	20090301	汪胜利	65
4	20090301	汪胜利	60
5	20090202	王娟	87
6	20090401	张丹	90
7	20090302	赵斌	NULL

图 5-27　例 5-54 查询结果

3. 右外连接（RIGHT JOIN 或 RIGHT OUTER JOIN）

右外连接和左外连接是反向的，右外连接返回 RIGHT OUTER 子句中指定的右表的所有行，而不仅仅是连接列所匹配的行。

【例 5-55】　查询“课程表”和“选课表”中相匹配的内容，使用右外连接。

```
SELECT 课程表．课程号,课程表．课程名,选课表．分数
FROM 课程表
RIGHT OUTER JOIN 选课表 ON (课程表．课程号 = 选课表．课程号)
```

	课程号	课程名	分数
1	01001	数据库应用技术	89
2	01002	操作系统	93
3	01002	操作系统	87
4	02001	市场营销	65
5	02002	消费心理学	60
6	02002	消费心理学	90

图 5-28　例 5-55 查询结果

查询结果如图 5-28 所示。

由于“课程表”和“选课表”存在外键关系，“课程表”是“选课表”的主表，因此在“选课表”中的任何一条记录中的“课程号”必须也存在于“课程表”中，因此对这两个表使用右外连接的结果和内连接的结果是一样的。

4. 全外连接（FULL JOIN 或 FULL OUTER JOIN）

全外连接将返回左表和右表中的所有行。当某一行在另一个表中没有匹配时，另一个表的选择列表列将包含空值。如果表之间有匹配行，则整个结果集行包含基表的数据值。

5. 交叉连接（CROSS JOIN）

交叉连接将返回左表中的所有行。左表中的每一行均与右表中的所有行组合。交叉连接返回的行数是两个表的行数的乘积，即笛卡尔积。

【例 5-56】　查询课程表和选课表的交叉连接。

```
SELECT 课程表．课程号,课程表．课程名,选课表．分数
FROM 课程表
CROSS JOIN 选课表
```

查询结果如图 5-29 所示。消息窗格中显示的受影响的行数是两个表的行数的乘积。

	课程号	课程名	分数
1	01001	数据库应用技术	89
2	01001	数据库应用技术	93
3	01001	数据库应用技术	87
4	01001	数据库应用技术	65
5	01001	数据库应用技术	60
6	01001	数据库应用技术	90
7	01002	操作系统	89
8	01002	操作系统	93
9	01002	操作系统	87
10	01002	操作系统	65
11	01002	操作系统	60
12	01002	操作系统	90
13	02001	市场营销	89
14	02001	市场营销	93
15	02001	市场营销	87
16	02001	市场营销	65
17	02001	市场营销	60
18	02001	市场营销	90
19	02002	消费心理学	89
20	02002	消费心理学	93
21	02002	消费心理学	87
22	02002	消费心理学	65
23	02002	消费心理学	60
24	02002	消费心理学	90

图 5-29　例 5-56 查询结果

6. 联合（UNION）使用

使用 UNION 关键字可以将两个或者多个查询的结果合并为单个结果集。系统会将查询结果的重复值自动屏蔽。但是

参加 UNION 操作的各个数据项目必须相同，对应项的数据类型也必须相同。

例如，在数据库"Example"中有"teacher"和"employee"两个表，分别包含两列，且相应的列的类型相同。第一列是"编号"列，数据类型是 CHAR(6)，第二列是"姓名"列，数据类型是 CHAR(8)。"teacher"表包含 200 条数据，"employee"表包含 100 条数据。则可以定义两个表的 UNION 查询。

【例 5-57】 对"teacher"和"employee"两个表进行 UNION 查询。

```
USE example
SELECT * FROM teacher
UNION
SELECT * FROM employee
```

如果两个表中不包含相同内容的行，则系统将返回 300 条记录。如果两个表中包含了相同的内容，则系统将相同的行合并为一行返回。

5.2.6 子查询

如果在 WHERE 语句中包含了 SELECT 查询块，则此查询块称为子查询或者嵌套查询，包含子查询的语句称为父查询或者外部查询。

子查询的使用方式包括：使用比较运算符、使用 IN 关键字、使用 ANY 或者 ALL 关键字以及使用 EXISTS 关键字等。

子查询可以多层嵌套，系统执行时从内层到外层进行。子查询的不同关键字之间可以相互转换，许多子查询也可以使用连接的方式表示。

1. 使用比较运算符的子查询

带有比较运算符的子查询是指父查询与子查询之间用比较运算符（=、>、<、>=、<=、!=）进行连接。如果使用了比较运算符，则子查询的返回结果必须是只有一个值。

【例 5-58】 查询和"李峰"同学在同一个院系的所有学生的基本信息。

```
SELECT *
FROM 学生表
WHERE 院系名称 =(
    SELECT 院系名称
    FROM 学生表
    WHERE 姓名 ='李峰)
```

查询结果如图 5-30 所示。

【例 5-59】 查询"选课表"中课程号为"02002"的分数比学号为"20090201"低的数据信息。

```
SELECT *
FROM 选课表
WHERE 分数 <(
    SELECT 分数
    FROM 选课表
```

WHERE 学号 ='20090201'AND 课程号 ='01002')

    AND 课程号 ='01002'

查询结果如图 5-31 所示。

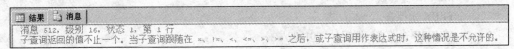

图 5-30　例 5-58 查询结果　　　　　　　图 5-31　例 5-59 查询结果

使用比较运算符的子查询必须返回单个值，否则会出错。例如，以下语句：

```
SELECT *
FROM 选课表
WHERE 分数 <(
    SELECT 分数
    FROM 选课表
    WHERE 学号 ='20090201')
AND 课程号 ='01002'
```

由于学号为 "20090201" 的学生有不同科目的多个成绩，因此执行后系统会提示错误，如图 5-32 所示。

图 5-32　错误提示信息

2. 使用 IN 和 NOT IN 关键字

带有 IN 以及 NOT IN 关键字的子查询是指父查询与子查询之间用 IN 或者 NOT IN 进行连接，判断某个属性列值是否在子查询的结果中。子查询的结果往往是多个值的集合。

【例 5-60】　查询学生分数在 80 分以上的学生的 "学号"、"姓名" 和所在 "院系名称"。

```
SELECT 学生表 . 学号,学生表 . 姓名,学生表 . 院系名称
    FROM 学生表
    WHERE 学生表 . 学号 IN(
        SELECT 选课表 . 学号
        FROM 选课表
        WHERE 选课表 . 分数 >80)
```

查询结果如图 5-33 所示。

3. 使用 ANY 或者 ALL 关键字的子查询

使用 ANY 或者 ALL 关键字的同时也要使用运算符。

【例 5-61】　查询选修课程号 "01002" 的所有学生的信息。

```
SELECT 学生表 . 学号,学生表 . 姓名,学生表 . 院系名称
    FROM 学生表
```

WHERE 学生表．学号 = ANY(

SELECT 选课表．学号

FROM 选课表

WHERE 选课表．课程号 ='01002')

查询结果如图 5-34 所示。

图 5-33　例 5-60 查询结果　　　　图 5-34　例 5-61 查询结果

4. 使用 EXISTS、NOT EXISTS 关键词

带有 EXISTS 的子查询不返回任何实际的数据，它只得到逻辑值"真"或者"假"。当子查询的查询结果不为空时，外层的 WHERE 子句返回真值，否则返回假值。

【例 5-62】　查询选修课程号"01002"的所有学生的全部信息。

SELECT ＊

FROM 学生表

WHERE EXISTS(

SELECT 选课表．学号

FROM 选课表

WHERE 选课表．课程号 ='01002'

AND 学生表．学号 = 选课表．学号)

查询结果如图 5-35 所示。

	学号	姓名	性别	出生日期	入学日期	院系名称	备注
1	20090201	李峰	男	1988-03-08 00:00:00	2009-09-01 00:00:00	计算机系	
2	20090202	王娟	女	1988-12-07 00:00:00	2009-09-01 00:00:00	计算机系	

图 5-35　例 5-62 查询结果

使用 EXISTS 引入的查询和其他子查询略有不同，需要注意以下几点。

- EXISTS 关键字前面没有列名、常量或其他表达式。
- 由 EXISTS 关键字引入子查询其父查询的 SELECT 子句通常是由 ＊ 号组成的。由于只是测试是否存在符合子查询中指定条件的行，所以不必列出列名。
- 使用 IN、ALL、ANY 的子查询都可以转换为用 EXISTS 代替。但是某些 EXISTS 的查询不能以任何其他方法表示。

5. 嵌套

子查询的 WHERE 子句中也可以使用子查询，构成多层嵌套。T - SQL 对嵌套的层数没有限制。

【例 5-63】　查询选修"操作系统"课程的所有学生的信息。

SELECT 学生表．学号,学生表．姓名,学生表．院系名称

FROM 学生表

WHERE 学生表.学号 IN(

    SELECT 选课表.学号

    FROM 选课表

    WHERE 选课表.课程号 =(

        SELECT 课程表.课程号

        FROM 课程表

        WHERE 课程表.课程名 ='操作系统')

)

由于"操作系统"课程的课程号是"01002",所以本例的查询结果与图 5-34 相同。

6. 将子查询修改为连接

大部分包含子查询的语句都可以用连接表示。通常情况下使用连接会提高查询的效率，产生更好的效果。

【例 5-64】 查询学生分数在 80 分以上的所有学生的"学号"、"姓名"和所在"院系名称"。

SELECT DISTINCT 学生表.学号,学生表.姓名,学生表.院系名称

FROM 学生表

    JOIN 选课表 ON 学生表.学号 = 选课表.学号

WHERE 选课表.分数 > 80

查询结果如图 5-33 所示。

【例 5-65】 查询选修"操作系统"课程的所有学生的信息。

SELECT 学生表.学号,学生表.姓名,学生表.院系名称

FROM 学生表

JOIN 选课表 ON 学生表.学号 = 选课表.学号

JOIN 课程表 ON 课程表.课程号 = 选课表.课程号

WHERE 课程表.课程名 ='操作系统'

查询结果如图 5-34 所示。

5.3 数据操纵语言（DML）

数据操纵语言（Data Manipularion Language，DML），是指对已创建的数据库对象中的数据表数据的添加、修改和删除，包括以下 3 个语句。

- INSERT：向表中添加新行。
- UPDATE：更改表中的现有数据。
- DELETE：从表中删除行。

5.3.1 INSERT 语句

INSERT 语句用于向表中插入新行，其语法格式为：

INSERT[INTO] table_or_view[(column_list)] VALUES (DATA_VALUES)

1. 简单的 INSERT 语句

【例 5-66】 向"学生表"插入一条记录。

INSERT INTO 学生表(学号,姓名,性别,院系名称)
VALUES('20090402','王淼','女','国贸系')

没有插入的列值为 NULL。如果省略表后的列名,则 VALUES 中必须包含各个列的值,这些值可以是 NULL。

【例 5-67】 向"学生表"中插入一条记录。

INSERT INTO 学生表
VALUES('20090406','马奎','男','1988-6-23 0:00:00','2009-9-1 0:00:00','国贸系',NULL)

2. 按照与表中列的顺序不同插入数据

如果显示指定了列名,这些列名的顺序可以和 CREATE TABLE 语句中定义的列的顺序不同。

【例 5-68】 向"学生表"中插入一条记录。

INSERT INTO 学生表
(学号,姓名,性别,院系名称,出生日期,入学日期)
VALUES(20090304,'王静','女','国贸系',
'1988-12-03 0:00:00','2009-9-1 0:00:00'
)

插入的数据按照指定的顺序插入"学生表"中。需要注意的是,各项数据的类型要和对应列的数据类型一致。

3. INSERT...SELECT 语句

INSERT...SELECT 语句从其他表或者视图中添加数据,该语句用于批量添加数据。使用时要保证目标表和源表的列的数量、数据类型以及排列顺序要完全一致。

【例 5-69】 创建"男生情况表"。

CREATE TABLE 男生情况表
(学号 varchar(12) NOT NULL,
姓名 nchar(10) NOT NULL,
性别 char(2) NULL,
出生日期 smalldatetime NULL,
入学日期 smalldatetime NULL,
院系名称 varchar(20) NULL,
备注 text NULL)

【例 5-70】 将学生表中所有男生的信息存储到"男生情况表"中。

INSERT INTO 男生情况表
SELECT *
FROM 学生表

WHERE 性别 ='男'

4. TOP 关键字的使用

【例5-71】 创建一个成绩表，包含4列"学号"、"姓名"、"科目"和"成绩"。

```
CREATE TABLE 成绩表
(学号 varchar(12) NOT NULL,
姓名 nchar(20) NOT NULL,
科目 varchar(20) NOT NULL,
成绩 tinyint NULL
)
```

【例5-72】 将"学生表"、"课程表"、"选课表"的相关匹配信息联合起来，并将前面50条记录存储在"成绩表"中。

```
INSERT TOP (50)
INTO 成绩表
SELECT 学生表.学号,学生表.姓名,课程表.课程名,选课表.分数
FROM 学生表
JOIN 选课表 ON 学生表.学号 = 选课表.学号
JOIN 课程表 ON 课程表.课程号 = 选课表.课程号
```

5.3.2 UPDATE 语句

UPDATE 语句用于更新一个表中选定行的一列或者多列的值。其语法格式如下：

```
UPDATE table_or_view
SET  < column > = < expression > [ , < column > = < expression > ]...
[ WHERE( condition) ]
```

其中的 SET 子句指定要更改的列和这些列的新值。对所有符合 WHERE 条件的行，都将使用 SET 子句中指定的值更新指定列中的值。

1. 简单的 UPDATE 语句

【例5-73】 将"学生表"中学号为"20090302"的学生姓名改为"张海亮"。

```
UPDATE 学生表
SET 姓名 ='张海亮'
WHERE 学号 ='20090302'
```

【例5-74】 修改学号为"20090406"的学生信息。

```
UPDATE 学生表
SET 学号 ='20090412',姓名 ='王正超',性别 ='男',院系名称 ='企管系'
WHERE 学号 ='20090406'
```

2. 计算列的值

SET 子句可以设定某列的值，经过某些计算后仍存储到列中。

【例5-75】 将"选课表"所有学生分数乘以 0.8 后存储在选课表中。

```
UPDATE 选课表
SET 分数 = 分数 * 0.8
```

3. TOP 的使用

可以使用 TOP 子句来限制 UPDATE 语句修改的行数。其中 TOP 后的 n 值决定了修改的行数。系统随机选择 n 行执行更新操作。

【例 5-76】 将"选课表"前 3 个学生分数乘以 1.25 后存储在选课表中。

```
UPDATE TOP (3) 选课表
SET 分数 = 分数 * 1.25
```

5.3.3 DELETE 语句

DELETE 语句可以实现从表中删除已有的数据行。其语法非常简单，格式如下：

```
DELETE FROM table_or_view
[WHERE < condition > ]
```

其中 WHERE 子句指定要删除记录应当满足的条件。

【例 5-77】 将学号为"20090304"的学生信息从学生表中删除。

```
DELETE
FROM 学生表
WHERE 学号 ='20090304'
```

【例 5-78】 将"选课表"中低于 60 分的记录删除。

```
DELETE
FROM 选课表
WHERE 分数 <60
```

【例 5-79】 删除"实例数据库"中"选课表"的所有记录。

```
USE 实例数据库
DELETE
FROM 选课表
```

执行此语句后，选课表的所有记录都被删除，但是选课表的定义仍然存在。

习题

1. 用 T - SQL 语句创建"员工管理"数据库。其中，主数据文件大小为 30MB，最大值不受限制，每次增量为 10MB；事务日志文件大小为 10MB，最大值为 100MB，文件每次增量为 10%。

2. 用 T - SQL 语句向所创建的"员工管理"数据库中增加一个次要数据文件。文件的逻辑名称为 employeefile，物理名称为 employeefile.ndf，大小为 40MB，最大值不受限制，每次增量为 5MB。

3. 用 T - SQL 语句在"员工管理"数据库中创建以下数据表。

1)"员工信息表",表中各列的定义如表 5-1 所示。

2)"部门表",表中各列的定义如表 5-2 所示。

表 5-1 "员工信息表"

列 名 称	数据类型及长度	是 否 为 空
工号	varchar（10）	NOT NULL
姓名	varchar（10）	NOT NULL
性别	varchar（2）	NULL
职称	varchar（20）	NULL
职务	varchar（10）	NULL
出生日期	smalldatatime	NULL
到职日期	smalldatatime	NULL
部门编号	varchar（3）	NULL
备注	text	NULL

表 5-2 部门表

列 名 称	数据类型及长度	是 否 为 空
部门编号	varchar（3）	NOT NULL
部门名称	varchar（20）	NOT NULL
部门领导	varvhar（10）	NULL
备 注	text	NULL

4. 用 T - SQL 语句,实现以下语句。

1)向"员工信息表"添加主键,主键为"工号"列,主键的名称为"PK_工号"。

2)向"部门"添加主键,主键为"部门编号"列,主键的名称为"PK_部门编号"。

3)向"员工信息表"的"部门编号"列添加外键,对应"部门"表的"部门编号"列,该外键的名称为"FK_部门编号"。

5. 用 T - SQL 语句创建"员工简要信息"视图,该视图包含了"员工信息表"中的"工号"、"姓名"和"部门编号"3 列。

6. 用 SELECT 语句实现以下查询。

1)查询"员工信息表"中的前 10 条记录（TOP 关键字）。

2)查询"员工信息表"中的记录,按照到职日期升序排列（ORDER BY 子句）。

3)查询"员工信息表"中的各个员工的工作年限,返回结果包括"工号"、"姓名"和"工作年限"3 列（"工作年限"列用表达式实现）。

4)查询年龄在 40 岁以上的员工信息。

5)查询"部门编号"为 01、05、08 的员工的"工号"、"姓名"和"部门代号"（使用 IN 子句）。

6)以"部门编号"分组,统计各个部门的人数,返回"部门编号"和"人数"两列（GROUP BY 子句以及 COUNT 函数）。

7）查询以下各列："员工信息．工号"、"员工信息．姓名"和"部门．部门名称"（使用 INNER JOIN 连接）。

8）查询"部门名称"为"推广部"的所有员工的信息（使用子查询）。

7. 用 INSERT 语句向"部门表"和"员工信息表"中插入表 5-3、表 5-4 所示的记录。

表 5-3 "部门表"数据

部门编号	部门名称	部门领导	备　注
01	综合部	白正	NULL
02	推广部	刘小丽	NULL
04	教研部	张平	NULL

表 5-4 "员工信息表"数据

工号	姓名	性别	职称	职务	出生日期	到职日期	部门编号	备注
01004	王超	男	NULL	NULL	1984-02-25	2006-03-06	01	NULL
01012	熊高凤	男	NULL	副主任	1976-07-23	2003-02-01	01	NULL
02013	刘小丽	女	工程师	主管	1980-02-16	2008-05-07	02	NULL

8. 用 UPDATE 语句实现以下更新。

1）将工号为 01012 的员工的"职务"修改为"主任"。

2）将部门编号为 02 的所有员工的到职日期修改为 2006-07-01。

9. 用 DELETE 语句实现以下删除。

1）删除工号为 02013 的员工信息。

2）删除部门名称为"推广部"的所有员工的信息。

第6章 事务和锁

本章要点

- 事务的概念及特性
- 事务的工作原理及事务的类型
- 事务回滚机制
- 锁的概念及隔离级别
- 锁的粒度及分类
- 在 SQL Sever 中查看数据库中的锁
- 应用程序中锁的设计
- 死锁及其防止

学习要求

- 掌握事务的概念及特性
- 掌握事务的工作原理及事务的类型
- 掌握事务回滚机制
- 掌握锁的基本概念及没有锁机制带来的几类问题
- 了解隔离级别、锁的粒度及锁的分类
- 掌握如何在 SQL Sever 中查看数据库中的锁
- 了解锁在应用程序中的应用

6.1　事务

事务（Transaction）的作用是保证一系列的数据操作可以全部正确完成，不会造成数据操作到一半未完成，而导致数据的完整性出错。合理使用事务，可以使数据库中的数据保持正确且完整。

6.1.1　为什么要引入"事务"的概念

在使用 DELETE 或 UPDATE 语句对数据库进行修改时，一次只能操作一个表，这就可能带来数据库的数据不一致的问题。例如，某公司数据库管理系统中所用数据库为 company，其中包括 department 和 employee 两个表，表的部分记录分别如表 6-1 和表 6-2 所示。

现在由于公司业务发生变化而取消了后勤部，那么就需要将"后勤部"从 department 表中删除，此时要修改 department 表；而在 employee 表中的所属部门编号（0201）与后勤部相应的员工也应全部删除。因此，这两个表都需要修改，这种修改只能通过两条 DELETE 语句来完成。

表 6-1　department 表的部分记录

dept_id	dept_name	dept_function	dept_worker_num	remark
...	...	...	...	...
0101	经理室	负责管理各个部门	3	NULL
...	...	...	...	...
0105	财务部	负责财务管理	5	NULL
0201	后勤部	负责后勤保障	2	NULL
...	...	...	...	...

表 6-2　employee 表的部分记录

employee_id	employee_name	sex	salary	dept_id
...	...	...	...	...
0026	程 为	男	1000	0201
罗 井	男	1200	0201	
...	...	...	...	...

第一条 DELETE 语句修改 department 表：

DELETE FROM department WHERE dept_id ='0201'

第二条 DELETE 语句修改 employee 表：

DELETE FROM employee WHERE dept_id ='0201'

在执行第一条 DELETE 语句后，数据库中的数据已处于不一致状态，因为此时已经没有"后勤部"了，但 employee 表中仍然保存着属于"后勤部"的员工记录。只有执行了第二条 DELETE 语句后，数据才重新处于一致状态。但是，如果在执行完第一条语句后，计算机突然出现故障，无法再继续执行第二条 DELETE 语句，则数据库中的数据将永远处于不一致状态。因此，必须保证这两条 DELETE 语句要么同时执行，要么都不执行。

再举一个在银行汇款的例子：甲某要给乙某汇 1 万元钱。当银行收到甲某的汇款请求后，先从甲某的账上扣除 1 万元钱，然后在乙某的账上加上 1 万元钱，如此整个汇款工作就完成了。不过这是理想状态下的工作，在实际操作中，有可能从甲某的账上扣除 1 万元之后，在给乙某账上加 1 万元时，由于种种原因，例如网络通信故障等，增加 1 万元的操作失败了。这样一来，甲某就会白白损失 1 万元钱。这种情况在实际操作中是必须要避免的。

为解决此类问题，数据库系统引入了事务的概念。SQL Server 通过支持事务机制管理多个事务，保证事务的一致性。

6.1.2　事务的概念

事务是一种机制，是一个操作序列，它包含了一组数据库操作命令，所有的命令作为一个整体一起向系统提交或撤销操作请求，即要么都执行。要么都不执行。因此，事务是一个不可分割的工作逻辑单元。在数据库系统中执行并发操作时，事务是作为最小的控制单元来使用的。

在关系数据库中，一个事务可以是一条 SQL 语句，也可以是一组 SQL 语句或整个程序。事务和程序是两个不同的概念，一般来讲，事务蕴含在程序当中，一个程序中可以包含多个事务。

在 SQL 语言中，定义事务操作的语句有以下 3 条：

    BEGIN TRANSACTION
    COMMIT TRANSACTION
    ROLLBACK TRANSACTION

通常用 BEGIN TRANSACTION 命令来标识一个事务的开始，而用 COMMIT TRANSAC-TION 命令来标识事务的结束。这两个命令之间的所有语句被视为一体。

一般情况下，SQL 会隐性地开始事务，如果显式地开始事务，则其结束也必须是显式的，有以下两种方法可以结束事务：

1）提交（COMMIT）。如果所有的操作都完成了的话，可以结束事务，可以向系统对事务进行提交。提交之后，所有的修改都会生效，在没有提交之前，所有的修改都可以作废。也就是说，只有执行到 COMMIT TRANSACTION 命令时，事务对数据库的更新操作才算确认。

2）回滚（ROLLBACK）。回滚会结束当前事务，并且放弃自事务开始以来所有的操作，回到事务开始的状态。此外，也可以在事务之内设置一些保存点（Save Point），这样就可以不必放弃整个事务，根据需要回滚至保存点处。

这两个命令的语法如下：

    BEGIN TRAN[SACTION] [transaction_name | @ tran_name_variable]
    …
    COMMIT TRAN[SACTION] [transaction_name | @ tran_name_variable]

其中 BEGIN TRANSACTION 可以缩写为 BEGIN TRAN，COMMIT TRANSACTION 可以缩写为 COMMIT TRAN 或者 COMMIT。可选参数的意义如下：

● transaction_name，用来指定事务的名称，只有前 32 个字符会被系统识别。
● @ tran_name_variable，用变量来指定事务的名称，变量只能声明为 char、varchar、nchar 或者 nvarchar 类型。

上述的删除后勤部的操作可能导致数据不一致的例子，就可以用事务的机制来加以避免，如【例 6-1】所示。

【例 6-1】 利用事务的机制完成删除后勤部的操作。

```
DECLARE @ transaction_name varchar(32)          /*声明一个 32 位的 varchar 型变量*/
SET @ transaction_name ='my_transaction_delete'
                                                /*设置该类变量名为 my_transaction_delete*/
BEGIN TRANSACTION my_transaction_delete
    GO
    USE company                                 /*使用数据库 company*/
    GO
    DELETE FROM department WHERE dept_id ='0201'
```

```
        GO
        DELETE FROM employee WHERE dept_id ='0201'
        GO
    COMMIT TRANSACTION my_transaction_delete
    GO
```

6.1.3　事务的特性

事务作为一个逻辑单元，具备 4 个特性：原子性（Atomicity）、一致性（Consistency）、隔离性（Isolation）和持久性（Durability），下面分别介绍这些特性。

1. 原子性

原子性，即不可分割性。这里是指事务作为数据库的一个逻辑工作单位，对其的操作要作为一个整体来看待，要么全部执行，要么全部不执行，没有执行一部分的可能。

例如，如果事务的某些操作被更新到磁盘上，而另一些操作的结果却没有完成，那么就违反了原子性。

2. 一致性

一致性是指当事务完成时，必须使所有数据都具有一致的状态。即事务执行的结果必然是把数据库从一个一致性状态过渡到另一个一致性状态。因此，当数据库中只包含成功事务提交的结果时，数据库就处于一致性状态。如果数据库系统运行期间发生了故障，有些事务尚未完成就被中断了，这些未完成的事务对数据库所作的修改有一部分已经写入数据库，这时数据库就处于一种不正确的状态，或者说是不一致的状态。

一致性意味着数据库中的每一行和每一个值都必须与其描述的现实保持一致，而且满足所有约束的要求。例如，如果把订单行写到了磁盘上，但没有写入相应的订单明细，则 Order 表和 OrderDetail 表之间的一致性就被破坏了。

3. 隔离性

隔离性是指由并发事务所作的修改必须与任何其他并发事务所作的修改隔离。事务查看数据时数据所处的状态，要么是另一并发事务修改它之前的状态，要么是另一事务修改它之后的状态，事务不会查看中间状态的数据，这也称为事务操作的串行性。

例如，如果甲正在更新若干行数据，而当甲的事务正在执行时，乙要删除甲所修改的数据中的一行。如果乙的删除操作真的发生了，那就说明甲的事务和乙的事务之间的隔离性还不够。相对于当前用户数据库来说，隔离性对多用户环境下的数据库更为重要。

4. 持久性

持久性是指当一个事务完成之后，它的影响永久性地产生在系统中，事务所作的修改永久地写到了数据库中。一旦一个事务被提交后，它就一直处于已提交的状态。数据库产品必须保证，即使存放数据的驱动器损坏了，它也能将数据恢复到硬盘驱动器损坏之前、最后一个事务提交时的瞬间状态。

6.1.4　事务的工作原理

事务的工作原理如图 6-1 所示。从图中可以看出，事务开始之后，事务所有操作都先后写到事务日志中。写到日志中的操作，一般有两种：一种是针对数据的操作，一种是针对任务的操作。针对数据的操作，如插入、删除和修改等，是典型的事务操作，这些操作的对象是大量的数据。有些操作是针对任务的，如创建索引等，这些任务操作在事务日志中记录一个标志，用于表示执行了这种操作。当取消这种事务时，系统自动执行这种操作的反操作，保证系统的一致性。

系统自动生成一种检查点（Checkpoint）机制，这个检查点周期性地发生。检查点的周期是系统根据用户定义的时间间隔和系统活动的频度，由系统自动计算出来的时间间隔。检查点周期性地检查事务日志，如果在事务日志中，事务全部完成，那么检查点将事务日志中的事务提交到数据库中，并且在事务日志中做一个检查点提交标记。如果在事务日志中，事务没有完成，那么检查点不将事务日志中的事务提交到数据库中，并且在事务日志中做一个检查点未提交标记。

事务检查点机制示例图，如图6-2所示。在该示例图中，有5个事务：事务1~事务5。方框箭头表示事务的开始和提交完成，水平方向表示时间。检查点表示在某一时间点进行事务检查，系统失败表示在某一时间点由于断电、系统软件故障等原因而发生的系统失败。从图6-2中可以看到，事务1的完成发生在系统失败前的检查点A之前，所以事务1的操作被提交到数据库中。事务2和事务4虽然没有在系统失败前的检查点A之前完成，但是在系统失败之前完成了，所以这两个事务可以被系统向前回滚提交到数据库中。而事务3和事务5由于系统失败时没有完成，所以这两个事务的所有操作均被取消。

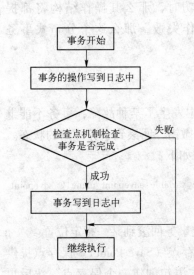

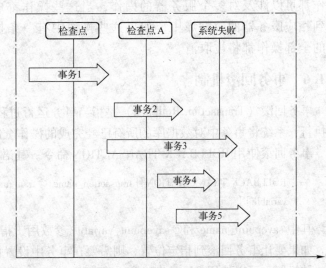

图6-1 事务的工作原理图　　　　　　图6-2 事务检查点机制示例图

6.1.5 事务的类型

根据系统的设置，可以把事务分为两种类型，一种是系统提供的事务，也称之为隐式事务。在系统提供的事务中，无须用语句 BEGIN TRANSACTION 来标记事务的开始，每个 T - SQL 语句，例如 INSERT、SELECT、UPDATE、DELETE 等语句都作为一个事务来执行。

系统提供的事务是指在执行某些语句时，一条语句就是一个事务。这时要明确，一条语句的对象既可能是表中的一行数据，也可能是表中的多行数据，甚至是表中的全部数据。因此，只有一条语句构成的事务也可能包含了多行数据的处理。例如，执行下面这条数据操纵语句：

```
UPDATE company
SET state ='T'
```

这是一条语句，这条语句本身就构成了一个事务。这条语句由于没有使用条件限制，那么这条语句就是修改表中的全部数据。所以，这个事务的对象就是被修改表中的全部数据。如果这个 company 表中有 100 行数据，那么这 100 行数据的修改要么全部成功，要么全部失败。

另一种是用户定义的事务，也称之为显式事务。在用户定义的事务中，事务在语句 BEGIN TRANSACTION 和 COMMIT TRANSACTION 子句之间组成一组。在实际应用中，大多数的事务处理就是采用了用户定义的事务来处理。在使用用户定义的事务时，一定要注意，事务必须有明确的结束语句来结束。如果不使用明确的结束语句来结束，那么系统可能把从事务开始到用户关闭连接之间的全部操作都作为一个事务来对待。

还有一种特殊的用户定义的事务，这就是分布式事务。前面提到的事务都是在一个服务器上的操作，其保证的数据完整性和一致性是指一个服务器上的完整性和一致性。但是，如果一个比较复杂的环境，可能有多台服务器，那么要保证在多服务器环境中事务的完整性和一致性，就必须定义一个分布式事务。在这个分布式事务中，所有的操作都可以涉及对多个服务器的操作，当这些操作都成功时，那么其操作结构将都提交到相应服务器的数据库中；如果这些操作中有一条操作失败，那么这个分布式事务中的全部操作都将被取消。

6.1.6　事务回滚机制

事务回滚（Transaction Rollback）是指当事务运行过程中发生了某种故障，事务不能继续执行，系统将事务中对数据库的所有已经完成的操作全部撤销，回滚到事务开始的状态。

事务回滚使用 ROLLBACK TRANSACTION 命令。其语法如下：

ROLLBACK TRAN[SACTION][transaction_name|@ tran_name_variable|savepoint_name|@ savepoint_variable]]

其中 savepoint_name 和@ savepoint_variable 参数用于指定事务回滚到某一指定位置。

如果要让事务回滚到指定位置，则需要在事务中设置保存点（Save Point）。保存点提供了一种机制，可以使用 SAVE TRANSACTION savepoint_name 语句创建一个保存点，然后再执行 ROLLBACK TRANSACTION savepoint_name 语句回滚到该保存点，无须回滚到事务的开始点。也就是说，利用保存点机制，事务失败后，不至于所有的操作都不能用。

设置保存点的语法如下：

SAVE TRAN[SACTION] {savepoint_name|@ savepoint_variable}

参数说明：

- savepoint_name，指定保存点的名称。与事务的名称一样，只有前 32 个字符会被系统识别。
- @ savepoint_variable，用变量来指定保存点的名称。变量只能声明为 char、varchar、

nchar 或者 nvarchar 类型。

下面举例说明事务回滚的应用。

【例 6-2】 删除后勤部，将后勤部的职工划归到经理室。

```
BEGIN TRANSACTION my_transaction_delete
    USE company                    /*使用数据库 company */
    GO
    DELETE FROM department WHERE dept_id ='0201'
SAVE TRANSACTION after_delete    /*设置事务恢复断点 */
UPDATE employee
SET dept_id ='0101'WHERE dept_id ='0201'    /*后勤部的职工编号变成经理室编号 */
IF @@ERROR  < > 0 OR @@ROWCOUNT =0 THEN
/* 检测是否成功更新,@@ERROR 返回上一个 SQL 语句状态,非零即说明出错,则回滚 */
    BEGIN
    ROLLBACK TRAN after_delete
    /*回滚到保存点 after_delete,如果使用 ROLLBACK my_transaction_delete,则回滚到事务开始前 */
    COMMIT TRAN
    PRINT '更新员工信息表时出错!'
    RETURN
    END

COMMIT TRANSACTION my_transaction_delete
GO
```

如果不指定回滚的事务名称或者保存点，则 ROLLBACK TRANSACTION 命令会将事务回滚到事务执行前。如果事务是嵌套的，则会回滚到最靠近的 BEGIN TRANSACTION 命令前。

【例 6-3】 将学籍管理系统中某学生的学号由 00000000 改为 00001200，这里的修改就涉及"选课表"和"学生表"两个表。本例中的事务就是为保证这两个表的数据一致性。

```
BEGIN TRAN MyTran              /*开始一个事务 */
UPDATE 选课表                   /*更新"选课表" */
SET 学号 ='00001200'WHERE 学号 ='00000000'
    IF @@ERROR < >0
/* 检测是否成功更新,@@ERROR 返回上一个 SQL 语句状态,非零即说明出错,则回滚 */
    BEGIN
        PRINT '更新"选课表"时出现错误
        ROLLBACK TRAN          /*回滚 */
        RETURN
    END
UPDATE 学生表                   /*更新"学生表" */
SET 学号 ='00001200'WHERE 学号 ='00000000'
    IF @@ERROR < >0
    BEGIN
```

```
        PRINT '更新"学生表"时出现错误
        ROLLBACK TRAN            /*回滚*/
        RETURN
    END
    COMMIT TRAN MyTran           /*提交事务*/
```

6.2 锁

SQL Server 作为一个多用户数据库系统，可以同时运行多个事务并存取数据，充分利用系统资源，发挥数据库共享资源的特点。在这种情况下，数据库系统中可能出现多个并发的事务同时存取同一数据的情况，因而可能会发生数据不一致的现象。在并发操作中，需要使用并发控制机制，以保证多个用户程序执行时数据的一致性、完整性。

锁（Lock）是数据库中的一个非常重要的概念，它主要用于多用户环境下保证数据库的完整性和一致性。对于多用户系统来说，锁机制是必需的，它实质上就是一种并发控制机制。

6.2.1 事务的缺陷

尽管单个事务本身执行都是正确的，但是由于多个事务并发执行，相互间有干扰，就可能产生错误的总体结果。如果事务之间有足够的隔离性，当多个事务并发执行时，就会出现以下 4 个方面的缺陷：脏读、不可重复读、幻觉读以及丢失更新。这些事务的缺陷就是影响事务完整性的隐患所在。

1. 脏读（Dirty Reads）

所谓"脏读"就是指当一个事务正在访问数据，并且对数据进行了修改，而这种修改还没有提交到数据库中，这时，另外一个事务也访问这个数据，然后使用了这个数据。因为这个数据是还没有提交的数据，那么另外一个事务读到的这个数据是脏数据，依据脏数据所做的操作可能是不正确的。其示意图如图 6-3 所示。

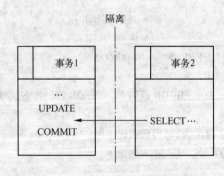

图 6-3 "脏读"示意图

2. 不可重复读（Non-Repeatable Reads）

"不可重复读"是指在一个事务内，多次读同一数据。在这个事务还没有结束时，另外一个事务也访问同一数据。那么，在第一个事务中的两次读数据之间，由于第二个事务的修

改，第一个事务两次读到的数据可能是不一样的，因此称为是不可重复读。其示意图如图 6-4
所示。

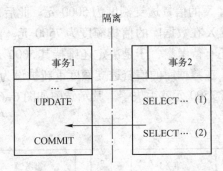

图 6-4　"不可重复读"示意图

如图 6-4 所示，如果事务 2 能够看到事务 1 所提交的数据更新，那么就意味着事务 2 的
两次读取操作出现不同的结果，于是就发生了不可重复读的情况。

3. 幻觉读（Phantom Reads）

所谓"幻觉读"是指当事务不是独立执行时发生的一种现象，与不可重复读类似，也
是一个事务的更新结果影响到另一个事务的情况，但与不可重复读不同的是它不仅会影响另
一个事务所选取的结果集合中的数据值，而且还能够使 SELECT 语句返回另外一些不同的记
录行。

例如，第一个事务对一个表中的数据进行了修改，这种修改涉及表中的全部数据行。同
时，第二个事务也修改这个表中的数据，这种修改是向表中插入一行新数据。那么，操作第
一个事务的用户就可能发现表中还有没有被修改的数据行，就好像发生了幻觉一样。其示意
图如图 6-5 所示。

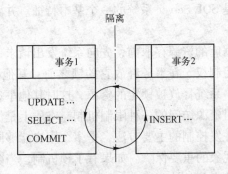

图 6-5　"幻觉读"示意图

如图 6-5 所示，事务 1 的 SELECT 语句返回的结果集受到事务 2 的影响而发生变化，这
种现象就称为"幻觉读"。

4. 丢失更新（Lost Updates）

所谓"丢失更新"是指由于每个事务都不知道其他事务的存在，先前事务所做的数据
更新被其他事务所做的更新覆盖，这将导致更新数据的丢失。

例如，在某银行，信贷员 A、B 二人同时通过银行管理系统审查顾客的信贷记录，此

时，A 查询到顾客 X 的信贷透支额度为 5000 元，而且注意到该顾客总是能按时还款，于是决定提高该顾客的透支额度为 7500 元。碰巧的是，在信贷员 A 没有更新顾客 X 的信贷额度前，信贷员 B 也查询到顾客 X 的信贷透支额度为 5000 元。此后，A 按回车确认了对顾客 X 的信贷透支额度，此时顾客 X 在数据库的信贷额度为 7500 元。由于 B 与 A 的想法不一致，其认为顾客 X 的信贷记录还有待考察，于是决定还维持其 5000 元的信贷透支额度，因而也按回车确认了，这时顾客 X 在数据库的信贷透支额度重新被设为 5000 元，那么 A 对顾客 X 在数据库的信贷额度的更新 7500 元就丢失了。其示意图如图 6-6 所示。

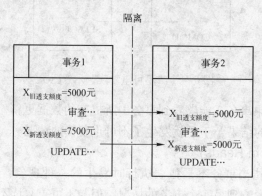

图 6-6 "丢失更新" 示意图

如图 6-6 所示，当事务 1 的赋值语句将赋值透支额度更新为 7500 元后，事务 2 又将赋值透支额度更新为 5000 元，这样事务 1 所作的更新就 "丢失" 了。

6.2.2 锁的概念

上述的事务缺陷主要是由于并发操作带来的，但我们并不能因此而限制用户的并发操作，因为支持多用户操作是 SQL Server 系统的一个基本特征。并发控制的解决方案是锁，下面介绍锁的概念及原理。

锁就是事务对某个数据库的资源存取前，先向系统发出请求，封锁该资源。在事务获得锁后，即获得对该资源的控制权，在事务释放它的锁之前，其他事务不能访问更新该资源。当事务结束或者撤销之后，系统释放被锁定的资源，这时其他事务才可以访问该资源。

锁是在多用户环境下对资源访问的一种限制机制，本质上是保护指定的资源，进行排它性的事务操作。锁是实现并发控制的主要方法，是多个用户能够同时操作同一个数据库中的数据而不发生数据不一致现象的重要保障。如果有了锁机制，当多个用户同时访问一个数据库时，就可以有效克服上述事务的缺陷。

6.2.3 隔离级别

数据库产品通过在事务之间建立相应的隔离来处理上述的 4 种事务缺陷。隔离本质上就是一种封锁机制，它是指自动数据处理系统中的用户和资源的相关牵制关系，也就是用户和进程彼此分开，且和操作系统的保护控制也分开。隔离允许事务行为（无论是读还是写数据）独立或隔离于其他并发运行的事务。通过控制隔离，每个事务在其行动时间内都像是操作数据库的唯一事务。一个事务与其他事务隔离的程度称为隔离级别（Isolation Level）。

1. ANSI SQL－92 的隔离级别

SQL Server 2005 使用锁机制来实现隔离级别。根据 ANSI SQL－92 委员会的规定，在 SQL Server 中有以下 4 种隔离级别，如表6-3所示。

表6-3　ANSI SQL－92 的隔离级别

隔离级别＼事务的缺陷	脏　读	不可重复读	幻　觉　读	丢　失　更　新
Read Uncommitted（最不严格）	可能发生	可能发生	可能发生	可能发生
Read Committed（SQL Sever 的默认级别，中等严格）	避免	可能发生	可能发生	可能发生
Repeatable Read（很严格）	避免	避免	可能发生	避免
Serializable（最严格）	避免	避免	避免	避免

（1）Read Uncommitted

这是最不严格的隔离级别，在此隔离级别下，它允许读取已经被其他用户修改但尚未提交确定的数据。该选项仅适用于具有非共享数据的非任务关键型系统（这在应用程序中是很少见的情况）。此隔离级别下，性能处于最佳状态，但是将牺牲并发控制力度。如果确定没有其他并发事务，可使用该选项。如果使用该选项，数据一致性问题难以得到保障，相当于 SQL Server 的锁设置为 NOLOCK（无锁）模式，这对数据经常被更新的系统是不合适的。

（2）Read Committed

这是大多数数据库的默认隔离级别，也是 SQL Server 默认的隔离级别。在此隔离级别下，SELECT 命令不会返回尚未提交（Committed）的数据，只能读取提交的数据，因此该选项解决了读"脏数据"的问题。由于要求对数据库使用附加锁，因此性能相对 Read Uncommitted 级别将会慢一些。

此隔离级别防止了事务最严重的缺陷——脏读，而又不会使系统陷入过度锁竞争而使得性能下降的泥潭。

（3）Repeatable Read

在此隔离级别下，用 SELECT 命令读取的数据在整个命令执行过程中不会被更改，此选项会影响系统的效能，非必要情况最好不用此隔离级别。通过使用该隔离级别，可以解决读脏数据和不可重复读问题。

（4）Serializable

这是最严格的隔离级别，在希望事务以真正隔离的方式运行并完全与其他事务独立时，请使用该级别，这将能够保证数据的一致性。任务关键型系统使用它来保证真正的隔离事务行为。

通常这种模式适用于对绝对的事务完整性要求比性能要求更为重要的情况，例如，银行、账务系统、高度竞争性的销售数据库（例如股票市场）。使用这种级别的隔离相当于把锁设置为 HOLDLOCK（保持锁定）模式，这将使事务在整个事务的执行期间都保持锁。这种设置虽然提供了完全的事务隔离性，但会造成恶劣的锁竞争，并使性能严重下降。

随着隔离级别增加，需要更多的锁和同步。由于锁控制数据资源，其他尝试执行任何数据操作的事务必须等待，直到锁被释放。因此，增加隔离级别将以性能为代价。相反，随着隔离级别的降低，因事务耗费较少的时间来等待锁被释放将提高性能。

隔离级别需要使用 SET 命令来设置，其语法如下：

```
SET TRANSACTION ISOLATION LEVEL
    {
        READ COMMITTED
        | READ UNCOMMITTED
        | REPEATABLE READ
        | SERIALIZABLE
    }
```

2. 行版本控制的隔离

行版本（Row Versioning）控制的隔离是 SQL Server 2005 一个新的隔离框架。使用行版本控制的隔离可以在大量并发的情况下，显著减少竞争，并且与 NOLOCK（无锁）相比，它又可以显著降低脏读、幻觉读、丢失更新等现象的发生。

行版本控制的隔离分为两种：已提交读快照隔离级别（READ_COMMITTED_SNAP-SHOT）和快照隔离级别（ALLOW_SNAPSHOT_ISOLATION），这里的快照隔离（Snapshot I-solation，简称 SI）是 SQL Server 2005 中的高级数据库管理特性之一。

在 SQL Server 2005 之前，事务是以悲观方式控制的，这意味着所有事务都获得锁定。尽管锁定是多数应用程序的并发控制选择，但是它也会导致写操作阻止读操作，也就是说，如果某个事务更改了某一行，那么在写操作提交之前另一个事务就不能读取该行。

在某些情况下，读操作等待更改完成是正确的选择。而当在基于行版本控制的快照隔离（SI）下运行的事务在读取数据时，读取操作不会获取正在被读取的数据上的共享锁，因此不会阻塞正在修改数据的事务。另外，锁定资源的开销随着所获取的锁数量的减少降至最低。使用行版本控制的已提交读隔离和快照隔离可以提供副本数据的语句级或事务级读取一致性。这样就可以提高联机事务处理系统（OLTP）应用程序的并发性。

基于行版本控制的快照隔离使得用户能够取得先前提交的行值，但其代价是在修改行时必须保留此版本，这样做的代价是即使当前没有用户在访问此数据也一样进行额外的数据快照（行版本控制都存储在 TempDB 中）。所以在使用时，必须在额外开销与获得更好的并发之间做出衡量和决策。

SQL Server 2005 通过引入快照隔离级别并另外实现了 READ COMMITTED，这是对 ANSI SQL-92 隔离级别的扩展。新的 READ_COMMITTED_SNAPSHOT 隔离级别可以透明地替换所有事务的 READ COMMITTED。

使用行版本控制的隔离级别具有以下优点：

- 读取操作检索一致的数据库快照。
- SELECT 语句在读取操作过程中不锁定数据。
- SELECT 语句可以在其他事务更新行时，访问最后提交的行值，而不阻塞应用程序。
- 死锁的数量减少。
- 事务所需的锁数量减少，这就减少了管理锁所需的系统开销。
- 锁升级的次数减少。

6.2.4　锁的空间管理及粒度

SQL Server 用锁来实现事务之间的隔离，这样可以防止一个事务所操作的数据受到另一个事务的影响。但为了提高系统的性能，加快事务的处理速度，缩短事务的等待时间，应该使锁定的资源最小化。

为了控制锁定的资源，应该首先了解系统的空间管理。在 SQL Server 系统中，最小的空间管理单位是页，一个页有 8KB。所有的数据、日志、索引都存放在页上。使用页有一个限制，就是表中的一行数据必须在同一个页上，不能跨页。比页更大一级的空间管理单位是簇（Extent，亦称之为扩展盘区），一个簇是 8 个连续的页。表和索引的最小占用单位是簇。数据库是由一个或者多个表或者索引组成，即是由多个簇组成。SQL Server 系统的空间管理结构示意图如图 6-7 所示。

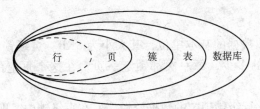

图 6-7　SQL Server 空间管理结构示意图

为了优化系统的并发性，应该根据事务的大小和系统活动的程度，锁定不同的资源。SQL Server 系统已经比较完善地实现了这些要求，可以根据需要锁定的资源选用合适的锁的粒度（Granularity）——行级锁、页级锁、簇级锁、表级锁和数据库级锁。

在图 6-8 所示的结构图中可以看出，数据行存放在页内，页存放在簇内，一个表由若干个簇组成，而若干个表组成了数据库。在这些可以锁定的资源中，最基本的资源是行、页和表，而簇和数据库是特殊的可以锁定的资源。

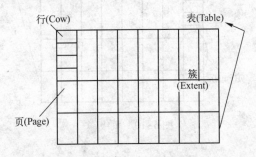

图 6-8　表、簇、页、行的结构图

1. 行级锁

数据行是数据页中的单行数据，行是可以锁定的最小空间。行级锁是指事务在操纵数据的过程中，锁定一行或者若干行数据，其他事务不能同时处理这些行的数据。需要注意的是，SQL Server 中没有提供对列的锁定。

行级锁占用的数据资源最少，所以在事务的处理过程中，允许其他事务继续操纵同一个表或者同一个页的其他数据，大大降低了其他事务等待处理的时间，提高了系统的并发性。

行级锁是一种最优锁，因为行级锁不可能出现数据既被占用又没有使用的浪费现象。在图 6-9 中，椭圆形表示行级锁占用的数据，而椭圆形之外的其他数据仍然可以由其他事务使用。

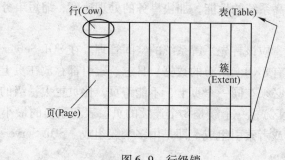

图 6-9 行级锁

2. 页级锁

页是 SQL Server 存取数据的基本单位，其大小为 8KB。页级锁是指在事务的操纵过程中，无论事务处理数据的多少，每一次都锁定一页，在这个页上的数据不能被其他事务操纵。

页级锁锁定的资源比行级锁锁定的数据资源多。在页级锁中，即使是一个事务只操纵页上的一行数据，该页上的其他数据行也不能被其他事务使用。因此，当使用页级锁时，会出现数据的浪费现象，也就是说，在同一个页上会出现数据被占用却没有被使用的现象。在这种现象中，数据的浪费最多不超过一个页上的数据行。

在图 6-10 中，圆形区表示一个页级锁，在这个圆形区内，只有一个事务可以使用圆形区中的数据，其他事务只能使用圆形区以外的数据。

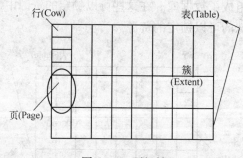

图 6-10 页级锁

3. 簇级锁

一个簇（Extent）由 8 个连续的页组成，即 64KB。簇级锁是一种特殊类型的锁，只能用在一些特殊的情况下。簇级锁是指一旦一个事务占用一个簇，那么这个簇不能同时被其他事务所占用。

例如，在创建数据库和创建表时，系统分配物理空间使用这种类型的锁。系统是按照簇分配空间的。当系统分配空间时，使用簇级锁，防止其他事务同时使用同一个簇。当系统完成分配空间之后，就不再使用这种类型的簇级锁。特别是，当涉及对数据操作的事务时，不使用簇级锁。

簇级锁的结构如图 6-11 所示。椭圆形区域表示簇级锁占用的数据，其他事务只能使用该簇以外的其他簇。

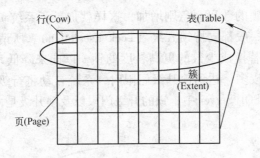

图 6-11　簇级锁

4. 表级锁

表级锁也是一个非常重要的锁。表级锁是指事务在操纵某一个表的数据时，一旦锁定了这个数据所在的整个表，那么其他事务不能访问该表中的数据。

当事务处理的数据量比较大时，一般使用表级锁。表级锁的特点是使用比较少的系统资源，但是却占用比较多的数据资源。与行级锁和页级锁相比，表级锁占用的系统资源如内存比较少，但是占用的数据资源却是最大。在表级锁时，有可能出现数据的大量浪费现象，因为表级锁锁定整个表，那么其他的事务都不能操纵表中的数据。这样，会延长其他事务等待处理的时间，降低系统的并发性能。

表级锁的结构示意图如图 6-12 所示，椭圆形表示表级锁。

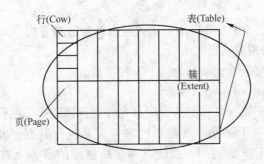

图 6-12　表级锁

5. 数据库级锁

数据库级锁是指锁定整个数据库，防止任何用户或者事务对锁定的数据库进行访问。

数据库级锁是一种非常特殊的锁，它只用于数据库的恢复操作过程中。这种等级的锁是一种最高等级的锁，因为它控制整个数据库的操作。只要对数据库进行恢复操作，那么就需要设置数据库为单用户模式，这样系统就能防止其他用户对该数据库进行各种操作。数据库级锁的结构示意图如图 6-13 所示。

严格地说，数据库级锁不是一种锁，而是一种类似锁的单用户模式机制。但是，这种单用户模式机制非常类似于锁机制，因此也可以把这种单用户模式称为数据库级锁。

采用多级别锁的重要用途是支持并发操作和保证数据的完整性。SQL Server 根据用户的请求做出分析后，自动给数据库加上合适粒度的锁。假如某用户只操作一个表中的部分行数据，系统可能会只添加几个行锁或页面锁，这样可以尽可能地支持多用户的并发操作。但是，如果用户事务中频繁对某个表中的多条记录操作，将导致对该表的许多记录行都加上了行级锁，数据库系统中锁的数目会急剧增加，这样就加重了系统负荷，影响系统性能。因此，在数据库系统中，一般都支持锁升级（Lock Escalation）。所谓锁升级是指调升锁的级别，将多个低粒度的锁替换成少数的更高粒度的锁，以此来降低系统负荷。在 SQL Server 中，当一个事务中的锁较多，达到锁升级门限时，系统自动将行级锁和页面锁升级为表级锁。需要注意的是，在 SQL Server 中，锁的升级门限以及锁升级是由系统自动来确定的，不需要用户设置。

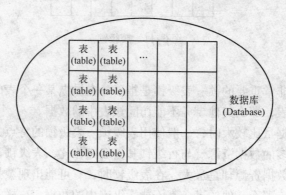

图 6-13　数据库级锁

6.2.5　锁的分类

从不同的角度来看，SQL Server 中的锁大致有两种分类方法。

1.　从数据库系统的角度来看

从数据库系统的角度来看，锁分为以下 3 种类型。

（1）独占锁（Exclusive Lock）

独占锁也称之为排它锁，其锁定的资源只允许进行锁定操作的程序使用，其他任何对它的操作均不会被接受。对于那些修改数据的事务，其执行数据更新命令，例如，执行 IN-SERT、UPDATE 或 DELETE 命令时，系统自动在所修改的事务上放置独占锁。在有独占锁的资源上，不能放置共享锁，也就是说不允许可以产生共享锁的事务访问这些资源。

只有当产生排它锁的事务结束之后，排它锁锁定的资源才能被其他事务使用。但当对象上已有其他锁存在时，则无法对其加独占锁。独占锁一直到事务结束才能被释放。

（2）共享锁（Shared Lock）

共享锁锁定的资源可以被其他用户读取，但其他用户不能修改它。在 SELECT 命令执行时，SQL Server 通常会对对象进行共享锁锁定。通常加共享锁的数据页被读取完毕后，共享锁就会立即被释放。

（3）更新锁（Update Lock）

更新锁是为了防止死锁而设立的。当 SQL Server 准备更新数据时，它首先对数据对象作更新锁锁定，这样数据将不能被修改，但可以读取。直到 SQL Server 确定要进行更新数据操作时，它会自动将更新锁换为独占锁，但当对象上有其他锁存在时，则无法对其作更新锁锁定。

2.　从程序员的角度看

从程序员的角度看，锁分为以下两种类型。

（1）乐观锁（Optimistic Lock）

乐观锁假定在处理数据时，不需要在应用程序的代码中做任何事情就可以直接在记录上加锁，即完全依靠数据库来管理锁的工作。一般情况下，当执行事务处理时，SQL Server 会自动对事务处理范围内所需更新的表进行锁定。

（2）悲观锁（Pessimistic Lock）

悲观锁对数据库系统的自动管理不敏感，需要程序员直接管理数据，并负责获取、共享和放弃正在使用的数据上的任何锁。

除了这两种基本类型的锁，还有一些特殊情况的锁。例如，意图锁、修改锁和模式锁。在各种类型的锁中，有些类型的锁之间是可以兼容的，有些类型的锁之间是不兼容的。

6.2.6　在 SQL Server 中查看数据库中的锁

1. 用 Management Studio 查看锁

查看数据库系统中的锁，最便捷的方式就是在 Management Studio 中使用对象资源管理器，通过选择目录树窗口中"管理"文件夹下的"活动监视器"，可以有两种方式来查看锁——"按进程查看锁"或者"按对象查看锁"，如图 6-14 所示。

在活动监视器节点右击，从弹出的快捷菜单中选择"按对象查看锁"命令，即可查看当前锁定的对象，如图 6-15 所示。

该子节点列出了各个进程的锁信息，包括锁住的对象、锁类型、锁模式、锁状态、所有者等信息。

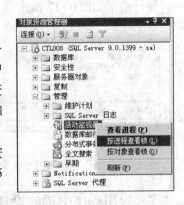

图 6-14　有两种方式查看锁

进程 ID	上下文	批处理 ID	类型	子类型	对象 ID	说明	请求模式	请求类型	请求状态	所有者类型	所有者
11	0	0	FILE		0	0	X	LOCK	GRANT	SESSION	0
52	0	0	OBJECT		13		IX	LOCK	GRANT	TRANSACTION	2849
52	0	0	OBJECT		15		IX	LOCK	GRANT	TRANSACTION	2849
52	0	0	HOBT		720...		Sch-M	LOCK	GRANT	TRANSACTION	2849
52	0	0	OBJECT		26		IX	LOCK	GRANT	TRANSACTION	2849
52	0	0	OBJECT		34		IX	LOCK	GRANT	TRANSACTION	2849
52	0	0	OBJECT		41		IX	LOCK	GRANT	TRANSACTION	2849
52	0	0	OBJECT		54		IX	LOCK	GRANT	TRANSACTION	2849
52	0	0	HOBT		562...		IX	LOCK	GRANT	TRANSACTION	2849
52	0	0	METADATA	DATA_SPACE	0	data_s...	Sch-S	LOCK	GRANT	TRANSACTION	2849
52	0	0	OBJECT		126...		Sch-M	LOCK	GRANT	TRANSACTION	2849
52	0	0	METADATA	INDEXSTATS	0	object...	Sch-S	LOCK	GRANT	TRANSACTION	2849
52	0	0	OBJECT		5		IX	LOCK	GRANT	TRANSACTION	2849
52	0	0	OBJECT		4		IX	LOCK	GRANT	TRANSACTION	2849
52	0	0	OBJECT		7		IX	LOCK	GRANT	TRANSACTION	2849

图 6-15　按对象查看锁

2. 用系统存储过程 sp_lock 查看锁

用系统存储过程 sp_lock 也可以列出当前的锁，其语法格式如下：

```
sp_lock spid
```

spid 是系统进程编号（System Process ID）的缩写。spid 是 INT 类型的数据，如果不指定 spid，则显示所有的锁。

【例 6-4】 显示当前系统中的所有锁。

```
USE 实例数据库
EXEC sp_lock
```

运行结果如图 6-16 所示。

【例 6-5】 显示编号为 54 的锁的信息。

```
USE 实例数据库
EXEC sp_lock 54
```

运行结果如图 6-17 所示。

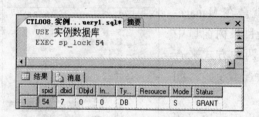

图 6-16　显示当前系统中所有锁

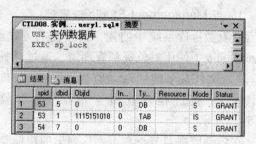

图 6-17　显示编号为 54 的锁的信息

6.2.7　应用程序中锁的设计

在 SQL Server 2005 中，除了可以对数据库中的数据进行加锁外，还可以对进程和资源进行加锁。例如，对于某些应用程序来说，由于对应多个应用实例，如果不对某些资源或进程进行锁定限制，那么就有可能出现问题。例如，在一个图书馆管理系统中，为了便于图书采购部门在日后的购书工作中具有针对性，采购师生相对高频关注的书籍，可能就需要借助于统计师生的图书查询记录，为了管理这些图书查询记录，需要给每一个查询记录赋一个唯一的单据号，假设现有单据号的编号依据就是通过原有最大单据编号（ConsultTableID） + 1 来实现的，由于图书馆有多台计算机运行多个图书查询的实例，如果不对所有单据号这个共享资源进行锁定，那么就有可能出现与时间有关的错误——运行结果不唯一。

假设以往最大的图书查询单据编号为 998。

在第一种情况下，如图 6-18 所示，有甲、乙、丙 3 台计算机同时在运行图书查询的实例，这 3 台计算机此时可能同时读到这个最大的图书查询单据编号 998，如果甲先完成了查询，按照约定的流程，其对应的图书查询单据编号如下：

$$\text{ConsultTableID} + 1 = 998 + 1 = 999$$

然后丙也完成了图书查询任务，由于其先前读到的最大图书查询单据也是 998，则其对应的图书查询单据编号如下：

$$\text{ConsultTableID} + 1 = 998 + 1 = 999$$

最后乙也完成了图书查询任务，同理，其对应的图书查询单据编号如下：

$$ConsultTableID + 1 = 998 + 1 = 999$$

那么就会出现同一个图书查询单据号 999 为 3 次图书查询所用，这显然是不正确的，后续基于此数据得来的统计肯定也是错误的。把图书查询单换成票单，如果这个问题出现在售票系统中，就可能导致"一票多卖"的现象。

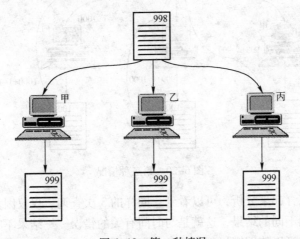

图 6-18　第一种情况

在第二种情况下，如图 6-19 所示。假设甲先于乙、丙读到以往最大的图书查询单据编号为 998，在甲查询后，则甲的查询单据编号为：

$$ConsultTableID + 1 = 998 + 1 = 999$$

在甲把查询记录单据提交给系统后，乙、丙再同时读到最大的以往图书查询单据编号就为 999，基于同第一种情况相同的原因，乙、丙就会同时争用 1000 为自己的图书单据查询编号。

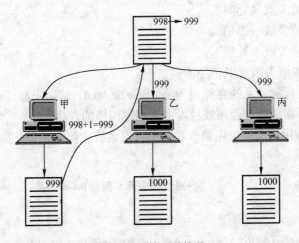

图 6-19　第二种情况

在第三种情况下，如图 6-20 所示，假设甲、乙、丙分别先后完成查询，则其对应的图书查询单据编号就分别为 999、1000、1001，这时候就没有出错。但此时事实上甲、乙、丙已经不是一个并发查询——已经变为实际上的"串行"查询了。但这在实际的使用中，是不现实的，因为不能保证任意一组查询都碰巧是"串行"发生的。

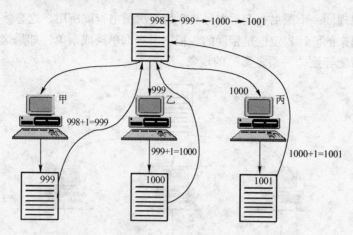

图6-20 第三种情况

把这3种情况综合起来分析，可以看到，同样的3次查询，仅仅因为甲、乙、丙查询的时机不同，竟然得到不同的结果，这就是与时间有关的错误——结果不唯一。

在应用程序中，可以使用锁机制来避免此类错误。

在应用程序中使用锁，需在系统存储过程 sp_GetAppLock 中声明，然后对其所有声明命名的用户资源进行锁定。

应用程序中的锁必须在事务中申请，申请时必须指明锁的模式（Shared、Update、Exclusive、IntentExclusive 或 IntentShared），系统存储过程 sp_GetAppLock 的返回值显示了过程是否成功申请到了需要的锁，其返回值代表的意义如下：

- 0——正常获得所申请的锁。
- 1——在其他过程释放之后获得了所申请的锁。
- -1——锁申请失败（超时）。
- -2——锁申请失败（撤销）。
- -3——锁申请失败（死锁）。
- -999——锁申请失败（其他原因）。

锁使用完毕后要释放，系统存储过程 sp_ReleaseAppLock 用于释放所申请的锁。例6-6所示的代码中演示了在批处理程序或过程中使用应用锁的方法。

【例6-6】 在应用程序中使用锁。在图书查询系统中保证查询单据号（ConsultTableID）的唯一性。

```
USE BookTable                /*指定数据库实例为 BookTable*/
GO

DECLARE @ ShareOK INT        /*声明一个整型变量 ShareOK*/
/*系统存储过程 sp_GetAppLock 带两个参数 Recourse 和 LockMode,并返回一个值*/
EXEC @ ShareOK = sp_GetAppLock
@ Recourse = 'ConsultTableID'
@ LockMode ='Exclusive'
```

```
    IF @ ShareOK < 0                    /*如果独占锁申请失败,则*/
    …错误处理代码
    …
    /*如果独占锁申请成功,则*/
    ConsultTableID = ConsultTableID + 1
    …
    EXEC sp_ReleaseAppLock @ Recourse ='ConsultTableID'
        /*如果成功操作后,释放所申请的锁*/
    GO
```

SQL Server 处理应用程序锁的方法与处理其他锁的方法有一些不同，首先是系统不会自动检测应用程序锁是否存在死锁情况，其次是事务释放锁的次数必须和获得锁的次数相同。

6.2.8 死锁及其防止

1. 死锁的概念

在两个或多个事务中，如果每个事务都锁定了自己的资源，却又在等待其他事务释放资源，此时就会造成死锁（Deadlock）。

死锁就是一个死循环。例如，事务 A 与事务 B 是并发执行的两个事务，事务 A 锁定了表 A 的所有数据，同时请求要使用表 B 里的数据；而事务 B 锁定了表 B 里的所有数据，同时请求要使用表 A 里的数据。两个事务都在等待对方释放资源，因此造成了一个死循环，这就是死锁。此时除非某个外部程序来结束其中一个事务，否则这两个事务就会无期限地等待下去。

2. 死锁的预防

锁是并行处理的重要机制，能保持数据并发的一致性，系统需要利用锁来保证数据完整性。因此，用户避免不了死锁，但在设计时可以充分考虑，从而预防死锁。预防死锁的实质就是破坏死锁产生的条件。虽然不可能完全避免死锁，却可以使死锁的数量减少到最低。

用户可以采取以下措施来预防死锁的发生。

（1）按同一顺序访问

预先规定一个封锁顺序，所有的事务都必须按这个顺序对数据执行封锁。例如，不同的过程在事务内部对对象的更新执行顺序应尽量保持一致。

（2）减少在事务中与用户的交互

因为运行没有用户交互的事务处理速度要远远快于有需要用户手动响应事务的速度，有了在事务中与用户的交互，就意味着增加了其他事务的等待几率，其他事务就有可能因此而阻塞，也就将增加事务死锁的可能性。

（3）尽量避免长事务

在同一个数据库中并发执行多个需要长时间运行的事务时，通常会发生死锁。事务运行时间越长，其持有的排它锁的时间也就越长，从而阻塞了其他事务的活动，并可能发生死锁。对程序段长的事务可考虑将其分割为几个事务。

（4）使用低级别的隔离

条件允许的情况下，尽可能使用低级别的隔离。使用低级别的隔离而不使用高级别的隔离可以缩短持有共享锁的时间，从而降低了锁的争夺。

此外，用户还需要遵循以下原则：

- 尽量避免并发地执行涉及修改数据的语句。
- 要求每个事务一次性将所有要使用的数据全部加锁，否则就不予执行。

3. 死锁的解除

死锁会造成资源的大量浪费，甚至会使系统崩溃，当发生死锁现象时，系统可以自动检测到，然后通过自动取消其中一个事务来结束死锁。在 SQL Server 中解决死锁的原则是"牺牲一个比两个都死强"，即将其中一个进程作为牺牲者，将其事务回滚，并向执行此进程发送编号为 1205 的错误消息。

在发生死锁的两个事务中，根据事务处理时间的长短来确定其优先级。处理时间长的事务具有较高的优先级，处理时间较短的事务具有较低的优先级。当发生冲突时，保留优先级高的事务，取消优先级低的事务。

习题

1. 为什么要引入事务的概念？
2. 简述事务的概念及其特性。
3. 事务的隔离级别有哪些？
4. 事务的缺陷会导致哪几种数据不一致的情况？
5. 锁有哪些不同的类别？它们各有什么作用？
6. 什么是死锁？如何预防死锁？如何解除死锁？

第 7 章　存储过程、触发器和游标

本章要点

- 存储过程的概念和分类
- 创建与执行存储过程
- 查看、修改和删除存储过程
- 触发器的概念、作用和类型
- 触发器的创建和应用
- 查看、修改和删除触发器
- 游标的概念和类型
- 游标的声明与使用方法

学习要求

- 理解存储过程、触发器、游标的概念和不同类型
- 理解存储过程、触发器和游标的优点
- 掌握存储过程的创建、执行、修改和删除等操作
- 掌握触发器的创建、执行、修改和删除等操作
- 掌握游标的声明和使用方法

7.1　存储过程

存储过程是一组预先写好的、能实现某种功能的 T – SQL 程序，也是一种数据库对象，是在数据库应用中运用得十分广泛的一种数据对象。

7.1.1　存储过程的概念

存储过程（Stored Procedure）是一组预先写好的、能实现某种功能的 T – SQL 程序，指定一个程序名并由 SQL Server 编译后将其存在 SQL Server 服务器端数据库中，以后要实现该功能，则可以调用这个程序来完成。用户可以通过存储过程的名字并给出参数（如果该存储过程有参数的话）来执行它。

在 SQL Server 2005 系统中，既可以使用 T – SQL 语言编写存储过程，也可以使用公共语言运行库（Common Language Runtime，CLR）方式编写存储过程。使用 CLR 编写存储过程是 SQL Server 2005 系统与 . NET 框架紧密集成的一种表现形式。

使用存储过程有以下几个优点。

1）执行速度快效率高：SQL Server 2005 会事先将存储过程编译成二进制可执行代码，在运行存储过程时，SQL Server 2005 不需要再对存储过程进行编译，可以加快执行的速度。

157

2）模块式编程：存储过程在创建完毕之后，可以在程序中多次被调用，而不必重新编写该 T‑SQL 语句。在存储过程创建之后，也可以对存储过程进行修改，而且一次修改之后，所有调用该存储过程的程序所得到的结果都会被修改，提高了程序的可移植性。

3）减少网络流量：由于存储过程是存在数据库服务器上的一组 T‑SQL，在客户端调用时，只需要使用一个存储过程名及参数即可，那么在网络上传送的流量比传送这一组完整的 T‑SQL 程序要小得多，所以可以减少网络流量，提高运行速度。

4）安全性：存储过程可以作为一种安全机制来使用，当用户要访问一个或多个数据表，但没有存取权限时，可以设计一个存储过程来存取这些数据表中的数据。而当一个数据表没有设权限，而对该数据表操作又需要进行权限控制时，也可以使用存储过程来作为一个存取通道，对不同权限的用户使用不同的存储过程。

7.1.2 存储过程的分类

在 SQL Server 2005 中，存储过程可以分为 3 大类。

1）系统存储过程（System Stored Procedures）：系统存储过程一般是以"sp_"为前缀的，是由 SQL Server 2005 自己创建、管理和使用的一种特殊的存储过程，不要对其进行修改或删除。从物理意义上来说，系统存储过程存储在 Resource 数据库中，但从逻辑意义上来说，系统存储过程出现在系统数据库和用户定义数据库的 sys 架构中。

2）扩展存储过程（Extended Stored Procedures）：扩展存储过程通常是以"xp_"为前缀的。扩展存储过程允许使用其他编辑语言（如 C#等）创建自己的外部存储过程，其内容并不存储在 SQL Server 2005 中，而是以 DLL 形式单独存在。不过该功能在以后的 SQL Server 版本中可能会被废除，所以尽量不要使用。

3）用户自定义存储过程（User‑defined Stored Procedures）：由用户自行创建的存储过程，可以输入参数、向客户端返回表格或结果、消息等，也可以返回输出参数，在 SQL Server 2005 中，用户自定义存储过程又分为 T‑SQL 存储过程和 CLR 存储过程两种。

- T‑SQL 存储过程：保存 T‑SQL 语句的集合，可以接受和返回用户提供的参数。
- CLR 存储过程：该存储过程是针对微软的 .NET Framework 公共语言运行时（CLR）方法的引用，可以接受和返回用户提供的参数。CLR 存储过程在 .NET Framework 程序中是作为公共静态方法实现的。

7.1.3 创建与执行存储过程

在 Microsoft SQL Server 2005 系统中，创建存储过程有两种方法：一种是使用 SQL Server Management Studio；另一种是使用 T‑SQL 命令 CREATE PROCEDURE。默认情况下，创建存储过程的许可归属数据库的所有者，数据库的所有者可以把许可授权给其他用户。

在创建存储过程时，要确定存储过程的 3 个组成部分：

- 输入参数和输出参数。
- 在存储过程中执行的 T‑SQL 语句。
- 返回的状态值，指明执行存储过程是成功还是失败。

如果在过程定义中为参数指定 OUTPUT 关键字，则存储过程在退出时可以将该参数的当前值返回至调用程序。这也是用变量保存参数值以便在调用程序中使用的唯一方法。

1. 在 SQL Server Management Studio 中使用模板创建存储过程

在 SQL Server Management Studio 中，创建存储过程的步骤如下。

1）打开 SQL Server Management Studio，展开节点"对象资源管理器"→"实例数据库"→"可编程性"→"存储过程"，在窗口的右侧将显示当前数据库的所有存储过程。在"存储过程"上右击，从弹出的快捷菜单中选择"新建存储过程"命令，如图 7-1 所示。

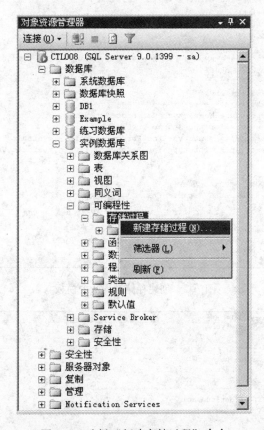

图 7-1　选择"新建存储过程"命令

2）在打开的 SQL 命令窗口中，系统给出了创建存储过程命令的模板，如图 7-2 所示。在模板中可以输入创建存储过程的 T-SQL 语句，按照下面的代码修改建立存储过程的命令模板后，单击 ▶执行⒳ 按钮，即可创建存储过程，如图 7-3 所示。

```
CREATE PROCEDURE getstudent
AS
SELECT *
FROM 学生表
```

3）建立存储过程的命令被成功执行后，在"对象资源管理器"→"实例数据库"→"可编程性"→"存储过程"中可以看到新建立的存储过程，如图 7-4 所示。

4）新建立的 getstudent 存储过程可以通过以下代码来执行，执行结果如图 7-5 所示。

```
-- ====================================================
-- Template generated from Template Explorer using:
-- Create Procedure (New Menu).SQL
--
-- Use the Specify Values for Template Parameters
-- command (Ctrl-Shift-M) to fill in the parameter
-- values below.
--
-- This block of comments will not be included in
-- the definition of the procedure.
-- ====================================================
SET ANSI_NULLS ON
GO
SET QUOTED_IDENTIFIER ON
GO
-- ====================================================
-- Author:      <Author,,Name>
-- Create date: <Create Date,,>
-- Description: <Description,,>
-- ====================================================
CREATE PROCEDURE <Procedure_Name, sysname, ProcedureName>
    -- Add the parameters for the stored procedure here
    <@Param1, sysname, @p1> <Datatype_For_Param1, , int> = <Default_Value_For_Param1, , 0>
    <@Param2, sysname, @p2> <Datatype_For_Param2, , int> = <Default_Value_For_Param2, , 0>
AS
BEGIN
    -- SET NOCOUNT ON added to prevent extra result sets from
    -- interfering with SELECT statements.
    SET NOCOUNT ON;

    -- Insert statements for procedure here
    SELECT <@Param1, sysname, @p1>, <@Param2, sysname, @p2>
END
```

图 7-2　创建存储过程命令模板

```
SET QUOTED_IDENTIFIER ON
GO
-- ====================================================
-- Author:      <Author,,Name>
-- Create date: <Create Date,,>
-- Description: <Description,,>
-- ====================================================
CREATE PROCEDURE getstudent
    AS
SELECT *
FROM 学生表
GO
```

消息
命令已成功完成。

图 7-3　新建存储过程成功

存储过程
CTL008\数据库\实例数据库\可编程性\存储过程   2 项

名称	架构	创建时间
系统存储过程		
getstudent	dbo	2009-8-18

图 7-4　新建立的存储过程

EXECUTE getstudent

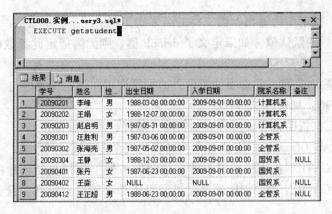

图7-5　执行结果

2. 用 Create Procedure 语句创建存储过程

用 T – SQL 语言的 Create Procedure 语句可以建立存储过程，其语法代码如下：

```
CREATE ｛ PROC ｜ PROCEDURE ｝
    [ schema_name. ] procedure_name [ ; number ] / * 架构名 . 存储过程名[;分组] * /
    [ ｛ @ parameter [ type_schema_name. ] data_type ｝ / * 参数 * /
        [ VARYING ] [ = default ] [ [ OUT [ PUT ] / * 作为游标输出参数 * /
    ] [ ,...n ]
[ WITH ＜procedure_option＞ [ ,...n ]
[ FOR REPLICATION ] / * 不能在订阅服务器上执行为复制创建的存储过程 * /
AS ｛ ＜sql_statement＞ [ ; ] [ ...n ] / * 存储过程语句 * /
｜ ＜method_specifier＞ ｝
[ ; ]

＜procedure_option＞ : : =
    [ ENCRYPTION ] / * 加密 * /
    [ RECOMPILE ] / * 不预编译 * /
    [ EXECUTE_AS_Clause ] / * 执行存储过程的安全上下文 * /

＜sql_statement＞ : : =
｛ [ BEGIN ] statements [ END ] ｝ / * 存储过程语句 * /

＜method_specifier＞ : : =
EXTERNAL NAME assembly_name. class_name. method_name / * 指定程序集方法 * /
```

其中各参数解释如下。

- schema_name：过程所属的架构名称。
- procedure_name：用于指定所要创建的存储过程的名称。
- number：对同名过程进行分组的选项，使用 drop procedure 语句可以将这些分组过程一起删除。
- @ parameter：存储过程的参数。
- [type_schema_name.] data_type：参数的架构及类型。

161

- VARYING：指定作为输出参数支持的结果集，仅适用于游标参数。
- default：参数的默认值，如果定义了 default 值，则无需指定此参数的值也可执行存储过程。
- OUTPUT：输出参数，此选项的值可以返回给调用存储过程的语句。
- ENCRYPTION：加密存储过程。
- RECOMPILE：指明该存储过程在运行时才编译，不预编译。
- EXECUTE_AS_Clause：指定执行存储过程的安全上下文。
- FOR REPLICATION：用于指定不能在订阅服务器上执行复制创建的存储过程。使用 FOR REPLICATION 选项创建的存储过程可用作存储过程筛选，且只能在复制过程中执行。
- < sql_statement > 语法块：存储过程执行的 T – SQL 语句。
- < method_specifier > 语法块：指定 . NET Framework 程序集的方法，以便 CLR 存储过程引用。

用 Create Procedure 语句创建存储过程的操作步骤如下。

1）打开 SQL Server Management Studio，选择"对象资源管理器"中的"实例数据库"，然后单击 新建查询(N) 按钮，打开 SQL 命令窗口，如图 7-6 所示。

2）在右边的编辑区中输入创建存储过程的 T – SQL 语句，单击 执行(X) 按钮，即可创建存储过程，如图 7-7 所示。

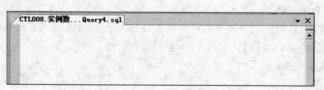

图 7-6　SQL 命令窗口

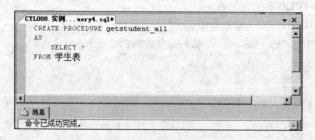

图 7-7　新建的存储过程

3）新建立的 getstudent_all 存储过程可以通过以下代码来执行，执行结果与图 7-5 相同。

EXECUTE getstudent_all

7.1.4　创建与执行存储过程实例

1. 创建与执行不带参数的存储过程

【例 7-1】　创建一个不带参数的存储过程，从"选课表"中选出所有"分数 >65"的记录。

本例中创建存储过程的代码如下：

```
CREATE PROCEDURE getstudent_1
AS
    SELECT *
    FROM 选课表
    WHERE 分数 > 65
```

存储过程创建成功后，输入 T - SQL 语句"EXEC getstudent_1"执行存储过程，执行结果如图7-8所示。

2. 创建与执行带有输入参数的存储过程

【例7-2】 创建一个带输入参数的存储过程，从"选课表"中选出分数在70~90之间的记录。

```
CREATE PROCEDURE getstudent_2
@ minfs int,
@ maxfs int
AS
    SELECT *
    FROM 选课表
    WHERE 分数 BETWEEN @ minfs and @ maxfs
```

创建存储过程成功后，输入 T - SQL 语句"EXEC getstudent_2 70，90"来执行存储过程，执行结果如图7-9所示。

图7-8 【例7-1】执行存储过程的结果

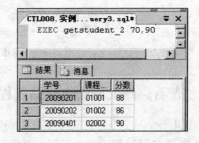

图7-9 【例7-2】执行存储过程的结果

3. 创建与执行带有输入、输出参数的存储过程

【例7-3】 创建一个带有输入和输出参数的存储过程，实现显示"选课表"中给定学号学生的信息，并输出"选课表"中该学号的学生所选课程的最高分数和最低分数。

创建该存储过程的代码如下：

```
CREATE PROCEDURE getstudent_3
    @ xuehao varchar(12),
    @ maxfs int output,
```

```
                @ minfs int output
        AS
        SELECT *
        FROM 选课表
        WHERE 学号 = @ xuehao
        SELECT @ maxfs = max(分数)
        FROM 选课表
        WHERE 学号 = @ xuehao
        SELECT @ minfs = min(分数)
        FROM 选课表
        WHERE 学号 = @ xuehao
```

创建存储过程成功后，输入如下的 T – SQL 语句:

```
        DECLARE @ x1 int,@ x2 real
        EXECUTE getstudent_3 '20090201',@ x1 output,@ x2 output
        SELECT @ x1 AS 最高分数,@ x2 AS 最低分数
```

单击 执行⑴ 按钮，执行已经创建的存储过程 getstudent_3，执行结果如图 7–10 所示。

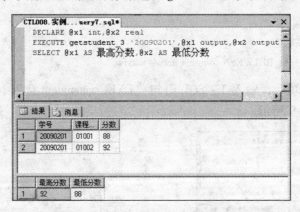

图 7–10 【例 7–3】执行存储过程的结果

7.1.5 查看、修改和删除存储过程

在 SQL Server 2005 中，可以对已创建的存储过程进行查看、修改和删除等操作。

1. 查看存储过程

存储过程被创建之后，它的名字就存储在系统表 sysobjects 中，它的源代码存放在系统表 syscomments 中。可以使用 SQL Server 2005 Management Studio 或系统存储过程来查看用户创建的存储过程。

（1）使用 SQL Server 2005 Management Studio 查看用户创建的存储过程

在 SQL Server Management Studio 中，展开指定的服务器和数据库，选择并依次展开 "可编程性" → "存储过程"，然后右击要查看的存储过程的名称，从弹出的快捷菜单中选择 "编写存储过程脚本为" → "CREATE 到" → "新查询编辑器窗口" 命令，则可以看到存储过程的源代码，如图 7–11 所示。如果在弹出的快捷菜单中选择 "查看依赖关系" 选项，则

会弹出"对象依赖关系"对话框，在其中显示与选择的存储过程有依赖关系的其他数据库对象名称。

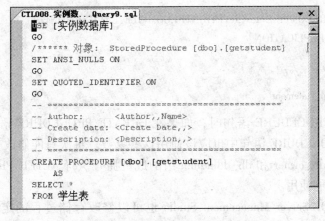

图 7-11　查看存储过程的源代码

（2）使用系统存储过程来查看用户创建的存储过程

可供使用的系统存储过程及其语法形式如下。

- sp_help，用于显示存储过程的参数及其数据类型，其语法为：

    sp_help[[@ objname =]name]

参数 name 为要查看的存储过程的名称。

- sp_helptext，用于显示存储过程的源代码，其语法为：

    sp_helptext[[@ objname =]name]

参数 name 为要查看的存储过程的名称。

- sp_depends，用于显示和存储过程相关的数据库对象，其语法为：

    sp_depends[@ objname =]'object'

参数 object 为要查看依赖关系的存储过程的名称。

- sp_stored_procedures，用于返回当前数据库中的存储过程列表，其语法为：

    sp_stored_procedures[[@ sp_name =]'name']
    [, [@ sp_owner =]'owner']
    [, [@ sp_qualifier =]'qualifier']

其中，[@ sp_name =]'name'指定返回目录信息的过程名；[@ sp_owner =]'owner'指定过程所有者的名称；[@ sp_qualifier =]'qualifier'指定过程限定符的名称。

2. 修改存储过程

存储过程可以根据用户的要求或基表定义的改变而改变。可以使用 ALTER PROCE-DURE 语句修改已经存在的存储过程。修改存储过程与删除和重建存储过程不同，其特点是保持存储过程的权限不发生变化。其主要语法形式如下：

    ALTER PROCEDURE procedure_name[;number]

$$[\,\{@\text{ parameter data\_type}\}$$
$$[\,\text{VARYING}\,]\,[\,=\text{default}\,]\,[\,\text{OUTPUT}\,]\,]\,[\,,\ldots\text{n}\,]$$
$$[\,\text{WITH}$$
$$\{\text{RECOMPILE}\mid\text{ENCRYPTION}\mid\text{RECOMPILE},\text{ENCRYPTION}\}\,]$$
$$[\,\text{FOR REPLICATION}\,]$$

$$\text{AS}$$
$$\text{sql\_statement}[\,\ldots\text{n}\,]$$

当用 ALTER PROCEDURE 语句时，如果在 CREATE PROCEDURE 语句中使用过参数，那么在 ALTER PROCEDURE 语句中也应该使用这些参数。每次只能修改一个存储过程。存储过程的创建者、db_owner 和 db_ddladmin 组的成员拥有执行 ALTER PROCEDURE 语句的许可，其他用户不能使用。

另外，使用 SQL Server Management Studio 也可以修改存储过程的定义。在 SQL Server Management Studio 中，展开指定的服务器和数据库，选择并展开"可编程性"→"存储过程"节点，选择要修改的存储过程并右击，从弹出的快捷菜单中选择"修改"命令，打开如图 7-12 所示的代码修改窗口。在其中可以直接修改定义该存储过程的 T-SQL 语句，然后单击 执行 按钮，执行该存储过程的修改。

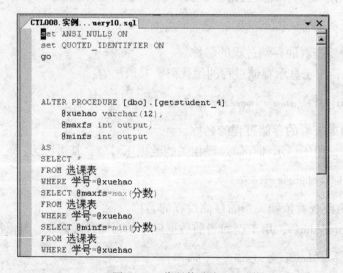

图7-12 代码修改窗口

3. 重命名和删除存储过程

（1）重命名存储过程

修改存储过程的名称可以使用系统存储过程 sp_rename，其语法形式为：

$$\text{sp\_rename}[\,@\text{ objname}=\,]\,'\text{object\_name}',[\,'\text{object\_type}'\,]$$

另外，通过 SQL Server Management Studio 也可以修改存储过程的名称。在 SQL Server Management Studio 中，右击要操作的存储过程名称，从弹出的快捷菜单中选择"重命名"选项，当存储过程名称变成可输入状态时，就可以直接修改该存储过程的名称了。

（2）删除存储过程

删除存储过程可以使用 T - SQL 语句中的 DROP 命令，DROP 命令可以将一个或多个存储过程从当前数据库中删除，其语法形式为：

DROP PROCEDURE procedure_name [...n]

另外，通过 SQL Server Management Studio 也可以很方便地删除存储过程。在 SQL Server Management Studio 中，在要删除的存储过程上右击，从弹出的快捷菜单中选择"删除"命令，打开"删除对象"对话框，如图 7-13 所示，选中该存储过程，然后单击"确定"按钮即可。

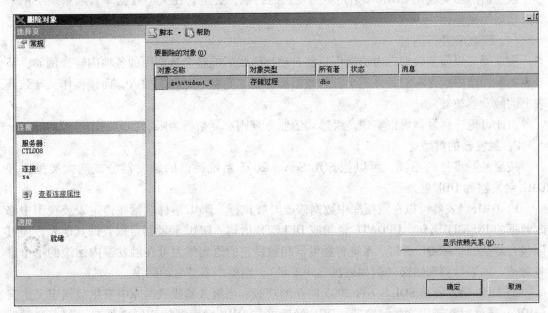

图 7-13　"删除对象"对话框

7.2　触发器

触发器是一种特殊类型的存储过程。触发器的主要特点是其通过事件触发而被执行，它只能自动执行。如果希望系统自动完成某些操作，且自动维护确定的业务逻辑和相应的数据完整性，那么就可以通过使用触发器来实现。本节将具体讲述触发器的相关原理与使用技术。

7.2.1　触发器概述

触发器是一种特殊类型的存储过程，它在执行语言事件时自动生效。例如，当对某一个表进行诸如 UPDATE、INSERT、DELETE 这些操作时，SQL Server 就会自动执行触发器所定义的 T - SQL 语句，从而确保对数据的处理符合由这些 T - SQL 语句所定义的规则。

1. 触发器的作用

触发器的主要作用是能实现由主键和外键所不能保证的、复杂的参照完整性和数据的一致性。除此之外，触发器还有其他许多不同的功能。

（1）可以调用存储过程

为了响应数据库更新，触发器的操作可以通过调用一个或多个存储过程，甚至可以通过调用外部过程完成相应操作。

（2）跟踪变化

触发器可以侦测数据库内的操作，从而禁止了数据库未经许可的更新和变化，使数据库的修改、更新操作更安全，数据库运行更稳定。

（3）可以强化数据条件约束

触发器能够实现比 CHECK 语句更为复杂的约束，更适合在大型数据库管理系统中用来约束数据的完整性。

（4）级联和并行运行

触发器可以侦测数据库内的操作，并自动地级联影响整个数据库的各项内容。例如，某个表的触发器中包含有对另外一个表的数据操作，如删除、更新、插入，而该操作又导致该表上的触发器被触发。

由此可见，触发器可以实现高级形式的业务规则、复杂行为限制和定制记录等功能。

2. 触发器的类型

按照触发事件的不同，可以把 SQL Server 2005 系统提供的触发器分成两大类型，即 DML 触发器和 DDL 触发器。

1）DML 触发器可以在数据库中数据修改时被执行。DML 事件包括在指定表或视图中修改数据的 INSERT 语句、UPDATE 语句或 DELETE 语句。DML 触发器可以查询其他表，还可以包含复杂的 T – SQL 语句。系统将触发器和触发它的语句作为可在触发器内回滚的单个事务对待，如果检测到错误（例如磁盘空间不足），则整个事务自动回滚。

2）DDL 触发器是 SQL Server 2005 的新增功能。当服务器或数据库中发生数据定义语言（DDL）事件时将调用这些触发器。DDL 触发器与 DML 触发器的相同之处在于都需要触发事件进行触发，但是，它与 DML 触发器不同的是，它不会为响应针对表或视图的 UPDATE、INSERT 或 DELETE 语句而触发，相反，它会为响应多种数据定义语言（DDL）语句而触发。这些语句主要是以 CREATE、ALTER 和 DROP 等关键字开头的语句。DDL 触发器的主要作用是执行管理操作。例如，审核系统、控制数据库的操作等。

需要说明的是，在 SQL Server 2005 系统中，还可以创建 CLR 触发器。CLR 触发器既可以使用 DML 触发器，也可以使用 DDL 触发器。

7.2.2 DML 触发器的创建和应用

当数据库中发生数据操作语言事件时，将调用 DML 触发器。在 SQL Server 2005 系统中，按照触发器事件类型的不同，可将 DML 触发器分成 3 种类型：INSERT 类型、UPDATE 类型和 DELETE 类型。当向一个表中插入数据时，如果该表有 INSERT 类型的 DML 触发器，则该触发器就触发执行；如果该表有 UPDATE 类型的 DML 触发器，则当对该触发器表中的数据执行更新操作时，该触发器就执行；如果该表有 DELETE 类型的 DML 触发器，当对该触发器表中的数据执行删除操作时，该 DELETE 类型的 DML 触发器就触发执行。也可以将这 3 种触发器组合起来使用。

按照触发器和触发事件的操作时间划分，可以把 DML 触发器分为 AFTER 触发器和 IN-STEAD OF 触发器。当在 INSERT、UPDATE、DELETE 语句执行之后才执行 DML 触发器的操作时，这种触发器的类型就是 AFTER 触发器。AFTER 触发器只能在表上定义。如果希望使用触发器操作代替触发事件操作，可以使用 INSTEAD OF 类型的触发器。也就是说，IN-STEAD OF 触发器可以替代 INSERT、UPDATE 和 DELETE 触发事件的操作。INSTEAD OF 触发器既可以建在表上，也可以建在视图上。通过在视图上建立触发器，可以大大增强通过视图修改表中数据的功能。

DML 触发器的主要优点如下：

- DML 触发器可通过数据库中的相关表实现级联更改。不过，通过级联引用完整性约束可以更有效地进行这些更改。
- DML 触发器可以防止恶意或错误的插入、修改及删除操作，对检查约束定义的限制或更为复杂的其他限制进行强行比较。与检查约束不同，DML 触发器可以引用其他表中的列。例如，触发器可以使用另一个表中的 SELECT 比较插入或更新的数据，以及执行其他操作，如修改数据或显示用户定义错误信息。
- DML 触发器可以评估数据修改前后表的状态，并根据该差异采取措施。
- 一个表中的多个同类 DML 触发器（INSERT、UPDATE 或 DELETE）允许采取多个不同的操作来响应同一个修改语句。
- 维护非范式数据。可以使用触发器维护非范式数据库环境中的行级数据的完整性。

创建 DML 触发器应该考虑以下几个问题：

- CREATE TRIGGER 必须是批处理中的第一条语句，并且只能应用于一个表。
- 触发器只能在当前的数据库中创建，但是可以引用当前数据库的外部对象。
- 创建触发器的权限默认分配给表的所有者，且不能将该权限转给其他用户。
- 触发器为数据库对象，其名称必须遵循标识符的命名规则。
- 虽然不能在临时表或系统表上创建触发器，但是触发器可以引用临时表。
- 如果一个表的外键包含对定义的 DELETE 或 UPDATE 操作的级联，不能定义 IN-STEAD OF 和 INSTEAD OF UPDATE 触发器。
- 虽然 TRUNCATE TABLE 语句类似于没有 WHERE 子句（用于删除行）的 DELETE 语句，但它并不会引发 DELETE 触发器，因为 TRUNCATE TABLE 语句没有记录。
- WRITETEXT 语句不会引发 INSERT 或 UPDATE 触发器。
- 如果指定了触发器架构名称来限定触发器，则将以相同的方式限定表名称。
- 在触发器内可以指定任意的 SET 语句。选择的 SET 选项在触发器执行期间保持有效，然后恢复为原来的设置。
- 在 DML 触发器中不允许使用下列语句：ALTER DATABASE、CREATE DATABASE、DROP DATABASE、RECONFIGURE、LOAD LOG、LOAD DATABASE、RESTORE LOG、RESTORE DATABASE。

1. DML 触发器的创建

当创建一个触发器时必须指定如下选项：

- 名称。
- 在其上定义触发器的表。

- 触发器将何时激发。
- 激活触发器的数据修改语句，有效选项为 INSERT，UPDATE 或 DELETE，多个数据修改语句可激活同一个触发器。例如，触发器可由 INSERT 或 UPDATE 语句激活。
- 执行触发器操作的编程语句。

DML 触发器使用 deleted 和 inserted 逻辑表，它们在结构上和触发器所在的表的结构相同，SQL Server 会自动创建和管理这些表。可以使用这两个临时的驻留内存的表，测试某些数据修改的效果及设置触发器操作的条件。

deleted 表用于存储 DELETE 或 UPDATE 语句所影响的行的副本。在执行 DELETE 或 UP-DATE 语句时，行从触发器表中删除，并传送到 deleted 表中。inserted 表用于存储 INSERT 或 UPDATE 语句所影响的行的副本，在一个插入或者更新事务处理中，新建的行同时被添加到 inserted 表触发器中。inserted 表中的行是触发器表中新行的副本。

在对具有触发器的表进行操作时，其过程如下：
- 执行 INSERT 操作，插入到触发器表中的新行被插入到 inserted 表中。
- 执行 DELETE 操作，从触发器表中删除的行被插入到 deleted 表中。
- 执行 UPDATE 操作，先从触发器表中删除旧行，然后再插入新行。其中删除的旧行插入到 deleted 表中，插入的新行同时添加到 inserted 表中。

在 SQL Server 2005 中，可以使用 SQL Server 管理平台或者 T - SQL 语句来创建 DML 触发器。由于 SQL Server 不支持针对系统表的用户定义的触发器，建议不要为系统表创建用户定义触发器。

使用 CREATE TRIGGER 命令创建 DML 触发器的语法形式如下：

```
CREATE TRIGGER [ schema_name . ]trigger_name
ON { table | view }
[ WITH < dml_trigger_option > [ ,...n ] ]
{ FOR | AFTER | INSTEAD OF } { [ INSERT ] [ , ] [ UPDATE ] [ , ] [ DELETE ] }
[ WITH APPEND ]
[ NOT FOR REPLICATION ]
AS { sql_statement [ ; ] [ ...n ] | EXTERNAL NAME < method specifier [ ; ] > }
< dml_trigger_option > :: =
            [ ENCRYPTION ]
            [ EXECUTE AS Clause ]


< method_specifier > :: =
        assembly_name. class_name. method_name
```

参数说明如下。
- schema_name：DML 触发器所属架构的名称。DML 触发器的作用域是为其创建该触发器的表或视图的架构。对于 DDL 触发器，无法指定 schema_name。
- trigger_name：触发器的名称。每个 trigger name 必须遵循 SQL Server 标识符规则，但 triggername 不能以#或##开头。
- table | view：用于指定在其上执行 DML 触发器的表或视图，有时称为触发器表或触

发器视图。可以根据需要指定表或视图的所有者名称。视图只能被 INSTEAD OF 触发器引用。

- WITH ENCRYPTION：对 CREATE TRIGGER 语句的文本进行加密。使用 WITH ENCRYPTION 可以防止将触发器作为 SQL Server 复制的一部分进行发布。不能为 CLR 触发器指定 WITH ENCRYPTION。

- EXECUTE AS：指定用于执行该触发器的安全上下文。允许用户能够控制 SQL Server 的实例在验证对触发器引用的任意数据库对象的权限时使用的用户账户。

- AFTER：指定 DML 触发器仅在触发 SQL 语句中指定的所有操作都已成功执行时，才被触发。所有的引用级联操作和约束检查也必须在触发此触发器之前完成。如果仅指定 FOR 关键字，则 AFTER 为默认值。不能为视图定义 AFTER 触发器。

- INSTEAD OF：指定 DML 触发器是"代替" SQL 语句执行的，因此其优先级高于触发语句的操作。不能为 DDL 触发器指定 INSTEAD OF。对于表或视图，每个 INSERT、UPDATE 或 DELETE 语句最多可定义一个 INSTEAD OF 触发器。但是，可以为具有自己的 INSTEAD OF 触发器的多个视图定义视图。INSTEAD OF 触发器不可以用于使用 WITH CHECK OPTION 的可更新视图。如果将 INSTEAD OF 触发器添加到指定了 WITH CHECK OPTION 的可更新视图中，则 SQL Server 将引发错误。用户必须用 ALTER VIEW 删除该选项后才能定义 INSTEAD OF 触发器。

- ｜［DELETE］［，］［INSERT］［，］［UPDATE］｝：指定数据修改语句，这些语句可在 DML 触发器对此表或视图进行尝试时激活该触发器。必须至少指定一个选项。在触发器定义中，允许使用上述选项的任意顺序组合。对于 INSTEAD OF 触发器，不允许对具有指定级联操作 ON DELETE 的引用关系的表使用 DELETE 选项。同样，也不允许对具有指定级联操作 ON UPDATE 的引用关系的表使用 UPDATE 选项。

- WITH APPEND：指定应该再添加一个现有类型的触发器。仅当兼容级别等于或低于 65 时，才需要使用此可选子句。如果兼容级别等于或高于 70，则不需要使用 WITH APPEND 子句来添加现有类型的其他触发器。这是兼容级别设置等于或高于 70 的 CREATE TRIGGER 的默认行为。WITH APPEND 不能与 INSTEAD OF 触发器一起使用。如果显式声明了 AFTER 触发器，则也不能使用该子句。仅当为了向后兼容而指定了 FOR（但没有 INSTEAD OF 或 AFTER）时，才能使用 WITH APPEND。如果指定了 EXTERNAL NAME（即触发器为 CLR 触发器），则不能指定 WITH APPEND。

- NOT FOR REPLICATION：表示当复制进程修改涉及触发器的表时，不应执行该触发器。

- sql_statement：触发器的条件和操作。触发器条件指定其他标准，以确定 DELETE、INSERT 或 UPDATE 语句是否导致执行触发器操作。

- < method_specifier >：对于 CLR 触发器，指定程序集与触发器绑定的方法。该方法不能带有任何参数，并且必须返回空值。class_name 必须是有效的 SQL Server 标识符，并且该类必须存在于可见程序集中。如果该类有一个使用"."来分隔命名空间部分的命名空间限定名称，则类名必须用［］或""分隔符分隔。该类不能为嵌套类。

2. DML 触发器的应用

(1) 使用 INSERT 触发器

INSERT 触发器常被用来更新时间标记字段，或者验证被触发器监控的字段中数据满足要求的标准，以确保数据的完整性。当向数据库中插入数据时，INSERT 触发器将被触发执行。INSERT 触发器被触发时，新的记录增加到触发器的对应表中，并且同时也添加到 inserted 表中。

【例7-4】 创建一个 INSERT 触发器，当向"学生表"中添加数据时，如果添加的数据与学生表中的数据不匹配（如没有对应的学号），则将此数据删除。

使用 CREATE TRIGGER 命令创建 DML 触发器的程序如下：

```
CREATE TRIGGER trginsstudent      /*定义名称为 trginsstudent 的触发器*/
ON 学生表                         /*定义触发器所附着的表的名称"学生表"*/
FOR INSERT                       /*定义触发器的类型*/
AS                              /*下面是触发条件和触发器执行时要进行的操作*/
BEGIN
DECLARE @ xh varchar(12)
SELECT @ xh = inserted. 学号
FROM inserted
IF NOT EXISTS (SELECT 学号 FROM 学生表 WHERE 学号 = @ xh)
DELETE 学生表 WHERE 学号 = @ xh
END
```

运行结果如图 7-14 所示。

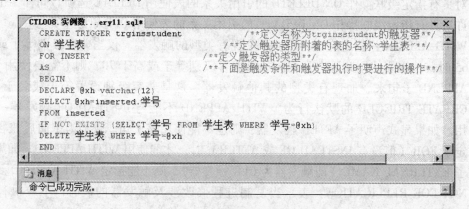

图 7-14　创建 INSERT 触发器

(2) 使用 UPDATE 触发器

UPDATE 触发器和 INSERT 触发器的工作过程基本一致，修改一条记录等于插入了一条新的记录并且删除一条旧的记录。

【例7-5】 创建一个 UPDATE 触发器，该触发器防止用户修改"选课表"的成绩。

使用 CREATE TRIGGER 命令创建 DML 触发器的程序如下：

```
CREATE TRIGGER trgupstudent      /*定义名称为 trgupstudent 的触发器*/
ON 选课表                         /*定义触发器所附着的表的名称"选课表"*/
```

```
FOR UPDATE                        /*定义触发器的类型*/
AS                                /*下面是触发条件和触发器执行时要进行的操作*/
IF UPDATE(分数)
BEGIN
RAISERROR('不能修改课程分数',16,10)
ROLLBACK TRANSACTION
END
GO
```

运行结果如图 7-15 所示。

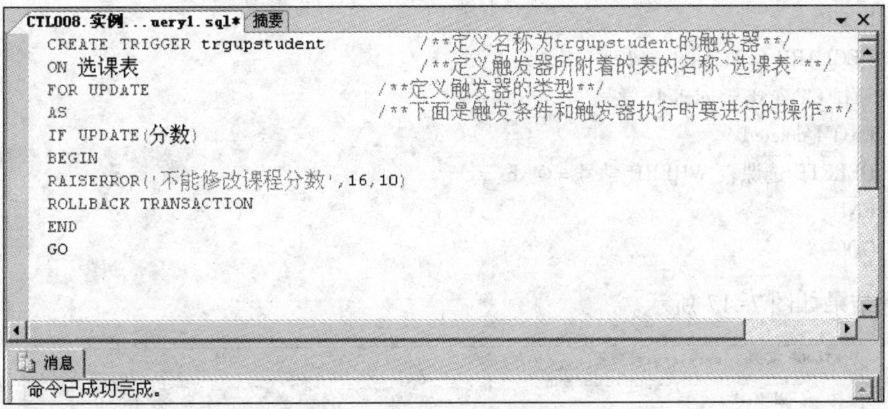

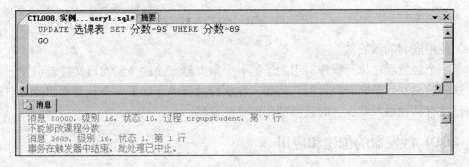

图 7-15　创建 UPDATE 触发器

创建触发器成功后，输入如下的 T – SQL 语句：

```
UPDATE 选课表 SET 分数 = 95 WHERE 分数 = 89
GO
```

单击 执行(X) 按钮，测试该 UPDATE 触发器，由于该语句试图修改课程分数，系统将给出"不能修改课程分数"的信息，如图 7-16 所示。

图 7-16　测试触发器运行的结果

（3）使用 DELETE 触发器

DELETE 触发器通常用于两种情况。第一种情况是为了防止那些确实需要删除但会引起数据一致性问题的记录的删除。例如，在学生表中删除记录时，同时要删除和某个学生相关的其他信息表中的信息。通常见于用作其他表的外部键的记录。第二种情况是执行可删除主记录的级联删除操作。

【例7-6】 创建一个 DELETE 触发器，当删除"学生表"中的记录时，自动删除"选课表"中对应学号的记录。

使用 CREATE TRIGGER 命令创建 DML 触发器的程序如下：

```
CREATE TRIGGER trgdelstudent          /*定义名称为 trgdelstudent 的触发器*/
ON 学生表                              /*定义触发器所附着的表的名称"学生表"*/
FOR DELETE                            /*定义触发器的类型*/
AS                                    /*下面是触发条件和触发器执行时要进行的操作*/
BEGIN
DECLARE @ xh varchar(12)
SELECT @ xh = deleted. 学号
FROM deleted
DELETE 选课表 WHERE 学号 = @ xh
END
GO
```

运行结果如图 7-17 所示。

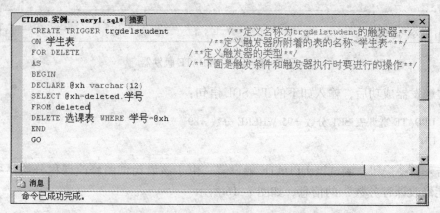

图 7-17　创建 DELETE 触发器

（4）使用嵌套的触发器

如果一个触发器在执行操作时引发了另一个触发器，而这个触发器又接着引发下一个触发器，这些触发器就是嵌套触发器。例如，在执行过程中，如果一个触发器修改某个表，而这个表已经有其他触发器，这时就要使用嵌套触发器。

7.2.3　DDL 触发器的创建和应用

与 DML 触发器不同的是，DDL 触发器不会为响应针对表或者视图的 UPDATE、INSERT 或 DELETE 语句而被触发。相反，它们会为响应多种数据定义语言（DDL）语句而被触发。这些语句主要是以 CREATE、ALTER 和 DROP 开头的语句。DDL 触发器可以用于管理任务，例如，审核以及规范数据库操作。

DDL 触发器一般用于执行以下操作：

- 防止对数据库架构进行某些更改。
- 希望数据库中发生某种情况以响应数据库架构中的更改。
- 要记录数据库架构中的更改或事件。

仅在运行触发 DDL 触发器的 DDL 语句后，DDL 触发器才会被触发。DDL 触发器无法作为 INSTEAD OF 触发器使用。仅在要响应由 T – SQL DDL 语法指定的 DDL 事件时，DDL 触发器才会激发。不支持执行类似 DDL 操作的系统存储过程。

可以创建响应以下语句的 DDL 触发器：
- 一个或多个特定的 DDL 语句。
- 预定义的一组 DDL 语句。可以在执行属于一组预定义的相似事件的任何 T – SQL 事件后，触发 DDL 触发器。例如，如果希望在运行 CREATE TABLE、ALTER TABLE 或 DROP TABLEDDL 语句后触发 DDL 触发器，可以在 CREATE TRIGGER 语句中指定 FOR DDL TABLE EVENTS。运行 CREATE TRIGGER 后，事件组涵盖的事件都添加到 sys. trigger_events 目录视图中。
- 选择触发 DDL 触发器的特定 DDL 语句。

并非所有的 DDL 事件都可用于 DDL 触发器中。有些事件只适用于异步非事务语句。例如，CREATE DATABASE 事件不能用于 DDL 触发器中。

1. 创建 DDL 触发器

使用 CREATE TRIGGER 命令创建 DDL 触发器的语法形式如下：

```
CREATE TRIGGER trigger_name
ON { ALL SERVER | DATABASE }
[ WITH < ddl_trigger_option > [ ,... n ] ]
{ FOR | AFTER } { event_type | event_group } [ ,... n ]
AS { sql_statement [ ; ] [ ... n ] | EXTERNAL NAME < method specifier > [ ; ] }
< ddl_trigger_option > :: =
        [ ENCRYPTION ]
        [ EXECUTE AS Clause ]
< method_specifier > :: =
    assembly_name. class_name. method_name
```

参数说明如下。
- ALL SERVER | DATABASE：将 DDL 触发器的作用域应用于当前数据库。如果指定了此参数，则只要当前服务器中的任何位置上出现 event_type 或 event_group，就会激发该触发器。
- EXECUTE AS：指定用于执行该触发器的安全上下文。允许用户能够控制 SQL Server 的实例用在验证对触发器引用的任意数据库对象的权限时使用的用户账户。
- event_type：执行之后将导致激发 DDL 触发器的 T – SQL 语言事件的名称。用于激发 DDL 触发器的 DDL 事件中列出的在 DDL 触发器中可用的事件。
- event_group：预定义的 T – SQL 语言事件分组的名称。执行任何属于 event_group 的 T – SQL 语言事件之后，都将激发 DDL 触发器。用于激发 DDL 触发器的事件组中列出了在 DDL 触发器中可用的事件组。CREATE TRIGGER 运行完毕之后，event_group 还可以通过将其涵盖的事件类型添加到 sys. trigger_events 目录视图中，作为宏使用。

- sql_statement：触发条件和操作。触发器条件指定其他标准，用于确定尝试的 DML 或 DDL 语句是否导致执行触发器操作。尝试 DML 或 DDL 操作时，将执行 T‐SQL 语句中指定的触发器操作。

2. DDL 触发器的应用

在响应当前数据库或服务器中处理的 T‐SQL 事件时，可以激发 DDL 触发器。触发器的作用域取决于事件。例如，当数据库中发生 CREATE TABLE 事件时，将会触发为响应该事件而创建的 DDL 触发器。当服务器中发生 CREATE LOGIN 事件时，将会触发为响应该事件而创建的 DDL 触发器。

【例7-7】 使用 DDL 触发器来防止"实例数据库"中的任意一个表被删除或者修改。

```
CREATE TRIGGER safedb
ON 实例数据库
FOR DROP_TABLE,ALTER_TABLE
AS
    PRINT '禁止删除或修改数据库中的表
    ROLLBACK
```

7.2.4 查看、修改和删除触发器

1. 查看触发器

如果要显示作用于表上的触发器究竟对表有哪些操作，必须要查看触发器信息。在 SQL Server 2005 中，有多种方法可以查看触发器信息，其中最常用的方法有如下两种。

（1）使用 SQL Server 管理平台查看触发器信息

在 SQL Server 管理平台中，如果要查看 DML 触发器，则展开指定的服务器和数据库，选择并展开指定的表，然后展开触发器选项，在要查看的触发器名称上右击，从弹出的快捷菜单中选择"编写触发器脚本为"→"CREATE 到"→"新查询编辑器窗口"命令，将出现如图 7-18 所示的触发器源代码。

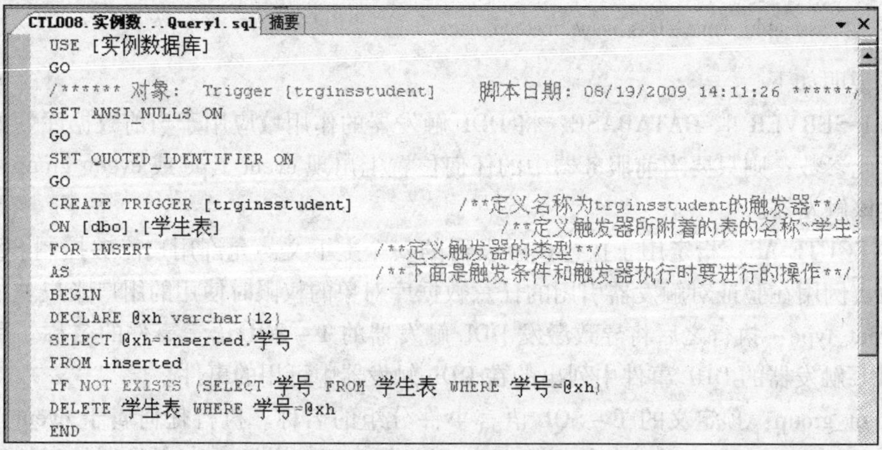

```
USE [实例数据库]
GO
/****** 对象： Trigger [trginsstudent]    脚本日期: 08/19/2009 14:11:26 ******/
SET ANSI_NULLS ON
GO
SET QUOTED_IDENTIFIER ON
GO
CREATE TRIGGER [trginsstudent]            /**定义名称为trginsstudent的触发器**/
ON [dbo].[学生表]                          /**定义触发器所附着的表的名称~学生表
FOR INSERT                                /**定义触发器的类型**/
AS                                        /**下面是触发条件和触发器执行时要进行的操作**/
BEGIN
DECLARE @xh varchar(12)
SELECT @xh=inserted.学号
FROM inserted
IF NOT EXISTS (SELECT 学号 FROM 学生表 WHERE 学号=@xh)
DELETE 学生表 WHERE 学号=@xh
END
```

图 7-18　查看触发器信息

（2）使用系统存储过程查看触发器

系统存储过程 sp_help、sp_helptext 和 sp_depends 分别提供有关触发器的不同信息。其具体用途和语法格式如下。

- sp_help：用于查看触发器的一般信息，如触发器的名称、属性、类型和创建时间。其语法格式为：

    sp_help '触发器名称'

- sp_helptext：用于查看触发器的正文信息。其语法格式为：

    sp_helptext '触发器名称'

- sp_depends：用于查看指定触发器所引用的表或者指定的表涉及的所有触发器。其语法格式为：

    sp_depends '触发器名称'
    sp_depends '表名'

2. 修改触发器

可以通过 SQL Server Management Studio、存储过程和 T‒SQL 语句来修改触发器的正文和名称。

（1）使用 SQL Server Management Studio 修改触发器

在 SQL Server 中，如果要修改 DML 触发器，则展开指定的服务器和数据库，选择并展开指定的表，然后展开触发器选项，在要查看的触发器名称上右击，从弹出的快捷菜单中选择"修改"命令，将会出现代码修改窗口。在该窗口中，可以对触发器进行修改。

（2）使用 T‒SQL 语句修改触发器

使用 ALTER TRIGGER 语句修改 DML 触发器的语法形式如下：

```
ALTER TRIGGER schema_name. trigger_name
ON ( table | view )
[ WITH < dml_trigger_option > [ ,... n ] ]
( FOR | AFTER | INSTEAD OF ) { [ DELETE ] [ , ] [ INSERT ] [ , ] [ UPDATE ] }
[ NOT FOR REPLICATION ]
AS { sql_statement [ ; ] [ ... n ] | EXTERNAL NAME < method specifier > [ ; ] }
< dml_trigger_option > :: =
    [ ENCRYPTION ]
    [ < EXECUTE AS Clause > ]
< method_specifier > :: =
        assembly_name. class_name. method_name
```

使用 ALTER TRIGGER 语句修改 DDL 触发器的语法形式如下：

```
ALTER TRIGGER trigger_name
ON { DATABASE | ALL SERVER }
[ WITH < ddl_trigger_option > [ ,... n ] ]
{ FOR | AFTER } { event_type [ ,... n ] | event_group }
```

```
AS { sql_statement [ ; ] | EXTERNAL NAME < method specifier >
[ ; ] }
}
< ddl_trigger_option > : : =
    [ ENCRYPTION ]
    [ < EXECUTE AS Clause > ]
< method_specifier > : : =
        assembly_name. class_name. method_name
```

语法参数如下,

- schema_name:DML 触发器所属架构的名称。DML 触发器的作用域是为其创建该触发器的表或视图的架构。对于 DDL 触发器,无法指定 schema_name。
- trigger_name:要修改的现有触发器。
- table | view:对其执行 DML 触发器的表或视图。可以选择指定表或视图的完全限定名称。
- DATABASE:将 DDL 触发器的范围应用于当前数据库。如果指定了此参数,则只要当前数据库中出现 event_type 或 event_group,就会激发该触发器。
- ALL SERVER:将 DDL 触发器的范围应用于当前服务器。如果指定了此参数,则只要当前服务器中的任何位置上出现 event_type 或 event_group,就会激发该触发器。
- event_type:执行之后将导致激发 DDL 触发器的 T – SQL 语言事件的名称。用于激发 DDL 触发器的 DDL 事件中列出了在 DDL 触发器中可用的事件。
- event_group:预定义的 T – SQL 语言事件分组的名称。执行任何属于 event_group 的 T – SQL语言事件之后,都将激发 DDL 触发器。用于激发 DDL 触发器的事件组中列出了在 DDL 触发器中可用的事件组。在 ALTER TRIGGER 运行完成后,event_group 还将充当 macroby,将它涉及的事件类型添加到 sys. trigger_events 目录视图中。
- NOT FOR REPLICATION:表示当复制代理修改触发器所涉及的表时,不应执行该触发器。
- sql_statement:触发条件和操作。
- < method_specifier >:指定要与触发器绑定的程序集的方法。该方法不能带有任何参数,并且必须返回空值。class_name 必须是有效的 SQL Server 标识符,并且该类必须存在于可见程序集中。该类不能为嵌套类。

其他参数请参考 7. 2. 2 节中 DML 触发器创建。

3. 删除触发器

删除已创建的触发器有 3 种方法。

1)使用系统命令 DROP TRIGGER 删除指定的触发器。其语法形式如下:

```
DROP TRIGGER {trigger} [ ,...n]
```

2)删除触发器所在的表。删除表时,SQL Server 将会自动删除与该表相关的触发器。

3)在 SQL Server Management Studio 中,展开指定的服务器和数据库,找到想要删除的触发器,右击要删除的触发器,从弹出的快捷菜单中选择"删除"命令,打开"删除对象"对话框,选中该触发器,然后单击"确定"按钮即可。

7.3 游标

游标是数据库中一个非常重要的概念。游标提供了一种对表中检索出的数据进行操作的灵活手段。就本质而言，游标实际上是一种能够从包括多数据记录的结果集中每一次只提取一条记录的机制。游标总是与一条 T-SQL 选择语句相关联。游标由结果集和结果集中指向特定记录的游标位置组成。当决定对结果集进行处理时，必须声明一个指向该结果集的游标。

7.3.1 游标概述

SQL Server 2005 通过游标提供了对一个结果集进行逐行处理的能力。游标也可以被看做是一个表中的记录指针，该指针与某个查询结果相联系。在某一时刻，该指针只指向一条记录，即游标是通过移动指向记录的指针来处理数据的。当用户在 SQL Server Management Studio 中浏览记录时，有且仅有一条记录的前面有一个黑色的三角标识，该标识就好像是一个指针记录。

游标运行应用程序对查询语句返回的行结果集中的每一行进行相同或不同的操作，而不是一次对整个结果集进行同一操作，它还提供基于游标位置而对表中数据进行删除与更新的功能。游标所具有的优点如下：

- 允许定位在结果集的特定行。
- 从结果集的当前位置检索一行或一部分行。
- 支持对结果集中当前位置的行进行数据修改。
- 为其他用户对显示在结果集中的数据库数据所做更改提供不同级别的可见性支持。
- 提供脚本、存储过程和触发器中用于访问结果集中的数据的 T-SQL 语句。

关系数据库中的操作会对整个行集产生影响。由 SELECT 语句返回的行集包括满足该语句的 WHERE 子句中条件的所有行。这种由语句返回的完整行集称为结果集。应用程序，特别是交互式联机应用程序，并不总能将整个结果集作为一个单元来有效地处理。这些应用程序需要一种机制，以便每次处理一行或一部分行。游标就是提供这种机制的对结果集的一种扩展。

7.3.2 游标的类型

在 SQL Server 2005 中，根据游标的用途、使用方法等的不同，可以将游标分为多种类型。

1. 根据用途分类

根据游标用途的不同，SQL Server 2005 将游标分为 3 种：T-SQL 游标、API 游标、客户端游标。

（1）T-SQL 游标

T-SQL 游标通过使用 DECLARE CURSOR 等 T-SQL 语句定义、操作，主要用于 T-SQL 脚本、存储过程和触发器中的游标。T-SQL 游标主要用在服务器上，处理由客户端发送给服务器的 T-SQL 语句或批处理、存储过程、触发器中的数据批处理请求。T-SQL 不提取数据块或多行数据。

T－SQL 游标名称和变量只能在 T－SQL 语句中引用，而不能由 OLE DB、ODBC、ADO 和 DB－Library 中的 API 函数引用。

（2）API 游标（应用程序编程接口服务器游标）

API 游标支持 OLE DB、ODBC、ADO 和 DB－Library 中使用的游标函数。API 游标主要应用在服务器上。OLE DB、ODBC、ADO 和 DB－Library 支持将游标映射到已执行 SQL 语句的结果集。每次客户端应用程序调用 API 游标函数时，SQL Native Client OLE DB 访问接口或 ODBC 驱动程序将把请求传输到服务器，以便对 API 服务器游标进行操作。

（3）客户端游标

客户端游标主要在客户机上缓存结果集时才使用，由 SQL Native Client ODBC 驱动程序和实现 ADO API 的 DLL 在内部实现。客户端游标通过在客户端高速缓存所有结果集行来实现。每次客户端应用程序调用 API 游标函数时，SQL Native Client ODBC 驱动程序或 ADO DLL 就对客户端上高速缓存的结果集行执行游标操作。

由于 T－SQL 游标和 API 游标都在服务器上实现，所以将它们统称为服务器游标。

用服务器游标代替客户端游标有以下几个优点：

- 性能更高。在访问游标中的部分数据时，使用服务器游标能够提供最佳的性能，因为只通过网络发送提取的数据。客户端游标则将整个结果集高速缓存在客户端。
- 更精确的定位更新。服务器游标直接支持定位操作，客户端游标可以模拟定位游标更新，如果有多个行满足 UPDATE 语句中 WHERE 子句的条件，这将导致意外更新。
- 内存使用效率更高。在使用服务器游标时，客户端无需高速缓存大量数据或维护游标位置的信息，因为这些工作由服务器完成。

本书将只介绍 T－SQL 服务器游标。

2. 根据处理特性分类

根据 T－SQL 服务器游标的处理特性，SQL Server 2005 将游标分为 4 种：静态游标、动态游标、只进游标和键集驱动游标。

（1）静态游标

静态游标的完整结果集在游标打开时建立在 tempdb 中。静态游标总是按照游标打开时的原样显示结果集。静态游标不反映在数据库中所做的任何影响结果集成员身份的更改，也不反映对组成结果集中行或列值所做的更新。静态游标不会显示游标打开以后在数据库中新插入的行，即使这些行符合游标中 SELECT 语句的搜索条件。如果组成结果集的行被其他用户更新，则新的数据值不会显示在静态游标中。静态游标会显示打开游标以后从数据库中删除的行。静态游标中不会反映 UPDATE、INSERT 或者 DELETE 操作（除非关闭游标，然后重新打开），甚至不反映使用打开游标的同一连接所做的修改。

在 SQL Server 2005 中，静态游标始终是只读的。由于静态游标的结果集存储在 tempdb 的工作表中，因此结果集中的行大小不能超过 SQL Server 表的最大行大小。

（2）动态游标

动态游标与静态游标相反。当滚动游标时，动态游标反映结果集中所做的所有更改。结果集中的行数据值、顺序和成员在每次提取时都会发生改变。所有用户做的全部 UPDATE、INSERT 和 DELETE 操作通过游标都可以显示。

在 SQL Server 2005 中，动态游标工作表更新始终可以进行。也就是说，即使键列作为更新的一部分被更改了，当前行仍将被刷新。当前行被标记为删除（因为它本身不应该用于键集游标），但是该行并未插入至工作表的末端（因为它用于键集游标）。结果是游标刷新未找到行并报告此行丢失。SQL Server 2005 保持游标工作表同步，并且刷新能够找到行，因此它具有新的键。

（3）只进游标

只进游标不支持滚动，它只支持游标从头到尾顺序提取。行只在从数据库中提取出来后才能检索。对所有由当前用户发出或者其他用户提交，并影响结果集中行的 IN-SERT、UPDATE 和 DELETE 语句，其效果在这些行从游标中提取时是可见的。由于游标无法向后滚动，则在提取行后对数据库中的行进行的大多数更改通过游标均不可见。当值用于确定所修改的结果集（例如更新聚集索引涵盖的行）中行的位置时，修改后的值通过游标可见。

SQL Server 2005 将只进和滚动都作为能应用于静态游标、键集驱动游标和动态游标的选项。T－SQL 游标支持只进静态游标、键集驱动游标和动态游标。

（4）键集驱动游标

键集驱动游标打开时，该游标中各行的成员身份和顺序是固定的。键集驱动游标由一组唯一标识符（键）控制，这组键称为键集。键是根据以唯一方式标识结果集中各行的一组列生成的。键集是打开游标时来自符合 SELECT 语句要求的所有行中的一组键值。由键集驱动的游标对应的键集是打开该游标时在 tempdb 中生成的。

当用户滚动游标时，对非键集列中的数据值所做的更改（由游标所有者做出或由其他用户提交）是可见的。在游标外对数据库所做的插入，在游标内是不可见的，除非关闭并重新打开游标。

3. 根据移动方式分类

根据 T－SQL 服务器游标在结果集中的移动方式，SQL Server 2005 将游标分为两种：滚动游标和前向游标。

（1）滚动游标

在游标结果集中，滚动游标可以前后移动，包括移向下一行、上一行、第一行、最后一行、某一行或移到指定行等。

（2）前向游标

在游标结果集中，前向游标只能向前移动，即移到下一行。

4. 根据是否允许修改分类

根据 T－SQL 服务器游标结果集是否允许修改，SQL Server 2005 将游标分为两种：只读游标和只写游标。

（1）只读游标

只读游标禁止修改游标结果集中的数据。

（2）只写游标

只写游标可以修改游标结果集中的数据，它又分为部分可写和全部可写。部分可写表示只能修改数据行指定的列，而全部可写表示可以修改数据行所有的列。

7.3.3 声明游标

声明游标是指利用 SELECT 查询语句创建游标的结构，指明游标的结果集中包含哪些数据。声明游标有两种方式：标准方式和 T - SQL 扩展方式。

1. 标准方式

标准方式提供了声明游标语句 DECLARE CURSOR。其语法格式如下：

```
DECLARE cursor_name                   /*指定游标名*/
[ INSENSITIVE ] [ SCROLL ] CURSOR     /*指定游标类型*/
FOR
select_statement                      /*指定查询语句*/
[ FOR | READ ONLY | UPDATE [ OF column_name [ ,...n ] ] | ]
[;]
```

参数说明如下。

- cursor_name：游标名。
- INSENSITIVE：表示声明一个静态游标。
- SCROLL：表示声明一个滚动游标。
- select_statement：表示 SELECT 查询语句。
- READ ONLY：表示声明一个只读游标。
- UPDATE：表示声明一个可写游标。如果有 OF column_name，则指定可写的列名。

2. T - SQL 扩展方式

T - SQL 扩展方式也提供了声明游标语句 DECLARE CURSOR。其语法格式如下：

```
DECLARE cursor_name CURSOR                          /*指定游标名*/
[ LOCAL | GLOBAL ]                                  /*指定游标的作用域*/
[ FORWARD_ONLY | SCROLL ]                           /*指定游标的移动方向*/
[ STATIC | KEYSET | DYNAMIC | FAST_FORWARD ]        /*指定游标的类型*/
[ READ_ONLY | SCROLL_LOCKS | OPTIMISTIC ]           /*指定游标的属性*/
[ TYPE_WARNING ]                                    /*指定游标转换警告*/
FOR
select_statement                                    /*指定查询语句*/
[ FOR UPDATE [ OF column_name [ ,...n ] ] ]
[;]
```

参数说明如下。

- LOCAL：表示定义游标的作用域仅限在其所在的存储过程、触发器或者批处理中。当建立游标的存储过程执行结束后，游标会被自动释放。
- GLOBAL：定义游标的作用域，表明所声明的游标是全局游标，作用于整个会话层中。只有当用户脱离数据库时，该游标才会被自动释放。如果既未使用 GLOBAL，也未使用 LOCAL，那么 SQL Server 2005 将默认为 LOCAL。
- FORWARD_ONLY：表明在从游标中提取数据记录时，只能按照从第一行到最后一行的顺序，此时只能选用 FETCH NEXT 操作。

- STATIC：该选项的含义与 INSENSITIVE 选项一样，SQL Server 2005 会将游标定义所选取出来的数据记录放在一个临时表中（建立在 tempdb 数据库中）。对该游标的读取操作皆由临时表来应答。
- KEYSET：当游标被打开时，游标中列的顺序是固定的，并且 SQL Server 2005 会在 tempdb 内建立一个表，该表为 KEYSET。KEYSET 的键值可唯一识别游标中的某行数据。
- DYNAMIC：表明基础表的变化将反映到游标中，使用这个选项会在最大程度上保证数据的一致性。然而，与 KEYSET 和 STATIC 类型游标相比较，此类型游标需要大量的游标资源。
- FAST FORWARD：一个 FORWARD_ONLY、READ_ONLY 型的游标。此选项已为执行进行了优化。如果 SCROLL 或 FOR_UPDATE 选项已被定义，则 FAST_FORWARD 选项不能被定义。
- SCROLL_LOCKS：表示锁被放置在游标结果集所使用的数据上。当数据被读入游标中时，就会出现锁。这个选项确保对一个游标进行的更新和删除操作总能被成功执行。如果 FAST_FORWARD 选项被定义，则不能选择该选项。另外，由于数据被游标锁定，所以当考虑到数据并发处理时，应避免使用该选项。
- OPTIMISTIC：在数据被读入游标后，如果游标中的某行数据已发生变化，那么对游标数据进行更新或删除可能会导致失败。如果使用了 FAST_FORWARD 选项，则不能使用该选项。
- TYPE_WARNING：若游标类型被修改成与用户定义的类型不同时，系统将发送一个警告信息给客户端。

标准方式使用 SQL‐92 语法声明游标，T‐SQL 扩展方式使用 T‐SQL 扩展插件，这些扩展插件允许用户使用在 ODBC 或 ADO 的数据库 API 游标函数中所使用的相同游标类型来定义游标。不能混淆这两种格式。如果在 CURSOR 关键字的前面指定 SCROLL 或 INSENSITIVE 关键字，则不能在 CURSOR 和 FOR select_statement 关键字之间使用任何关键字。如果在 CURSOR 和 FOR select_statement 关键字之间指定任何关键字，则不能在 CURSOR 关键字的前面指定 SCROLL 或 INSENSITIVE。

如果使用 T‐SQL 语法的 DECLARE CURSOR，则不能定义 READ_ONLY、OPTIMISTIC 或 SCROLL_LOCKS，其默认值如下：

- 如果 SELECT 语句不支持更新，则游标为 READ_ONLY。
- STATIC 和 FAST_FORWARD 游标默认为 READ_ONLY。
- DYNAMIC 和 KEYSET 游标默认为 OPTIMISTIC。

【例 7-8】 利用标准方式声明一个名称为"学生"的游标。

```
DECLARE 学生 CURSOR
FOR
SELECT 学号,姓名,性别,出生日期,入学日期
FROM 学生表
WHERE 院系名称 ='计算机系'
```

```
FOR READ ONLY
GO
```

【例 7-9】 利用 T – SQL 扩展方式声明一个名为"选课"的游标。

```
DECLARE 选课 CURSOR
DYNAMIC
FOR
SELECT 学号,分数
FROM 选课表
WHERE 课程号 ="
FOR UPDATE OF 学号
GO
```

7.3.4 使用游标

1. 打开游标

声明游标后,必须打开才能使用。T – SQL 提供了打开游标语句 OPEN。其语法格式如下:

```
OPEN [ GLOBAL ] cursor_name
```

其中 GLOBAL 参数表示要打开的是全局游标。要判断打开游标是否成功,可以通过判断全局变量@@ERROR 是否为 0 来确定。等于 0 表示成功,否则表示失败。当游标打开成功后,可以通过全局变量@@CURSOR_ROWS 来获取这个游标中的记录行数。@@CURSOR_ROWS 有以下 4 种可能的取值,指出游标当前的行数信息。

1) – m。表中的数据已部分填入游标。返回值" – m"用数据子集中当前的行数的负值表示。

2) – 1。游标为动态,表示游标的行数不断变化。

3) 0。没有被打开的游标,或最后打开的游标已经被关闭或被释放。

4) n。表中的数据已完全填入游标。返回值"n"是游标中的总行数。

【例 7-10】 打开【例 7-8】中声明的"学生"游标。并使用游标的@@CURSOR_ROWS 变量,统计表中的记录数量。

```
OPEN 学生
GO
IF @@ERROR =0
    BEGIN
        PRINT '游标打开成功'
        PRINT '表中的记录数量为:' + CONVERT( VARCHAR(3),@@CURSOR_ROWS)
    END
```

运行后结果如图 7-19 所示。

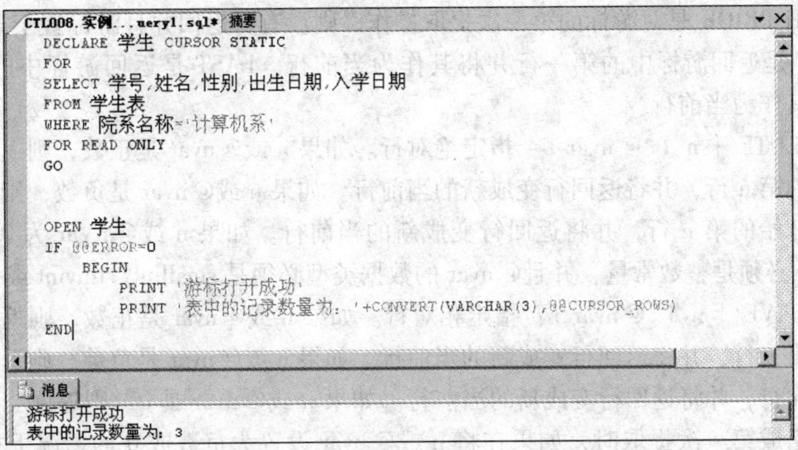

图7-19 使用游标统计表中的记录数量

2. 读取游标

打开游标后，就可以从结果集中提取数据了。T-SQL提供了读取游标语句FETCH。其语法格式如下：

```
FETCH
        [ [ NEXT | PRIOR | FIRST | LAST
                | ABSOLUTE { n | @ nvar }
                | RELATIVE { n | @ nvar }
            ]
            FROM
        ]
{ { [ GLOBAL ] cursor_name } | @ cursor_variable_name }
[ INTO @ variable_name [ ,...n ] ]
```

参数说明如下。

- 如果SCROLL选项未在标准方式的DECLARE CURSOR语句中指定，则NEXT是唯一受支持的FETCH选项。如果在标准方式的DECLARE CURSOR语句中指定了SCROLL选项，则支持所有的FETCH选项。

- 如果使用T-SQL扩展方式声明游标，当指定了FORWARD_ONLY或者FAST_FOR-WARD时，则NEXT是唯一受支持的FETCH选项。如果未指定DYNAMIC、FOR-WARD_ONLY或者FAST_FORWARD选项，但已经指定了KEYSET、STATIC或者SCROLL中的某一个，则支持所有的FETCH选项。DYNAMIC SCROLL游标支持除ABSOLUTE以外的所有FETCH选项。

- @@FETCH_STATUS函数报告上一个FETCH语句的状态。同样的信息记录在由sp_describe_cursor返回的游标中的fetch_status列中。这些状态信息应该用于在对FETCH语句返回的数据进行任何操作之前，以确定这些数据的有效性。

- NEXT：紧跟当前行返回的结果行，并且当前行递增为返回行。如果FETCH NEXT是对游标的第一次提取操作，则返回结果集中的第一行。NEXT是默认的游标提取选项。PRIOR是返回紧邻当前行前面的结果行，并且当前行递减为返回行。如果

FETCH PRIOR 是对游标的第一次提取操作，则没有行返回并且游标置于第一行之前。FIRST 是返回游标中的第一行并将其作为当前行。LAST 是返回游标中的最后一行，并将其作为当前行。

- ABSOLUTE ｛n｜@nvar｝：指定绝对行。如果 n 或@nvar 是正数，则返回从游标头开始的第 n 行，并将返回行变成新的当前行。如果 n 或@nvar 是负数，则返回从游标末尾开始的第 n 行，并将返回行变成新的当前行。如果 n 或@nVar 为 0，则不返回行。n 必须是整数常量，并且@nvar 的数据类型必须是 smallint、tinyint 或 int。

- RELATIVE ｛n｜@nvar｝：指定相对行。如果 n 或@nvar 是正数，则返回从当前开始的第 n 行，并将返回行变成新的当前行。如果 n 或@nvar 是负数，则返回当前行之前第 n 行，并将返回行变成新的当前行。如果 n 或@nvar 是 0，则返回当前行。在对游标完成第一次提取时，如果在将 n 或@nvar 设置为负数或 0 的情况下指定 FETCH RELATIVE，则不返回行。n 必须是整数常量，@nvar 的数据类型必须是 smallint、tinyint 或 int。

- GLOBAL：指定游标是全局游标。

- cursor_name：从中进行提取的打开的游标名称。同时具有以 cursor_name 作为名称的全局和局部游标存在，如果指定为 GLOBAL，那么，cursor_name 是指全局游标，如果未指定 GLOBAL，则是局部游标。

- @ cursor_variable_name：游标变量名，引用要从中进行提取操作的打开着的游标。

- INTO@ variable_name ［，... n］：允许将提取操作的列数据放到局部变量中。列表中的各个变量从左到右与游标结果集中的相应列关联。各变量的数据类型必须与相应的结果集列的数据类型相匹配，或是结果集列数据类型所支持的隐式转换。变量的数目必须与游标选择列表中的列数一致。

为了获得 FETCH 命令的执行情况，系统提供了游标函数。通过使用游标函数，用户可以了解游标的运行和执行状态。

【例 7-11】 从例【7-8】声明的"学生"游标中读取数据。

```
FETCH NEXT FROM 学生
GO
```

执行结果如图 7-20 所示。

图 7-20　从"学生"游标中读取的数据

3. 关闭游标

如果一个已打开的游标暂时不用，就可以关闭。T - SQL 提供了关闭游标语句 CLOSE。其语法格式如下：

```
CLOSE cursor_name
```

【例 7-12】 关闭已打开的"学生"游标。

CLOSE 学生

4. 删除游标

如果一个游标不需要，就可以删除。T-SQL 提供了删除游标的语句 DEALLOCATE。其语法形式如下：

DEALLOCATE cursor_name

【例7-13】 删除"学生"游标。

DELLOCATE 学生

习题

1. 存储过程、触发器和游标的作用分别是什么？使用它们各有什么好处？
2. 简述存储过程的创建及调用方法。
3. 如何执行带参数的存储过程？
4. 如何查看和修改存储过程？
5. 创建存储过程和触发器的 T-SQL 语句是什么？
6. 创建游标有哪两种方式？这两种方式创建的游标有何不同？
7. 利用标准方式声明一个游标，查询"选课表"中的课程编号和分数信息，并读取数据。

第8章　SQL Server 2005 安全管理

本章要点

- SQL Server 2005 的安全特性
- SQL Server 2005 的安全模型
- 服务器的安全性
- 数据库的安全性
- 架构管理
- 权限管理

学习要求

- 掌握 SQL Server 2005 的安全特性及安全模型
- 掌握对 SQL Server 2005 服务器、数据库访问的安全管理
- 掌握对数据库的角色管理
- 了解数据库架构及其作用
- 掌握数据库权限的种类和管理方法

8.1　安全管理的基础知识

合理有效的数据库安全管理技术，既可保证合法用户能够方便地访问数据库中的数据，又可以防止非法用户的入侵。SQL Server 2005 提供了一套设计完善、操作简单的安全管理机制。

8.1.1　SQL Server 2005 的安全特性

与 SQL Server 2000 相比，SQL Server 2005 在数据库平台的安全模块方面做了重要的增强，在加强数据安全性方面提供了更多精确、灵活的控制方法。新增的安全特性主要如下。

1）默认关闭。SQL Server 2005 默认只启用少数核心功能和服务，限制了暴露的"表面积"。默认被禁用的服务和组件包括：.NET 框架、Service Broker 网络连接组件、分析服务的 HTTP 连接组件。其他服务如 SQL Server 代理、全文检索、新的数据转换服务（DTS），被设置为手动启动。

2）细化的权限控制。SQL Server 2005 中的安全模型允许管理员在某个细化等级上和某个指定范围内管理权限，使得数据库管理权限控制更加容易。

3）用户和 Schema（架构）分开。SQL Server 2000 中，如果想移除一个用户，则必须首先移除用户所拥有的数据库对象，或重新指派其所有权。而在 SQL Server 2005 中，用户和他所拥有的数据库对象之间的隐式连接已经不再存在，移除用户不会要求更改任何一个应用程序，简化了安全管理操作。

4）数据加密。SQL Server 2005 本身就具有加密功能，完全集成了一个密钥管理架构。

5）本地加密。SQL Server 2005 支持在数据库内的加密能力，与密钥管理架构完全兼容。在默认情况下，客户端/服务器的通信是被加密的。为了集中确保安全性，服务器策略可以被定义为拒绝非加密通信。

6）认证。SQL Server 2005 集群支持在虚拟服务器上的 Kerberos 认证。系统管理员能够对标准登录账号指定和 Windows Server 中密码策略风格一样的策略，从而使一个连贯性的策略被应用于域中所有账户。

8.1.2　SQL Server 2005 的安全模型

SQL Server 2005 的安全模型分为 3 层结构，分别为：服务器安全管理、数据库安全管理和数据库对象的访问权限管理。

服务器安全管理实现对 SQL Server 2005 服务器实例（简称服务器）的登录账户、服务器配置、设备、进程等方面的管理，这部分工作通过固定的服务器角色来分工和控制。数据库安全管理实现对服务器实例上的数据库用户账号、数据库备份、恢复等功能的管理，这部分工作通过数据库角色来分工和控制。数据库对象的访问权限的管理，决定对数据库中最终数据的安全性管理。数据库对象的访问权限决定了数据库用户账号，对数据库中数据对象的引用以及使用数据操作语句的许可权限。

1. 访问控制

与 SQL Server 2005 安全模型的 3 层结构相对应，SQL Server 2005 的数据访问要经过 3 关的访问控制。

第 1 关，用户必须登录到 SQL Server 2005 的服务器实例。要登录到服务器实例，用户首先要具有一个登录账户，即登录名，对该登录进行身份验证，被确认合法才能登录到 SQL Server 2005 服务器实例。固定的服务器角色可以指定给登录名。

第 2 关，在要访问的数据库中，用户的登录名要有对应的用户账号。在一个服务器实例上，有多个数据库，一个登录名要想访问哪个数据库，就要在该数据库中将登录名映射到那个数据库中，这个映射称为数据库用户账号或用户名。一个登录名可以在多个数据库中建立映射的用户名，但是在每个数据库中只能建立一个用户名。用户名的有效范围是在其数据库内。数据库角色可以指定给数据库用户名。

第 3 关，数据库用户账号要具有访问相应数据对象的权限。通过数据库用户名的验证，用户可以使用 SQL 语句访问数据库，但是用户可以使用哪些 SQL 语句，以及通过这些 SQL 语句能够访问哪些数据对象，则还要通过语句执行权限和数据对象访问权限的控制。

通过了上述 3 关的访问控制，用户才能访问到数据库中的数据。

2. SQL Server 2005 身份验证模式

SQL Server 2005 有两种安全验证机制：Windows 验证机制和 SQL Server 验证机制。由这两种验证机制产生了两种身份验证模式：仅 Windows 身份验证模式和混合验证模式。顾名思义，仅 Windows 身份验证模式就是只使用 Windows 验证机制的身份验证模式；而混合模式则是用户既可以选择使用 Windows 验证机制也可以选择使用 SQL Server 验证机制。

用户可以在系统安装时或安装后配置 SQL Server 2005 的身份验证模式。安装完成后修改身份验证模式的方法为：用鼠标右键单击需要修改模式的服务器实例，在弹出的快捷菜单中选择"属性"命令，在弹出的"服务器属性"对话框中选择"安全性"标签，如图 8-1 所示。在该对话框的"服务器身份验证"区域中，选择"Windows 身份验证模式"或者"SQL Server 和 Windows 身份验证模式"。

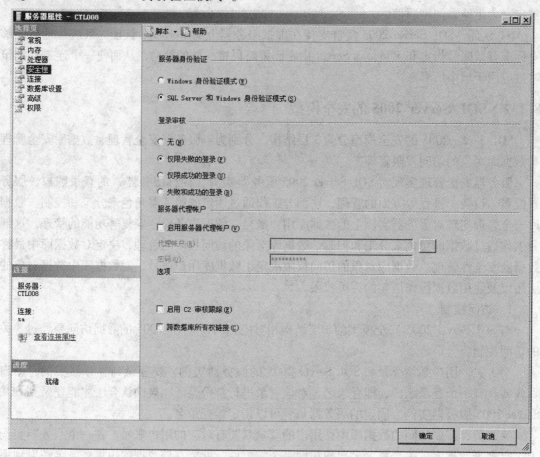

图 8-1　选择身份验证模式

　　使用 Windows 身份验证模式时，SQL Server 2005 仅接受那些 Windows 系统中账户的登录请求，这时，如果用户使用 SQL Sever 身份验证的登录账户请求登录，则会收到登录失败的信息。

8.2　服务器的安全性

　　服务器的安全性是通过建立和管理 SQL Server 2005 登录账户来保证的。安装完成后 SQL Server 2005 已经存在了一些内置的登录账户。例如，数据库管理员账户 sa，通过该登录账户，用户可以建立其他的登录账户。

8.2.1　创建或修改登录账户

　　在 SQL Server Management Studio 对象资源管理器下或使用 SQL 语句都能创建和修改登录账户。通常情况下，创建登录账户一般是一次性的，所以，在 SQL Server Management Studio

的图形界面下操作更方便些。而且，SQL Server　Management Studio 的创建界面是一个综合界面，它集成了使用 SQL 语句的多个环节。创建登录账户时，需要指出该账户的登录是使用 Windows 身份验证还是使用 SQL Server 身份验证。如果使用 Windows 身份验证登录 SQL Server 2005，则该登录账户必须是 Windows 操作系统的系统账户。

1. 在 SQL Server Managemem Studio 中创建 Windows 身份验证的登录账户

使用 Windows 身份验证的登录账户是 Windows 操作系统的系统账户到 SQL Server 2005 登录账户的映射，这种映射有两种形式：一种是将一个系统账户对应一个登录账户，另一种是将一个系统账户组映射到一个登录账户。这一点是采用 Windows 身份验证的特色。所以在创建新的登录账户时，系统账户可以有账户或账户组的选择。

在 Windows Server 2003 系统中已经建立好了一个系统账户"SQLTest"和一个系统账户组"Test"，并将系统账户"SQLTest"加入了"Test"组中。为它们在 SQL Server 2005 中创建使用 Windows 身份验证的登录账户"CTL008 \ Test"，具体操作步骤如下。

1）在对象资源管理器中，展开服务器实例。

2）展开"安全性"，右击"登录名"，在弹出的快捷菜单中选择"新建登录名"命令。

3）当出现"登录名 - 新建"对话框时，选择"常规"选项页。确认身份验证栏中选中的是 Windows 身份验证，如图 8-2 所示。单击"登录名"文本框右侧的"搜索"按钮，将出现如图 8-3 所示的"选择用户或组"对话框。

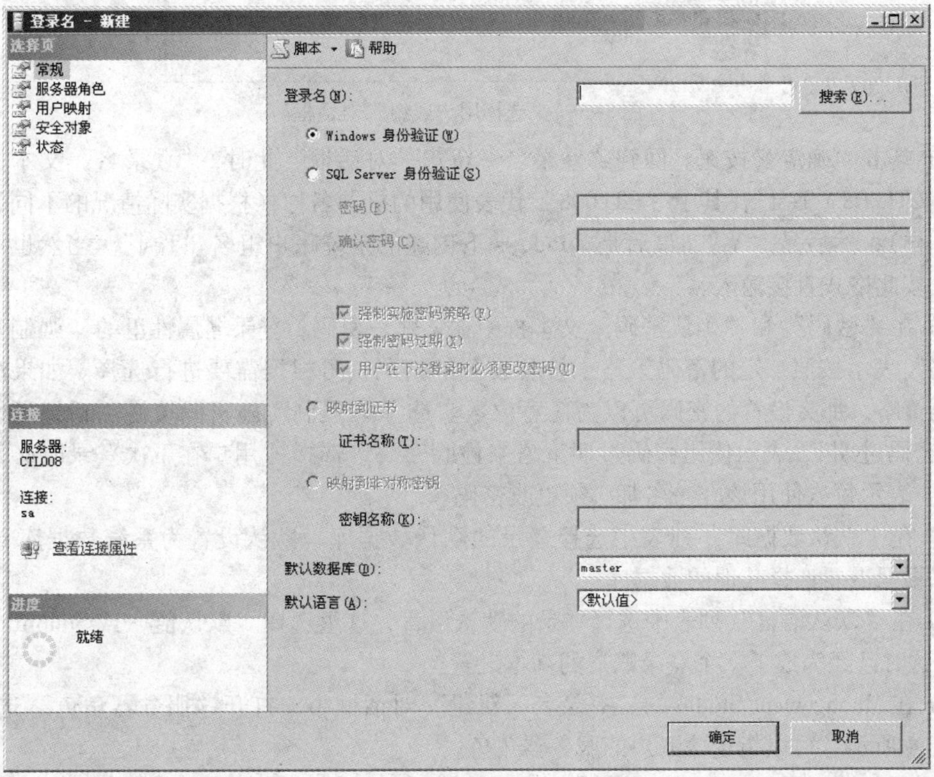

图 8-2　选择 Windows Server 2003 用户

4）如果希望"Test"系统账户组映射为一个登录账户，则在名称列表中找到名为"Test"的账户组，选中后单击"添加"按钮。如果希望将系统账户"SQLTest"映射为一个登录帐户，则在名称列表中找到名为"SQLTest"的账户，然后添加。这里选择将"Test"的账户组映射为一个登录账户"Test"。

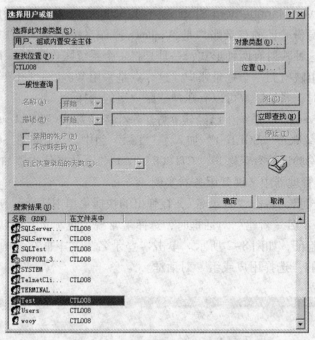

图 8-3　"选择用户或组"对话框

5）单击"确定"按钮。回到"登录名－新建"对话框。此时，"登录名"文本框中显示为"CTL008\Test"，其中"CTL008"代表使用的机器名称（根据实际情况的不同，会显示不一样），然后是"\"，最后是 Windows 下创建的系统账户组名"Test"。当然也可以不用查找按此格式直接输入。

6）在"密码"和"确认密码"文本框中输入账户密码。登录名属性里的"强制实施密码策略"表示按照一定的密码策略来检验设置的密码，可根据需要进行选择。如果没有选择密码策略，那么设置的密码可以为任意位数。选择"强制实施密码策略"后，可以选择"强制密码过期"，表示使用密码过期策略来检验密码。选择"用户在下次登录时必须更改密码"，表示每次使用该登录名都必须更改密码。

7）在"默认数据库"列表中选择登录的默认数据库，默认设置为系统数据库 master，也可以根据需要选择其他的数据库。

8）在"默认语言"列表中选择登录的默认语言，这里选择"默认值"或 Simplified Chinese。这时已经完成了一个登录账户的基本设置。

9）在 Management Studio 的"登录名－新建"对话框中，打开"服务器角色"选项页，如图 8-4 所示，可以指定该账户的服务器角色。

10）在"登录名－新建"对话框中，选择"用户映射"选项页，如图 8-5 所示，则进入数据库访问的设置。在该设置中可以指定登录名到数据库用户名的映射，指定该用户以什么数据库角色来访问相应的数据库。用户可以修改数据库用户名。

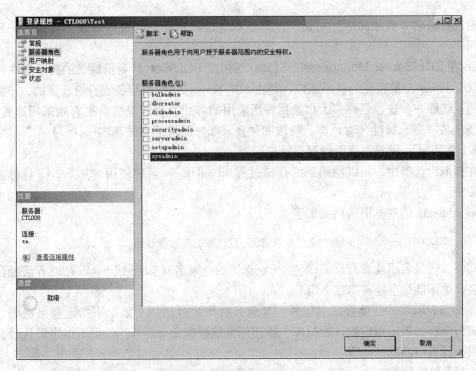

图 8-4   "服务器角色"选项页

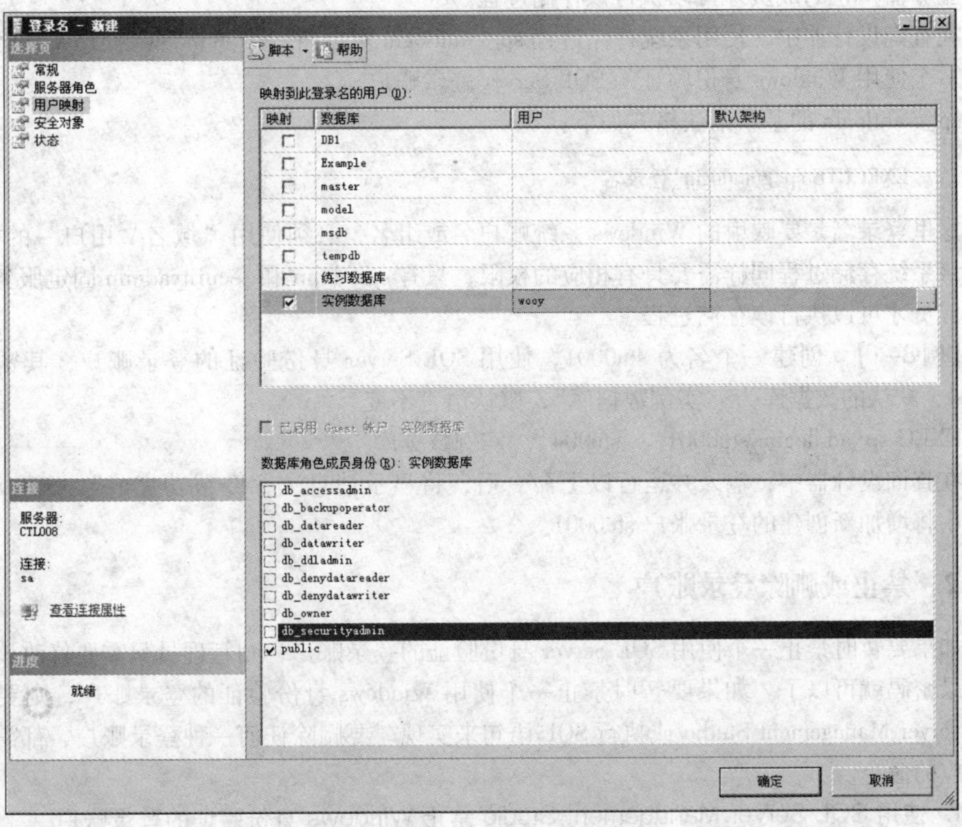

图 8-5   "用户映射"选项页

通过登录名"登录属性"对话框，可以对登录账户的属性进行修改。具体方法和创建时相同。

2. 在 SQL Server Management Studio 下创建 SQL Servet 身份验证的登录账户

SQL Server 身份验证的登录账户，是由 SQL Server 2005 自身负责身份验证的，不要求有对应的系统账户，这也是许多大型数据库所采用的方式，程序员通常更喜欢采用这种方式。通过登录名"登录属性"对话框，修改两种登录账户属性的方法基本一样。

3. 使用 SQL 语句创建两种登录账户

在查询设计器中，可以使用系统存储过程 sp_addlogin 创建使用 SQL Server 身份验证的登录账户。

sp_addlogin 的基本语法格式如下：

> EXECUTE sp_addlogin '登录名','登录密码','默认数据库','默认语言'

其中，登录名不能含有反斜线"＼"、保留的登录名（如 sa 或 public）或者已经存在的登录名，也不能是空字符串或 NULL。

在 sp_addlogin 中，除登录名以外，其余参数均为可选项。如果不指定登录密码，则登录密码为空；如果不指定默认数据库，则使用系统数据库 master；如果不指定默认语言，则使用服务器当前的默认语言。

执行系统存储过程 sp_addlogin 时，必须具有相应的权限，只有 sysadmin 和 securityadmin 固定服务器角色的成员才可以执行该存储过程。

在查询设计器中，使用系统存储过程 sp_grantlogin 可以将一个 Windows 操作系统客户映射为一个使用 Windows 身份验证的 SQL Server 登录账户。

sp_grantlogin 的基本语法格式如下：

> EXECUTE sp_grantlogin '登录名'

这里登录名是要映射的 Windows 系统账户名或组名，必须使用"域名＼用户"的格式。执行该系统存储过程同样需要具有相应的权限，只有 sysadmin 和 securityadmin 固定服务器角色的成员才可以执行该存储过程。

【例 8-1】 创建一个名为 stu0001，使用 SQL Server 身份验证的登录账户，其密码为 stu004，默认的数据库为"实例数据库"，默认语言不变。

EXEC sp_addlogin 'stu0001', 'stu004', '实例数据库'

在查询设计器中，输入并运行以上命令后，将显示消息"命令成功完成"，SQL Server 系统中将增加新创建的登录账户 stu0001。

8.2.2 禁止或删除登录账户

如果要暂时禁止一个使用 SQL Server 身份验证的登录账户，则管理员只需要修改该账户的登录密码就可以了。如果要暂时禁止一个使用 Windows 身份验证的登录账户，则要使用 SQL Server Management Studio 或执行 SQL 语句来实现。要删除任何一种登录账户，都需要执行相应的命令。

1. 使用 SQL Server Management Studio 禁止 Windows 身份验证的登录账户

1）在对象资源管理器中，展开具有该登录账户的服务器实例。

2）在目标服务器下，展开"安全性"节点，单击"登录名"。

3）在"登录名"的详细列表中，用鼠标右键单击要禁止的登录账户，在弹出的快捷菜单中选择"属性"命令。

4）当出现"登录属性"对话框时，选择"状态"选项页，然后将"是否允许连接到数据库引擎"设置为"拒绝"，如图8-6所示。单击"确定"按钮，使所做的设置生效。

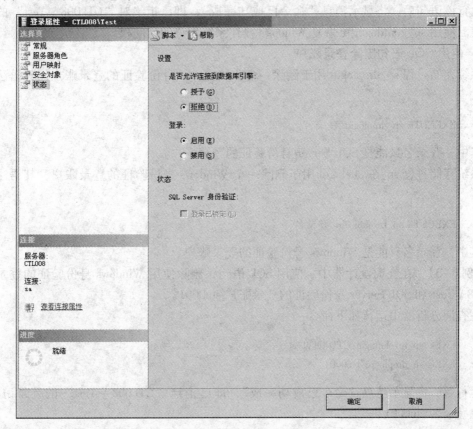

图8-6 "状态"选项页

2. 使用 SQL Server Management Studio 删除登录账户

1）在对象资源管理器中，展开具有该登录账户的服务器实例。

2）在目标服务器下，展开"安全性"节点，单击"登录名"。

3）在"登录名"的详细列表中，用鼠标右键单击要删除的登录账户，在弹出的快捷菜单中选择"删除"命令，或直接按〈Delete〉键。

4）在弹出的"删除对象"对话框中，单击"确定"按钮完成删除。

3. 使用 SQL 语句禁止 Windows 身份验证的登录账户

系统存储过程 sp_denylogin 可以暂时禁止一个 Windows 身份验证的登录账户，语法格式如下：

  EXECUTE sp_denylogin '登录名'

其中，登录名是一个 Windows 操作系统用户或组的名称。该存储过程只能用于 Windows 身份验证的登录账户，而不能用于 SQL Server 身份验证的登录账户。

【例 8-2】 在查询设计器中，使用 SQL 语句，禁止使用 Windows 身份验证的登录账户 CTL008 \ Test。

在查询设计器中运行如下命令：

> EXECUTE sp_denylogin 'CTL008\Test'

执行该语句后，将显示消息"命令已成功完成"，即已拒绝对"CTL008 \ Test"的登录访问权。使用 sp_grantlogin 可恢复 Windows 操作系统用户的访问权。

4. 使用 SQL 语句删除登录账户

系统存储过程 sp_droplogin 用于删除一个 SQL Server 身份验证的登录账户，其语法格式如下：

> EXECUTE sp_droplogin '登录名'

其中，登录名只能是 SQL Server 身份验证的登录账户。

系统存储过程 sp_revokelogin 用于删除一个 Windows 身份验证的登录账户，其语法格式如下：

> EXECUTE sp_revokelogin '登录名'

其中，登录名只能是 Windows 身份验证的登录账户。

【例 8-3】 在查询设计器中，使用 SQL 语句，删除使用 Windows 身份验证的登录账户 CTL008 \ Test 和 SQL Server 身份验证的登录账户 stu0001。

在查询分析器中运行如下命令：

> EXEC sp_revokelogin 'CTL008\Test'
> EXEC sp_droplogin 'stu0001'

运行后，将显示消息"命令已成功完成"，即已拒绝"CTL008 \ Test"的登录访问权，并删除登录名 stu0001。

8.2.3 服务器角色

固定的服务器角色是在服务器安全模式中定义的管理员组，它们的管理工作与数据库无关。SQL Server 2005 在安装后给定了几个固定服务器角色，具有固定的权限，可以在这些角色中添加登录账户以获得相应的管理权限。如图 8-7 所示为常用的固定服务器角色。

在 SQL Server Management Studio 中，可以为登录名指定服务器角色。此外，还可以使用系统存储过程 sp_addsrvrolemember 指定服务器角色。系统存储过程 sp_dropsrvrolemember 则用来取消服务器角色。

每个服务器角色代表一定的在服务器上操作的权限，具有这样角色的登录账户则成为了与该角色相关联的一个登录账户组。为登录账户指定服务器角色，其实现过程就是将该登录名添加到相应的角色组中。相应地，取消登录账户的一个角色，就是从该角色的组中删除该登录账户。

【例 8-4】 在查询设计器中，使用 SQL 语句，为使用 Windows 身份验证的登录账户 CTL008 \ TEST 和 SQL Server 身份验证的登录账户 stu0001，指定磁盘管理员的服务器角色

diskadmin。完成指定后再取消该角色。

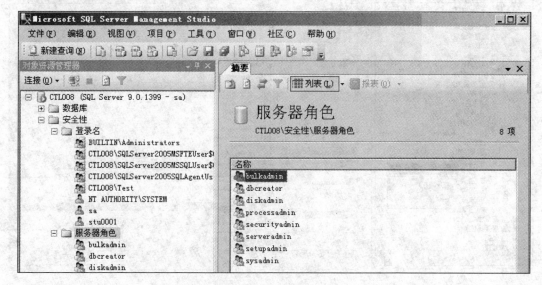

图 8-7　常用固定服务器角色

在查询设计器中输入并运行如下命令：

EXEC sp_addsrvrolemember 'CTL008\Test', 'diskadmin'

EXEC sp_addsrvrolemember 'stu0001', 'diskadmin'

EXEC sp_dropsrvrolemember 'CTL008\Test', 'diskadmin'

EXEC sp_dropsrvrolemember 'stu0001', 'diskadmin'

运行成功后，将显示"命令已成功完成"的信息。

8.3　数据库的安全性

一般情况下，用户登录到 SQL Server 2005 后，还不具备访问数据库的条件，用户要访问数据库，管理员还必须为他的登录名在要访问的数据库中映射一个数据库用户账号或用户名。数据库的安全性主要是靠管理数据库用户账号来控制的。

8.3.1　添加数据库用户

添加数据库用户有多种方式。在创建和修改登录账户时，可以在"登录名属性"的"用户映射"选项页中建立登录名到每个数据库的映射，即在要访问的数据库中建立用户名，同时给该用户指定相应的数据库角色，如图 8-5 所示。

从数据库的管理界面中也可以添加数据库用户。

1. 在数据库用户管理界面下添加数据库用户

1）在对象资源管理器中，展开"数据库"文件夹，然后展开将添加用户的数据库。

2）在目标数据库下，展开"安全性"文件夹，用鼠标右键单击"用户"节点，在弹出的快捷菜单中选择"新建用户"命令，弹出"数据库用户 - 新建"对话框，如图 8-8 所示。

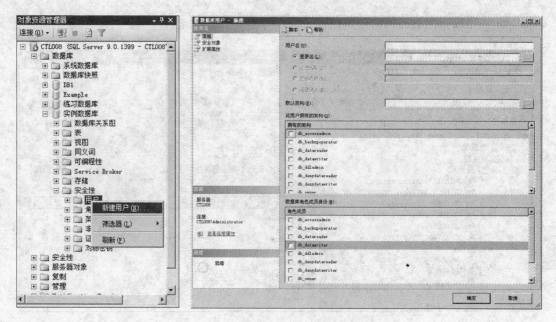

图 8-8　"数据库用户-新建"对话框

3）在出现的"数据库用户-新建"对话框中，单击登录名文本框右侧的按钮，弹出"选择登录名"对话框，单击"浏览"按钮，在"查找对象"对话框中选择要授权访问数据库的 SQL Server 2005 登录账户。

4）在"用户名"文本框中，输入在数据库中所用的用户名，可以与登录名相同，也可以另外设置新的名称。

5）除了 public 角色（默认值）以外，根据要赋予该用户名的权限，还可以在下面的列表中选择其他的数据库角色指定给它。

6）单击"确定"按钮，完成数据库用户的添加和角色的指定。

2. 使用 sp_grantdbaccess 添加数据库用户

使用系统存储过程 sp_grantdbaccess 可以为一个登录账户在当前数据库中映射一个或多个数据库用户，使它具有默认的数据库角色 public。执行这个存储过程的语法格式如下：

EXECUTE sp_grantdbaccess '登录名','用户名'

其中，登录名可以是 Windows 身份验证的登录名，也可以是 SQL Server 身份验证的登录名。用户名是在该数据库中使用的，如果没有指定，则直接使用登录名。使用该存储过程，只能向当前数据库中添加用户登录账户的用户名，而不能添加 sa 的用户名。

【例 8-5】　在查询设计器中，使用 SQL 语句，为 Windows 身份验证的登录账户 CTL008\Test 和 SQL Server 身份验证的登录账户 stu0001，在数据库"实例数据库"中分别建立用户名 test 和 stu0001。

由于登录账户 stu04 的用户名和登录名相同，则可以不用输入用户名。在查询设计器中运行如下命令：

EXECUTE sp_grantdbaccess 'CTL008\Test','test'

EXECUTE sp_grantdbaccess 'stu04'

运行后在数据库的用户中可以查看新添加的这两个用户名，如图 8-9 所示。

图 8-9　查看新添加的用户名

8.3.2　修改数据库用户

修改数据库用户主要是修改他的访问权限，通过数据库角色的管理可以有效地管理数据库用户的访问权限。在 SQL Server Management Studio 中创建数据库用户时可以指定角色，同时也能修改给定用户的角色。

在查询设计器中可以通过 SQL 语句修改用户的角色。实现该功能的系统存储过程 sp_addrolemember 指定数据库角色，使用系统存储过程 sp_droprolemember 可以取消数据库角色。固定数据库角色的访问权限如表 8-1 所示。

表 8-1　固定数据库角色的访问权限

固定数据库角色	说　　明
db_owner	在数据库中有全部权限
db_accessadmin	可以添加或删除用户 ID
db_securityadmin	可以管理全部权限、对象所有权、角色和角色成员资格
db_ddladmin	可以发出 ALL DDL，但不能发出 GRANT、REVOKE 或 DENY 语句
db_backupoperator	可以发出 DBCC、CHECKPOINT 和 BACKUP 语句
db_datareader	可以选择数据库内任何用户表中的所有数据

固定数据库角色	说　　明
db_datawriter	可以更改数据库内任何用户表中的所有数据
db_denydatareader	不能选择数据库内任何用户表中的任何数据
db_denydatawriter	不能更改数据库内任何用户表中的任何数据
public（非固定角色）	数据库中的每个用户都属于 public 数据库角色。如果没有给用户专门授予对某个对象的权限，他们就使用指派给 public 角色的权限

【例8-6】 在查询设计器中，使用 SQL 语句，为数据库用户 test 指定固定的数据库角色 db_accessadmin。完成指定后再取消该角色。

在查询设计器中运行如下命令：

```
EXEC sp_addrolemember 'db_accessadmin','test'
EXEC sp_droprolemember 'db_accessadmin','test'
```

运行后，将显示"命令已成功完成"信息。

8.3.3　删除数据库用户

从当前数据库中删除一个数据库用户，就删除了一个登录账户在当前数据库中的映射。

1. 使用 SQL Server Management Studio 删除数据库用户

1）在对象资源管理器中，展开"数据库"文件夹，然后打开将要添加用户的数据库。

2）在目标数据中，打开"安全性"文件夹中的"用户"节点，用鼠标右键单击要删除的用户，在弹出的快捷菜单中选择"删除"命令或者直接按〈Delete〉键。

3）在弹出的"删除对象"对话框中，单击"确定"按钮。即可完成删除用户的操作。

2. 使用 sp_revokedbaccess 删除数据库用户

【例8-7】 在查询设计器中，使用 SQL 语句，删除数据库用户 stu0001。

```
EXECUTE sp_revokedbaccess 'stu0001'
```

8.4　架构管理

SQL Server 2005 系统中采用了 ANSI 的架构概念，架构是一种允许用户对数据库对象进行分组的容器对象，是表、视图、存储过程和触发器等数据库对象的集合。与 SQL Server 2000 不同的是，SQL Server 2005 中架构和用户属于不同的实体，用户名不再是对象名的一部分，每个架构都被一个用户或者角色所拥有，可以在不改变应用程序的情况下删除或更改用户名。

8.4.1　添加数据库架构

1. 使用 SQL Server Management Studio 创建数据库架构

1）在对象资源管理器中，打开要管理的数据库，这里选择"实例数据库"。

2）在目标数据库下，展开"安全性"文件夹，用鼠标右键单击"架构"，在弹出的快捷菜单中选择"新建"→"新建架构"命令，将弹出"架构－新建"对话框。

3）在"架构名称"文本框中输入新架构的名称，这里输入"sch_test"。

4）单击"架构所有者"文本框右侧的"搜索"按钮，选择数据库架构的所有者。

5）在"架构－新建"对话框中，选择"权限"选项页，在"用户角色"列表框中添加数据库中的用户、数据库角色或应用程序角色，然后在用户角色的"显示权限"列表框中对权限进行设置。

6）单击"确定"按钮，完成设置。

2. 使用 SQL 语句创建数据库架构

创建数据库架构的基本语法是

```
CTEATE SCHEMA schema_name AUTHORIZATION owner
```

【例8-8】 创建一个名为 sch_test 的架构，并将数据库用户 test 指定为这个架构的所有者。

在查询设计器中输入如下命令即可。

```
CREATE SCHEMA sch_test AUTHORIZATION test
```

8.4.2 删除数据库架构

1. 使用 SQL Server Management Studio 删除数据库

1）在"对象资源管理器"中，打开要管理的数据库，此处选择"实例数据库"。

2）在目标数据库下，打开"安全性"文件夹中的"架构"节点。

3）在架构列表中，用鼠标右键单击要删除的架构，此处选择"sch_test"，在弹出的快捷菜单中选择"删除"命令。

4）在弹出的"删除对象"对话框中，单击"确定"按钮完成删除操作。

2. 使用 SQL 语句删除数据库架构

删除数据库架构的基本语法是

```
DROP SCHEMA schema_name
```

8.4.3 修改数据库用户的默认架构

用户在访问一个对象时，没有指定架构名，则使用默认架构。在 SQL Server 2005 中可以为每个数据库用户分配一个默认的架构。要修改一个架构，可以使用 ALTER SCHEMA 语句；为用户分配一个默认架构可以使用 CREATE USER 或 ALTER USER 语句。

用户还可以在 SQL Server Management Studio 中修改数据库用户的默认架构，其具体操作步骤如下：

1）在"对象资源管理器"中，打开具有该登录账户的服务器实例。

2）在目标服务器中，展开"安全性"节点，单击"登录名"。

3）在"登录名"的详细列表中，用鼠标右键单击要修改默认架构的登录账户，在弹出的快捷菜单中选择"属性"命令。

4）在弹出的"登录属性"对话框中，选择"用户映射"选项页，在"映射到此登录名的用户"中的"默认架构"单元格输入新的默认架构，如图8-10所示。

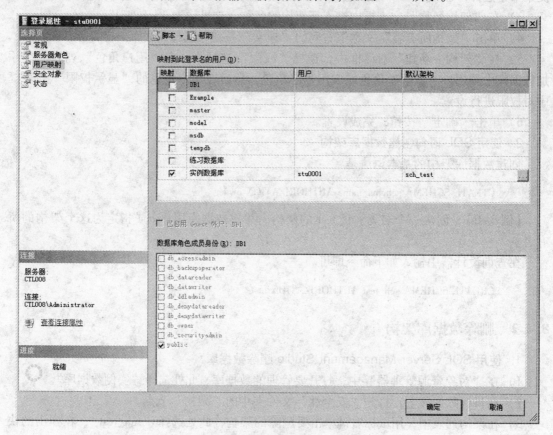

图8-10　修改数据库用户的默认架构

5）单击"确定"按钮完成修改。

8.5　权限管理

权限管理是 SQL Server 2005 安全管理的最后一关，访问权限指明用户可以获得哪些数据库对象的使用权，以及用户能够对这些对象执行何种操作。将一个登录名映射为一个用户名，并将用户名添加到某种数据库角色中，其实都是为了对数据库的访问权限进行设置，以便让各用户能够进行适合其工作职能的操作。

8.5.1　权限的种类

在 SQL Server 2005 中存在 3 种类型的权限：对象权限、语句权限和隐含权限。

（1）对象权限

对象权限是指对数据库中的表、视图、存储过程等对象的操作权限，相当于操作语言的语句权限。例如，是否允许对数据库对象执行 SELECT、INSERT、UPDATE、DELETE、EXECUTE 等操作。

（2）语句权限

语句权限相当于执行数据定义语言的语句权限，包括下列语句：BACKUP DATABSE、BACKUP LOG、CREATE DATABASE、CREATE DEFAULT、CREATE FUNCTION、CREATE PROCEDURE、CREATE RULE、CREATE TABLE、CREATE VIEW 等。

（3）隐含权限

隐含权限是指由预先定义的系统角色、数据库所有者（dbo）和数据库对象所有者具有的权限。例如，sysadmin 固定服务器角色成员，具有在 SQL Server 2005 中进行操作的全部权限。数据库所有者可以对所拥有的数据库执行一切活动。

8.5.2 权限的管理

在权限的管理中，因为隐含权限是由系统预先定义的，这种权限是不需要设置、也不能够进行设置的。所以，权限的设置实际上是指对访问对象权限和执行语句权限的设置。权限可以通过数据库用户或数据库角色进行管理。权限管理的内容包括以下 3 个方面。

1）授予权限。即允许某个用户或角色，对一个对象执行某种操作或语句。使用 SQL 语句 GRANT 实现该功能。

2）拒绝访问。即拒绝某个用户或角色，对一个对象执行某种操作，即使该用户或角色曾经被授予了这种操作的权限，或者由于继承而获得了这种权限，仍然不允许执行相应的操作。使用 SQL 语句 DENY 实现该功能。

3）取消权限。即不允许某个用户或角色，对一个对象执行某种操作或语句。不允许与拒绝是不同的，不允许执行某个操作，可以通过间接授予权限来获得相应的权限。而拒绝执行某种操作，间接授权则无法起作用，只有通过直接授权才能改变。取消权限，使用 SQL 语句 REVOKE 实现。

3 种权限出现冲突时，拒绝访问权限起作用。

1. 使用 SQL Server Management Studio 管理用户权限

1）在对象资源管理器中，展开文件夹到要管理的数据库，此处选择"实例数据库"。

2）在目标数据库下，依次展开"安全性"、"用户"文件夹，在用户列表中用鼠标右键单击要设置权限的用户名，例如 test，在弹出的快捷菜单中选择"属性"。

3）弹出"数据库用户 – test"对话框中，选择"安全对象"选项页，如图 8–11 所示。

4）单击"安全对象"列表框下面的"添加"按钮，弹出"添加对象"对话框，如图 8–12 所示。选择要添加的对象类型，单击"确定"按钮，弹出"选择对象"对话框，如图 8–13 所示。

5）单击"对象类型"按钮，弹出"选择对象类型"对话框，如图 8–14 所示。选择要授权的对象类型，包括数据库、存储过程、表、视图等，此处选择"表"，单击"确定"按钮回到"选择对象"对话框。

6）在"选择对象"对话框中单击"浏览"按钮，弹出"查找对象"对话框，如图 8–15 所示。选择要授权的对象，例如选择"学生表"，单击"确定"按钮，返回到"选择对象"对话框。

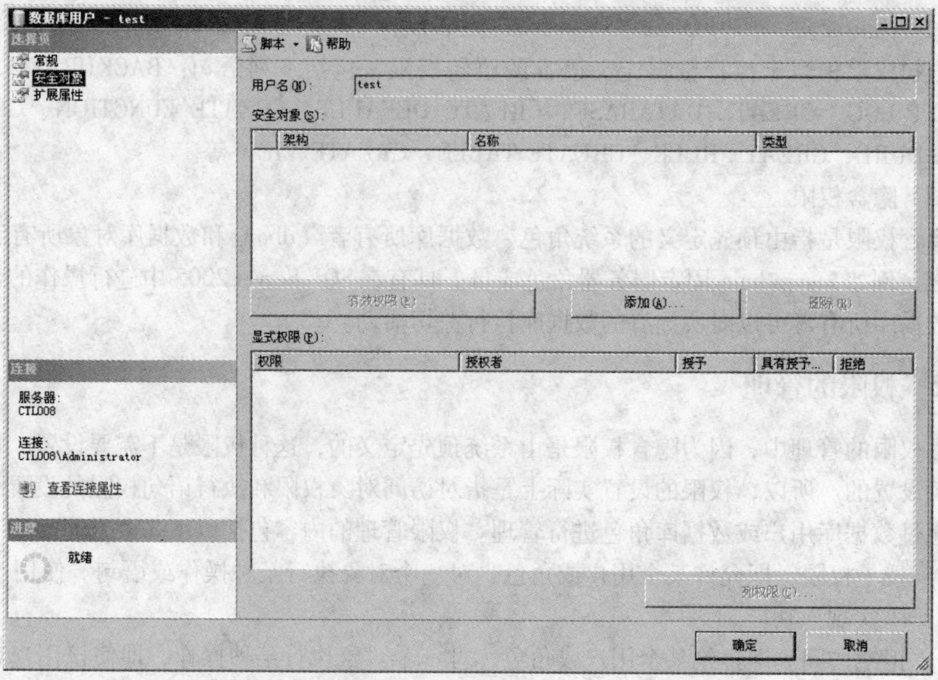

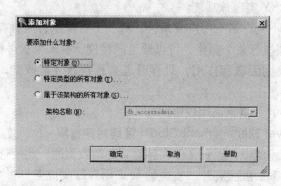

图 8-11   "安全对象"选项页

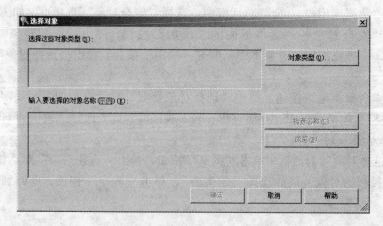

图 8-12   "添加对象"对话框

图 8-13   "选择对象"对话框

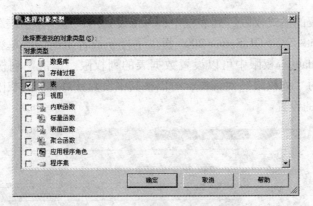

图 8-14　"选择对象类型"对话框

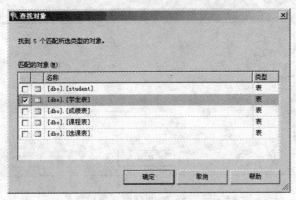

图 8-15　"查找对象"对话框

7）在"选择对象"对话框中单击"确定"按钮，返回到"数据库用户 – test"对话框，如图 8-16 所示。

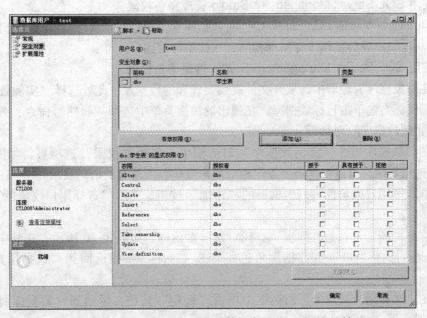

图 8-16　添加安全对象后的"数据库用户 – test"对话框

8）在"学生表的显式权限"列表框中，可以设置用户对"学生表"的访问权限，包括
Alter、Select、Update 等。SQL Server 2005 提供了授予或者拒绝访问单独列的权限，在 Ref-
erence、Select、Update 等权限中可以设置数据表的列权限。单击"列权限"按钮，即可出
现如图 8-17 所示的"列权限"对话框，可以在其中设置针对表的列权限。单击"确定"按
钮即可完成列权限的设置。

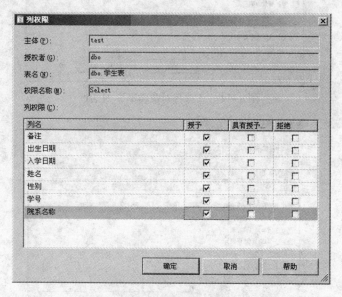

图 8-17　"列权限"对话框

9）在"数据库用户 – test"对话框中，单击"确定"按钮，即可完成对用户权限的
设置。

2. 使用 SQL Server Management Studio 管理角色权限

在 SQL Server Management Studio 中，对数据库管理角色权限进行设置的操作步骤，与对
数据库用户权限设置的操作步骤基本相同，在此不再赘述。

3. 使用 SQL Server Management Studio 管理语句权限

1）在对象资源管理器中，展开文件夹到要管理的数据库，此处选择"实例数据库"。

2）用鼠标右键单击目标数据库，在弹出的快捷菜单中选择"属性"命令，弹出"数据
库属性–实例数据库"对话框。

3）在"数据库属性–实例数据库"对话框中，选择"权限"选项页，如图 8–18 所
示。在该选项页中，可以根据需要设定相应用户或角色所具有的语句权限。

4）单击"用户或角色"列表框下的"添加"按钮，弹出"选择用户或角色"对话框，
如图 8–19 所示。

5）单击"浏览"按钮，弹出"查找对象"对话框，如图 8–20 所示。在其中选择匹配
的对象，此处选择"public"数据库角色，单击"确定"按钮返回到"选择用户或角色"
对话框。

6）在"选择用户或角色"对话框中单击"确定"按钮，返回到"数据库属性–实例
数据库"对话框，如图 8–21 所示。

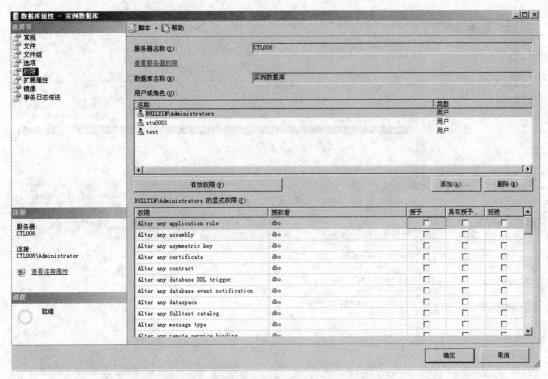

图 8-18　"权限"选项页

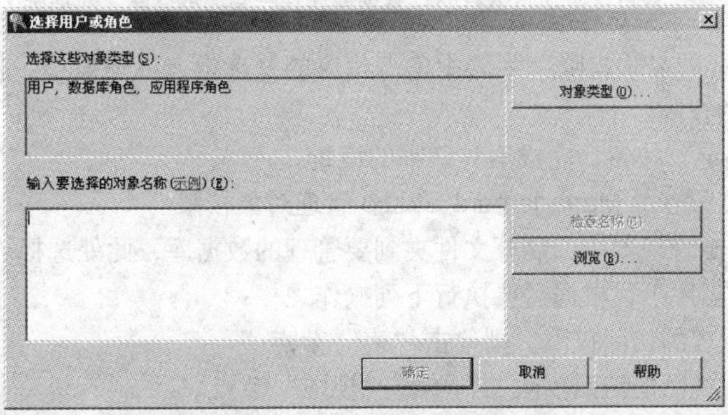

图 8-19　"选择用户或角色"对话框

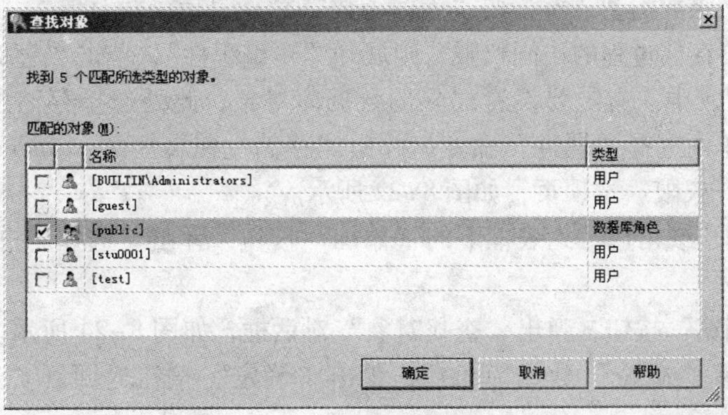

图 8-20　"查找对象"对话框

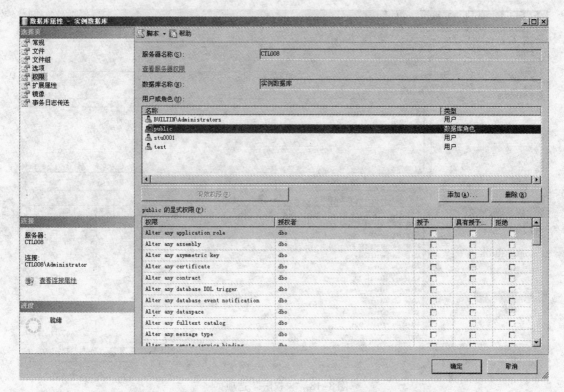

图 8-21 添加角色后的"数据库属性 – 实例数据库"对话框

7）在"public 的显式权限"列表中单击相应的复选框，以便授予、拒绝或者取消该角色使用某个语句的权限。

8）单击"确定"按钮，完成语句权限的设置。

4. 使用 SQL Server Management Studio 管理对象权限

1）在对象资源管理器中，展开文件夹到要管理的数据库，此处选择"实例数据库"。

2）在目标数据库下，根据需要执行下列操作之一：

- 如果要设置表的访问权限，则单击"表"节点。
- 如果要设置视图的访问权限，则单击"视图"节点。
- 如果要设置用户定义的函数的访问权限，则依次展开"可编程性"、"函数"文件夹，单击自定义函数类型节点，如"表值函数"、"标量值函数"等。
- 如果要设置存储过程的访问权限，则展开"可编程性"，单击"存储过程"节点。

3）在详细列表中，右击要设置权限的数据库对象，此处选择存储过程"getstudent"，在弹出的快捷菜单中选择"属性"命令，弹出"存储过程属性 – getstudent"对话框。在该对话框中，打开"权限"选项页，如图 8-22 所示。

4）单击"用户或角色"列表框下的"添加"按钮，弹出"选择用户或角色"对话框，如图 8-23 所示。

5）单击"浏览"按钮，弹出"查找对象"对话框，如图 8-24 所示。在其中选择匹配的对象，此处选择"public"数据库角色，单击"确定"按钮返回到"选择用户或角色"对话框。

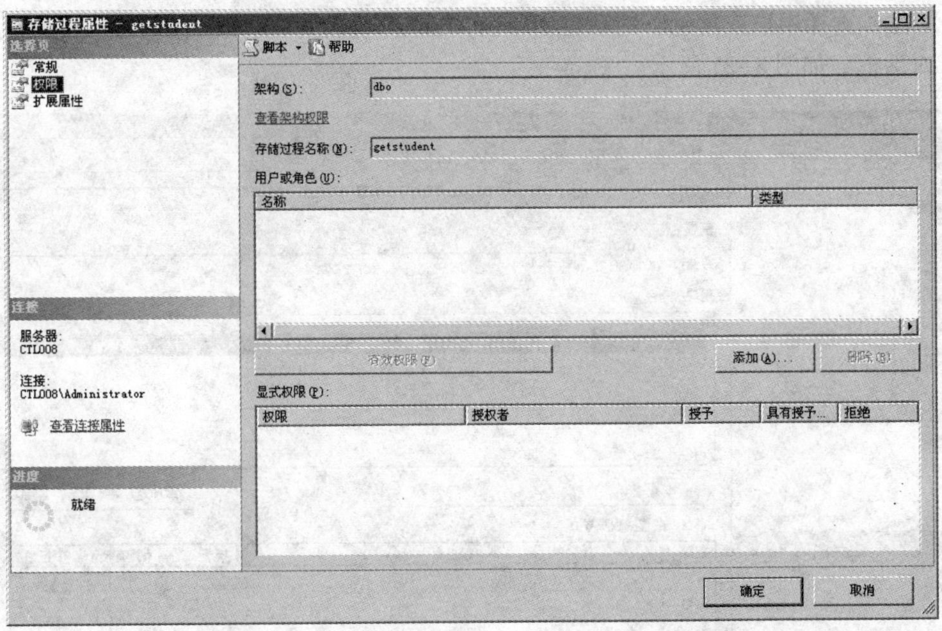

图 8-22　“权限”选项页

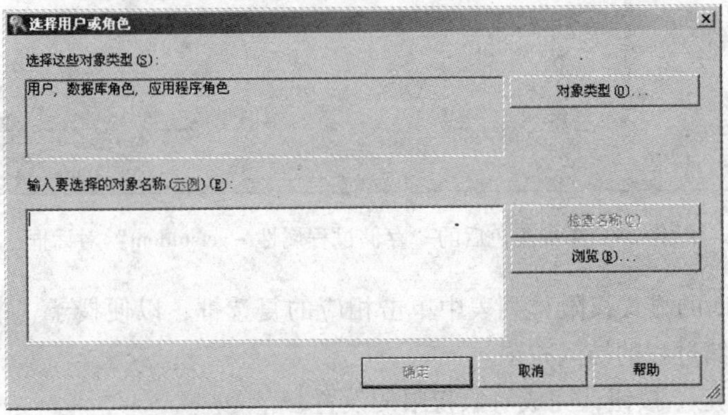

图 8-23　“选择用户或角色”对话框

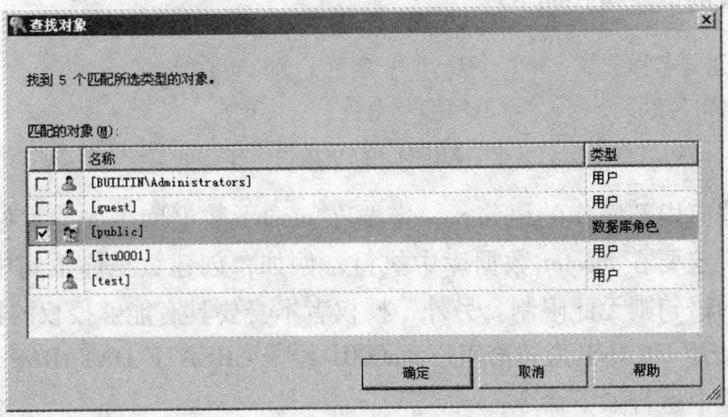

图 8-24　“查找对象”对话框

6）在"选择用户或角色"对话框中单击"确定"按钮，返回"存储过程属性 – getstudent"对话框，如图 8-25 所示。

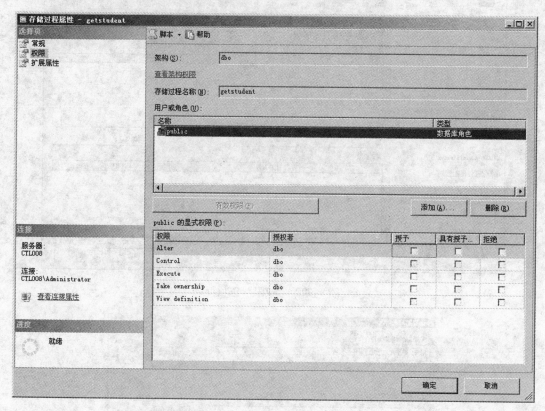

图 8-25　添加角色后的"存储过程属性 – getstudent"对话框

7）在"public 的显式权限"列表中单击相应的复选框，以便授予、拒绝或者取消该角色对 getstudent 存储过程的访问权限。

8）单击"确定"按钮，完成对象权限的设置。

5. 使用 SQL 语句管理语句权限

管理语句权限的语法格式如下：

GRANT ｛语句名称［,...n］｝TO 用户/角色［,...n］
DENY ｛语句名称［,...n］｝TO 用户/角色［,...n］
REVOKE ｛语句名称［,...n］｝FROM 用户/角色［,...n］

注意：非数据库内部操作的语句，一定要在 master 数据库中先建立好用户或者角色后才能执行，并且一定要在 master 数据库中执行，例如，创建数据库语句中的执行权限。而数据库内部操作的语句则无此限制。另外，授权者本身要具有能够授权的权限。

【例 8-9】　使用 GRANT 语句给用户 stu0001 授予 CREATE DATABASE 的权限。

在查询设计器中运行如下命令：

－－在 master 中建立数据库用户
USE MASTER

210

```
EXECUTE sp_grantdbaccess 'stu0001 '          /* 在 master 中建立数据库用户 stu0001 */
GRANT CREATE DATABASE,BACKUP DATABASE TO stu0001
                                              /* 为该用户授予建立数据库等权限 */
GO
USE 实例数据库                               /* 回到"实例数据库" */
- -授予其他语句权限
GRANT CREATE TABLE,CREATE VIEW,CREATE DEFAULT TO stu0004
GO
```

运行后显示"命令已成功完成"的信息。

6. 使用 SQL 语句管理对象权限

管理对象权限的语法格式如下:

```
GRANT {权限名 [ ,...n ]} ON {表 | 视图 | 存储过程} TO 用户/角色
DENY {权限名 [ ,...n ]} ON {表 | 视图 | 存储过程} TO 用户/角色
REVOKE {权限名 [ ,...n ]} ON {表 | 视图 | 存储过程} FROM 用户/角色
```

其中,权限名是指用户或角色在对象上可执行的操作。权限名列表可以包括 SELECT、INSERT、DELETE、UPDATE、EXECUTE 等。

【例 8-10】 首先使用系统存储过程 sp_addrole,在数据库"实例数据库"中,添加名为"oprole"的数据库角色。然后使用 GRANT 给 oprole 角色授予对"学生表"的 SELECT、UPDATE 权限。最后将 SELECT、UPDATE 权限授予用户 stu0001。

在查询设计器中运行如下命令:

```
EXEC sp_addrole 'oprole '
GO
GRANT SELECT,UPDATE ON 学生表 TO oprole
GO
GRANT SELECT,UPDATE ON 学生表 TO stu0001
GO
```

运行后显示"命令已成功完成"的信息。

同一权限的授予并不是唯一的。例如,建立数据库的权限可以在 master 中为登录名建立用户,也可以直接给登录名指定一个建立数据库的固定服务器角色 dbcreator。对于数据库内部操作对象的管理灵活性更大。权限的管理通常是在 SQL Server Management Studio 的图形界面下进行,更多的 SQL 语句操作方式的权限管理,可参见联机帮助文档。

习题

1. SQL Server 2005 的安全模型分为哪 3 层结构?

2. SQL Server 2005 有哪两种身份验证模式? 这两种身份验证模式有什么不同?

3. 在查询设计器中,使用 SQL 语句为 Windows 身份验证的登录账户…\ Test 和 SQL Server 身份验证的登录账户 stu0008,在数据库"实例数据库"中分别建立用户名 test 和 stu0008。

4. 在查询设计器中，使用 SQL 语句为 Windows 身份验证的登录账户…\ Test 和 SQL Server 身份验证的登录账户 stu0008，指定磁盘管理员的服务器角色 diskadmin。完成指定后再取消该角色。

5. 使用系统存储过程 sp_addrole，在数据库"实例数据库"中添加名为"student001"的数据库角色。使用 sp_addrolemember 将一些数据库用户添加为角色成员。

6. 使用 GRANT 给角色 stu0008 授予 CREATE DATABASE 的权限。

第9章　备份与恢复

本章要点

- 备份数据库的时机
- 备份与恢复的方式
- 备份数据库
- 恢复数据库
- 分离和附加数据库
- 数据的导入导出

学习要求

- 掌握备份数据库的时机及备份与恢复的不同方式
- 掌握备份数据库的操作步骤
- 掌握恢复数据库的操作步骤
- 掌握分离和附加数据库的方法
- 掌握数据的导入和导出方法

9.1　备份与恢复的基础知识

任何系统都难免会出现各种形式的故障。某些故障甚至会导致数据库灾难性的损坏。所以做好数据库的备份工作极其重要。

备份可以创建在磁盘、磁带等备份设备上。与备份对应的是恢复。本章将主要介绍数据库到磁盘的备份与恢复。此外，备份与恢复还有其他用途。例如，将一个服务器的数据库备份下来，再把它恢复到其他的服务器上，实现数据库的快速转移。

9.1.1　备份数据库的时机

数据库备份是对数据库结构、对象和数据进行复制，以便数据库遭受破坏时能够修复数据库。数据库恢复是指将备份的数据库再加载到数据库服务器中。

备份数据库，不但要备份用户数据库，也要备份系统数据库。因为系统数据库中存储了 SQL Server 2005 的服务器配置信息、用户登录信息、用户数据库信息、作业信息等。

通常在下列情况下备份系统数据库。

1）修改 master 数据库之后。master 数据库中包含了 SQL Server 2005 中全部数据库的相关信息。在创建用户数据库、创建和修改用户登录账户或执行任何修改 master 数据库的语句后，都应当备份 master 数据库。

2）修改 msdb 数据库之后。msdb 数据库中包含了 SQL Server 2005 代理程序调度的作业、警报和操作员的信息。在修改 msdb 之后应当备份它。

3）修改 model 数据库之后。model 数据库是系统中所有数据库的模板，如果用户通过修改 model 数据库来调整所有新用户数据库的默认配置，就必须备份 model 数据库。

通常在下列情况下备份用户数据库。

1）创建数据库之后。在创建或装载数据库之后，都应当备份数据库。

2）创建索引之后。创建索引的时候，需要分析以及重新排列数据，这个过程耗费时间和系统资源。在这个过程之后备份数据库，备份文件中包含了索引的结构，一旦数据库出现故障，再恢复数据库后不必重建索引。

3）清理事务日志之后。使用 BACKUP LOG WITH TRUNCATE_ONLY 或 BACKUP LOG WITH NO_LOG 语句清理事务日志后，应当备份数据库。此时，事务日志将不再包含数据库的活动记录，所以，不能通过事务日志恢复数据。

4）执行大容量数据操作之后。当执行完大容量数据装载语句或修改语句后，SQL Server 2005 不会将这些大容量的数据处理活动记录到日志中，所以应当进行数据库备份。例如执行完 SELECT INTO、WRITETEXT、UPDATETEXT 语句后，都需要备份数据库。

9.1.2 备份与恢复的方式

SQL Server 2005 所支持的备份是和还原模型相关联的，不同的还原模型决定了相应的备份策略。SQL Server 2005 提供了 3 种还原模型，用户可以根据自己数据库应用的特点选择相应的还原模型。图 9-1 所示为数据库还原模型的设置方法。用户可以在"数据库属性 – 实例数据库"对话框的"选项"选项页中随时修改数据库的还原模型。默认使用完整还原模型。

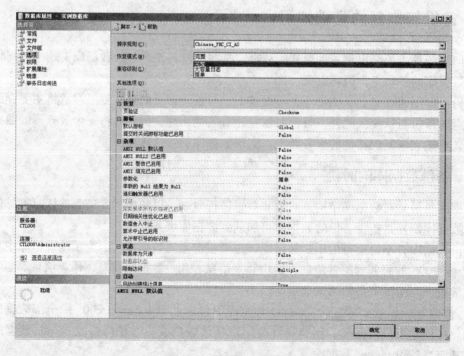

图 9-1 数据库还原模型

1. 故障还原模型

1）完整模型。默认采用完整还原模型，它使用数据库备份和日志备份，能够较为完全地防范媒体故障。采用该模型，SQL Server 2005 事务日志记录了对数据进行的全部修改，包括大容量数据操作。因此，能够将数据库还原到特定的时间点。

2）大容量日志模型。该模型和完整模型类似，也是使用数据库备份和日志备份，不同的是，对大容量数据操作的记录，采用提供最佳性能和最少的日志空间方式。这样，事务日志只记录大容量操作的结果，而不记录操作的过程。所以，当出现故障时，虽然能够恢复全部的数据，但是，不能恢复数据库到特定的时间点。

3）简单模型。使用简单模型可以将数据库恢复到上一次的备份。事务日志不记录数据的修改操作，采用该模型，进行数据库备份时，不能进行"事务日志备份"和"文件/文件组备份"。对于小数据库或数据修改频率不高的数据库，通常采用简单模型。

2. 数据库备份方式

SQL Server 2005 提供了 4 种数据库备份方式，用户可以根据自己的备份策略选择不同的备份方式，如图 9-2 所示。在 SQL Server Management Studio 中，用户可以通过"备份数据库"对话框选择相应的备份方式。

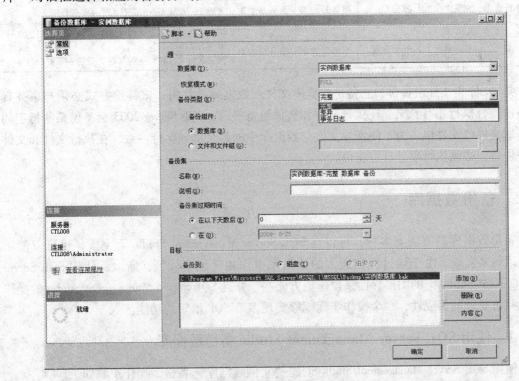

图 9-2　选择数据库的备份方式

1）完整备份。将备份数据库的所有数据文件、日志文件和在备份过程中发生的任何活动（将这些活动记录在事务日志中，一起写入备份设备）。完整备份是数据库恢复的基线，日志备份、差异备份的恢复完全依赖于在其前面进行的完整备份。

2）差异备份。差异备份只备份自最近一次完整备份以来被修改的那些数据。当数据修改频繁的时候，用户应当执行差异备份。差异备份的优点在于备份设备的容量小，减少数据损失并且恢复的时间快。数据库恢复时，先恢复最后一次的完整数据库备份，然后再恢复最后一次的差异备份。

3）事务日志备份。它只备份最后一次日志备份后所有的事务日志记录。备份所用的时间和空间更少。利用事务日志备份恢复时，可以恢复到某个指定的事务（如误操作执行前的那一点）。这是差异备份和完整备份所不能做到的。但是利用事务日志备份进行恢复时，需要重新执行日志记录中的修改命令来恢复数据库中的数据，所以通常恢复的时间较长。通常可以采用这样的备份计划：每周进行一次完整备份，每天进行一次差异备份，每小时进行一次事务日志备份，这样最多只会丢失一小时的数据。恢复时，先恢复最后一次的完整备份，再恢复最后一次的差异备份，再顺序恢复最后一次差异备份后的所有事务日志备份。参见表 9-1 的数据库备份与恢复顺序。

表 9-1 数据库备份与恢复顺序表

备份方式	时刻 1	时刻 2	时刻 3	时刻 4	时刻 5 的恢复顺序
完整	完整 1	完整 2	完整 3	完整 4	完整 4
差异	完整 1	差异 1	差异 2	差异 3	完整 1→差异 3
事务日志	完整 1	差异 1	事务日志 1	事务日志 2	完整 1→差异 1→事务日志 1→事务日志 2
文件和文件组	文件 1 事务日志 1	文件 2 事务日志 1	文件 1 事务日志 3	文件 2 事务日志 4	恢复文件 1：时刻 3 的文件 1 备份→事务日志 3→事务日志 4 恢复文件 2：时刻 4 的文件 2 备份→事务日志 4

4）文件和文件组备份。它备份数据库文件或数据库文件组。该备份方式必须与事务日志备份配合执行才有意义。在执行文件和文件组备份时，SQL Server 2005 会备份某些指定的数据库文件或文件组。为了使恢复文件与数据库中的其余部分保持一致，在执行文件和文件组备份后，必须执行事务日志备份。

9.2 备份数据库

备份数据库的方法有多种，可以在 SQL Server Management Studio 下完成，也可以使用 SQL 语句来实现。由于该过程和通常的数据库操作相比频率较低，所以，使用 SQL Server Management Studio 下的图形界面来操作更方便些。并且 SQL Server Management Studio 的操作环境具有更强的集成性，一个操作步骤能够实现多条 SQL 语句的功能。

9.2.1 使用 SQL Server Management Studio 备份数据库

使用 SQL Server Management Studio 创建"实例数据库"备份，操作步骤如下。

1）在对象资源管理器下依次展开文件夹到要备份的"实例数据库"。

2）右击"实例数据库"，在弹出的快捷菜单中选择"任务"→"备份"命令，出现如图 9-2 所示对话框。

3）"名称"文本框内默认为"实例数据库 - 完整 数据库 备份"，如果需要，在"说明"文本框中输入对备份集的说明。默认没有任何说明。

4）在"备份类型"选项下选择备份的方式。其中，"完整"执行完整的数据库备份；

"差异"仅备份自上次完整备份以后，数据库中新修改的数据；"事务日志"仅备份事务日志。在"备份组件"选项下选择选择备份内容，可以是备份"数据库"或者"文件和文件组"。

5）指定备份目标。在"目标"区域中单击"添加"按钮，并在如图 9-3 所示的"选择备份目标"对话框中，指定一个备份文件名或备份设备。这个指定将出现在图 9-2 所示对话框中"备份到："下面的列表框中。在一次备份操作中，可以指定多个目的设备或文件。这样可以将一个数据库备份到多个文件或设备中。这里指定的文件名是物理备份设备，而备份设备名是逻辑备份设备。如果系统中没有备份设备，则新建一个备份设备。

图 9-3　"选择备份目标"对话框

6）打开"备份数据库"对话框的"选项"选项页，如图 9-4 所示。用户可以对数据库备份进行设置，包括覆盖媒体、可靠性、事务日志等。

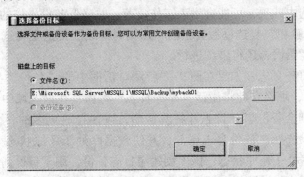

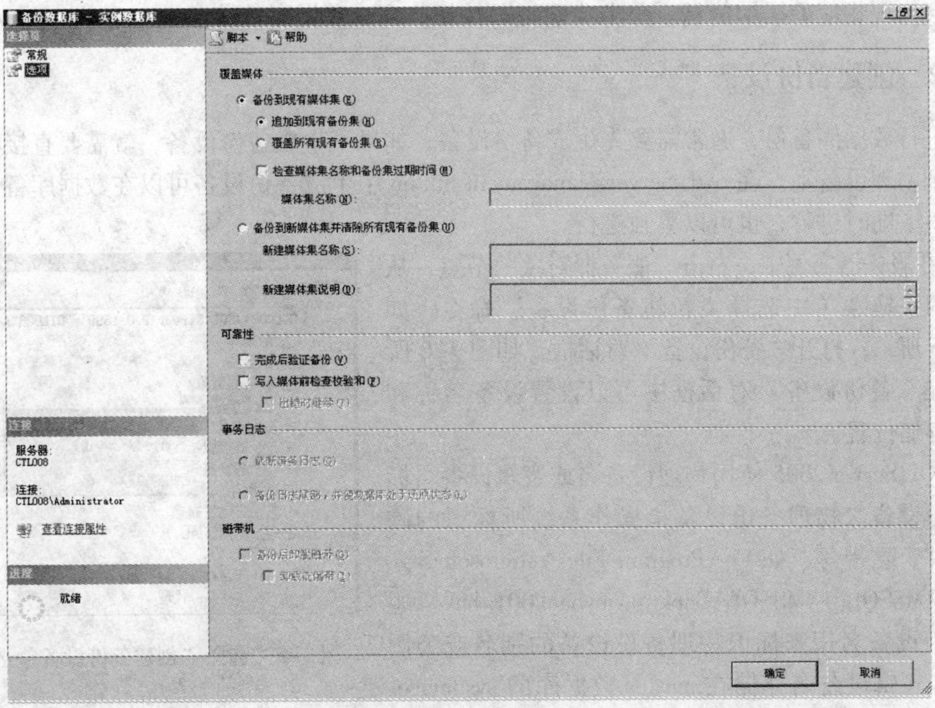

图 9-4　"选项"选项页

217

7）在"备份到现有媒体集"里，"追加现有备份集"或"覆盖所有现有备份集"分别表示将此次备份数据追加到原有备份数据后面或覆盖原有备份数据。如果需要可以选择"检查媒体集名称和备份集过期时间"复选框来要求备份操作验证备份集的名称和过期时间，在"媒体集名称"文本框里可以输入要验证的媒体集名称。

8）若选择"备份到新媒体集并清除现有备份集"，则在"新建媒体集名称"文本框输入新媒体集名称，在"新建媒体集说明"文本框输入新媒体集的相关说明。

9）设置数据库备份的可靠性：选择"完成后验证备份"复选框将会验证备份集是否完整以及所有卷是否都可读。选择"写入媒体前检查校验和"复选框将会在写入备份媒体前验证校验和，如果选中此项，可能会增大工作负荷，并降低备份操作的备份吞吐量。在选中"写入媒体前检查校验和"复选框后会激活"出错时继续"复选框，选中该复选框后，如果备份数据库时发生了错误，还将继续进行。

10）是否截断事务日志：如果在图9-2所示对话框中的"备份类型"下拉列表框里选择的是"事务日志"，那么在此将激活"事务日志"区域，在该区域中，如果选择"截断事务日志"单选框，则会备份事务日志并将其截断，以便释放更多的日志空间，此时数据库处于在线状态。如果选择"备份日志尾部，并使数据库处于还原状态"单选框，则会备份日志尾部并使数据库处于还原状态，该项创建尾日志备份，用于备份尚未备份的日志，当故障转移到辅助数据库或为了防止在还原操作之前丢失所做工作，该选项很有作用。选择了该项之后，在数据库完全还原之前，用户将无法使用数据库。

11）设置磁带机信息：可以选择"备份后卸载磁带"和"卸载前倒带"两个选择项。

12）单击"备份数据库-实例数据库"对话框里的"确定"按钮，开始执行备份操作，此时会出现相应的提示信息。单击"确定"按钮，完成数据库备份。

9.2.2　创建备份设备

进行数据库备份，通常需要先生成备份设备，如果不生成备份设备，就需要直接将数据备份到物理设备上。在 SQL Server Management Studio 中生成备份设备可以在数据库备份的集成环境下同时进行，也可以单独进行。

在服务器实例中，右击"服务器对象"节点，从弹出的快捷菜单中选择"新建备份设备"命令，如图9-5所示；打开"备份设备"对话框，如图9-6所示。在"备份设备"对话框中可以设置设备名称和文件存储位置。

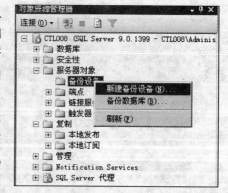

图9-5　选择"创建备份设备"选项

SQL Server 2005 使用物理设备名或逻辑设备名标识备份设备。物理备份设备指操作系统所标识的磁盘文件、磁带等，如 C：\Program Files\Microsoft SQL Server\MSSQL.1\MSSQL\Backup\myback001.bak。逻辑备份设备名用来标识物理备份设备的别名或公用名称。逻辑设备名存储在 master 数据库的 sysdevices 系统表中。使用逻辑备份设备名的优点是比引用物理设备名简短。

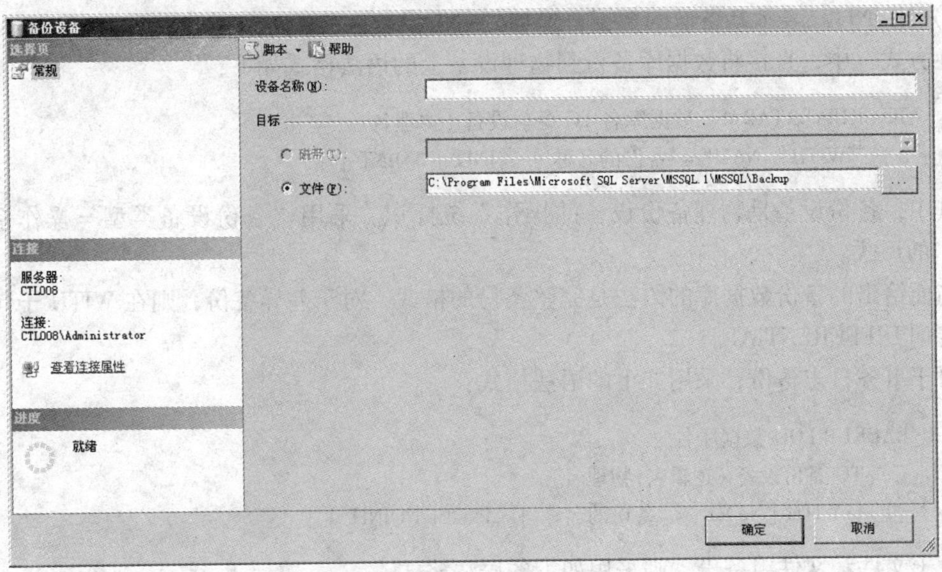

图 9-6 "备份设备"对话框

在使用 SQL 语句方式进行数据库备份时，同样可以直接备份到物理设备，或先创建备份设备后再以该设备的逻辑名进行备份。

9.2.3 使用 SQL 语句备份数据库

使用 SQL 语句备份数据库，有两种方式：一种方式是先将一个物理设备创建成一个备份设备，然后将数据库备份到该备份设备上；另一种方式是直接将数据库备份到物理设备上。

在方式一中，先使用 sp_addumpdevice 创建备份设备，然后再使用 BACKUP DATABASE 备份数据库。

创建备份设备的语法格式如下：

> sp_addumpdevice '设备类型','逻辑名','物理名'

各参数含义如下：

1）设备类型。备份设备的类型，如果是以硬盘作为备份设备，则为"disk"。

2）逻辑名。备份设备的逻辑名称。

3）物理名。备份设备的物理名称，必须包括完整的路径。

备份数据库的语法格式如下：

> BACKUP DATABASE 数据库名 TO 备份设备（逻辑名）
>   [WITH [NAME ='备份的名称'] [,INIT | NOINIT]]

各参数含义如下：

1）备份设备。是由 sp_addumpdevice 创建的备份设备的逻辑名称，不要加引号。

2）备份的名称。是指生成的备份包的名称，例如图 9-3 中的"实例数据库"备份。

3）INIT。表示新的备份数据将覆盖备份设备上原来的备份数据。

4）NOINIT。表示新备份的数据将追加到备份设备上已备份数据的后面。

在方式二中，直接将数据库备份到物理设备上的语法格式如下：

BACKUP DATABASE 数据库名 TO 备份设备（物理名）
　　　　〔WITH〔NAME ='备份的名称'〕〔,INIT | NOINT〕〕

其中，备份设备是物理备份设备的操作系统标识。采用"备份设备类型 = 操作系统设备识"的形式。

前面给出的备份数据库的语法是完整备份的格式，对于差异备份，则在 WITH 子句中增加限定词 DIFFERENTIAL。

对于事务日志备份，采用如下的语法格式：

BACKUP LOG 数据库名
　　　　TO 备份设备（逻辑名|物理名）
　　　　〔WITH〔NAME = '备份的名称'〕〔,INIT | NOINIT〕〕

对于文件和文件组备份，则采用如下的语法格式：

BACKUP DATABASE 数据库名
　　　　FILE = '数据库文件的逻辑名'| FILEGROUP = '数据库文件组的逻辑名'
　　　　TO 备份设备（逻辑名|物理名）
　　　　〔WITH〔NAME ='备份的名称'〕〔,INIT | NOINIT〕〕

【例9-1】 使用 sp_addumpdevice 创建数据库备份设备 SHILIBACK，使用 BACKUP DATABASE 在该备份设备上创建"实例数据库"的完整备份，备份名为 SHILIBak。

在查询设计器中运行如下命令：

EXEC sp_addumpdevice 'DISK ','SHILIBACK ','C:\Program Files\Microsoft SQL Server\ MSSQL.1\
MSSQL\Backup\myback001. bak '
BACKUP DATABASE 实例数据库 TO SHILIBACK WITH INIT,NAME = 'SHILIBak '

运行结果如图9-7所示。

【例9-2】 使用 BACKUP DATABASE 直接将"实例数据库"的差异数据和日志备份到物理文件 C:\Program Files\Microsoft SQL Server\MSSQL.1\MSSQL\Backup\DIFFER. bak 上，备份名为 differBAK。

在查询设计器中运行如下命令：

BACKUP DATABASE 实例数据库
TO DISK = 'C:\Program Files\Microsoft SQL Server\ MSSQL.1\MSSQL\Backup\DIFFER. bak '
WITH DIFFERENTIAL,INIT,NAME = 'differBak '
BACKUP LOG 实例数据库
TO DISK = 'C:\Program Files\Microsoft SQL Server\ MSSQL.1\MSSQL\Backup\DIFFER. bak '
WITH NOINIT,NAME = 'differBak '

运行结果如图9-8所示。

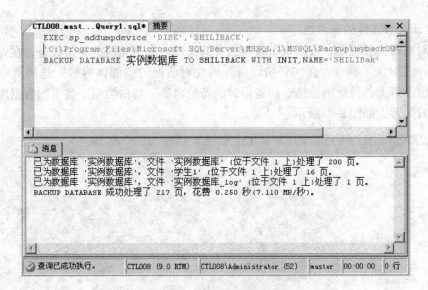

图 9-7　用逻辑名备份数据库

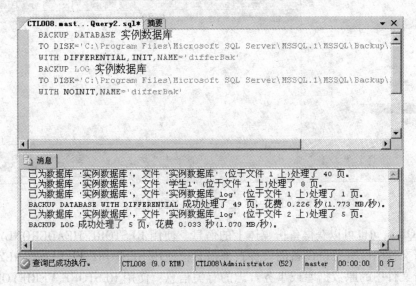

图 9-8　差异备份与事务日志备份

9.3　恢复数据库

恢复数据库就是将原来备份的数据库还原到当前的数据库中，通常在当前的数据库出现故障或者操作失误时进行。当还原数据库时，SQL Server 2005 会自动将备份文件中的数据库备份全部还原为当前的数据库，并回滚所有未完成的事务，以保证数据库中数据的一致性。

9.3.1　恢复数据库前的准备工作

当执行恢复操作之前，应当验证备份文件的有效性，确认备份中是否含有恢复数据库所需要的数据，关闭该数据库上的所有用户，备份事务日志。

1. 验证备份文件的有效性

通过对象资源管理器，可以查看备份设备的属性。右击相应的备份设备，在弹出的快捷菜单中选择"属性"命令，在"备份设备"属性对话框的"媒体内容"选项页中，即可查看相应备份设备上备份集的信息，如备份时的备份名称、备份类型、备份的数据库、备份时间、过期时间等，如图9-9所示。

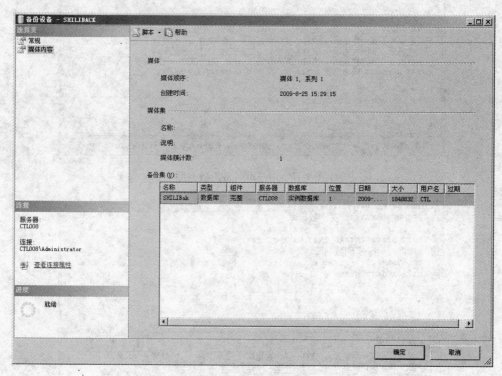

图9-9　查看备份设备的属性

使用 SQL 语句也可以获得备份媒体上的信息。使用 RESTORE HEADERONLY 语句，获得指定备份文件中所有备份设备的文件首部信息；使用 RESTORE FILELISTONLY 语句，获得指定备份文件中的原数据库或事务日志的有关信息；使用 RESTORE VERIFYONLY 语句，检查备份集是否完整，以及所有卷是否可读。

【例9-3】　在查询设计器下，使用 SQL 语句查看并验证备份文件的有效性。

在查询设计器中运行如下命令：

```
--查看头信息
RESTORE HEADERONLY FROM
DISK = 'C:\Program Files\Microsoft SQL Server\MSSQL.1\MSSQL\Backup\DIFFER.bak'
RESTORE HEADERONLY FROM SHILIBACK
--查看文件列表
RESTORE FILELISTONLY FROM
DISK = 'C:\Program Files\Microsoft SQL Server\MSSQL.1\MSSQL\Backup\DIFFER.bak'
RESTORE FILELISTONLY FROM SHILIBACK
--验证有效性
```

RESTORE VERIFYONLY FROM

DISK = 'C：\Program Files\Microsoft SQL Server\MSSQL. 1\MSSQL\Backup\DIFFER. bak '

RESTORE VERIFYONLY FROM SHILIBACK

GO

运行结果如图 9-10 所示。

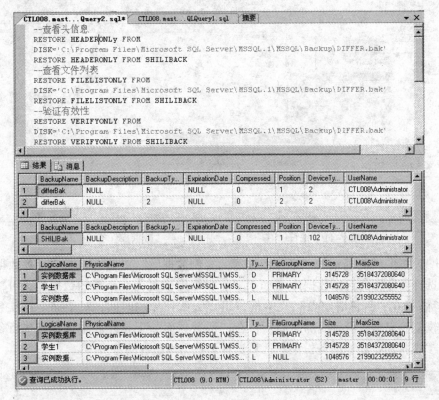

图 9-10　查看备份信息

2. 断开用户与数据库的连接

恢复数据库之前，应当断开用户与该数据库的所有连接。所有用户都不准访问该数据库，执行恢复操作的用户也必须将连接的数据库更改到 master 数据库或其他数据库，否则不能启动还原任务。例如，使用 USE master 命令将连接数据库改为 master。

3. 备份事务日志

在执行恢复操作之前，如果用户备份事务日志，有助于保证数据的完整性，在数据库还原后可以使用备份的事务日志，进一步恢复数据库的最新操作。

9.3.2　使用 SQL Server Management Studio 恢复数据库

将 9.3.1 小节中备份的数据库恢复到当前数据库中，操作步骤如下。

1）在对象资源管理器中依次展开文件夹到要恢复的当前数据库"实例数据库"。

2）右击"实例数据库"，在弹出的快捷菜单中依次选择"任务"→"还原"→"数据库"命令，如图 9-11 所示。

图 9-11　选择"任务"→"还原"→"数据库"命令

3）出现如图 9-12 所示的"还原数据库－实例数据库"对话框。在"目标数据库"下拉列表中选择要还原的目标数据库（如果要将数据库恢复为一个新的数据库，可输入新的数据库名称）；在"目标时间点"文本框里可以设置还原的时间，对于完全恢复数据库备份，只能恢复到完整备份完成的时间点；在"源数据库"下拉列表中选择已执行备份的数据库；在"选择用于还原的备份集"区域选择该数据库已有的备份集。

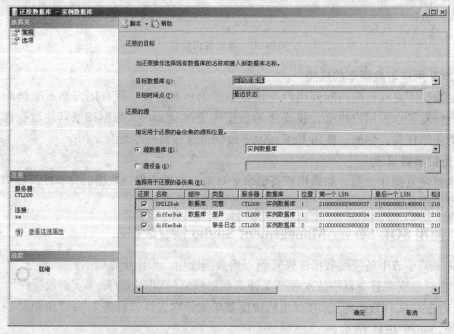

图 9-12　"还原数据库－实例数据库"对话框

4）选择"还原数据库 - 实例数据库"对话框的"选项"选项页，如图9-13所示。在"还原选项"里可以对还原操作进行设置。

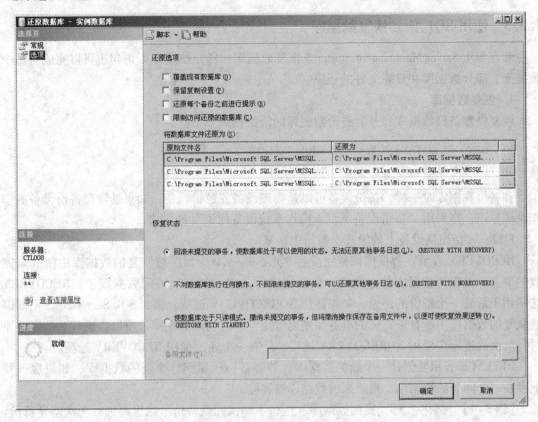

图9-13 "选项"选项页

- "覆盖现有数据库"表示还原操作将覆盖所有现有数据库和相关文件。
- "保留复制设置"表示将已发布的数据库还原到创建该数据库的服务器之外的服务器时，保留复制设置。
- "还原每个备份之前进行提示"表示还原每个备份设备前都会要求确认一次。
- "限制访问还原的数据库"表示还原的数据库仅供 db_owner、dbcreator 或 sysadmin 的成员使用。

在"恢复状态"选项中可以选择还原操作的完成状态，用户可以根据实际情况进行选择。

- "回滚未提交的事务，使数据库处于可以使用状态。无法还原其他事务日志。"表示恢复完成后数据库能够继续运行，但无法再还原其他事务日志，如果本次还原是还原的最后一次操作，则可以选择该项。
- "不对数据库执行任何操作，不回滚未提交的事务。可以还原其他事务日志。"表示恢复完成后数据库不能再运行，但是可以继续还原其他事务日志，让数据库能恢复到最接近日前的状态。
- "使数据库处于只读模式。撤销未提交的事务，但将撤销操作保存在备用文件中，以便可以恢复效果逆转。"表示恢复完成后数据库自动成为只读方式，不能对其进行修

225

改，但能还原其他事务日志。

5）单击"确定"按钮，开始还原操作。

9.3.3 使用 SQL 语句恢复数据库

和在 SQL Server Management Studio 下恢复数据库一样，使用 SQL 语句也可以完成对整个数据库、部分数据库和日志文件的还原。

1. 恢复数据库

恢复完整备份数据库和差异备份数据库的语法格式如下：

```
RESTORE DATABASE 数据库名 FROM 备份设备
[WITH[FILE=n][,NORECOVERY | RECOVERY][,REPLACE]]
```

和备份数据库时一样，备份设备可以是物理设备或逻辑设备。如果是物理备份设备的操作系统标识，则采用"备份设备类型=操作系统设备标识"的形式。

FILE=n 指出从设备上的第几个备份中恢复。

RECOVERY 表示在数据库恢复完成后 SQL Server 2005 回滚被恢复的数据库中所有未完成的事务，以保持数据库的一致性。恢复完成后，用户就可以访问数据库了。RECOVERY 选项用于最后一个备份的还原。如果使用 NORECOVERY 选项，那么 SQL Server 2005 不回滚被恢复的数据库中所有未完成的事务，恢复后用户不能访问数据库。所以，进行数据库还原时，前面的还原应使用 NORECOVERY 选项，最有一个还原使用 RECOVERY 选项。

REPLACE 表示要创建一个新的数据库，并将备份还原到这个新的数据库，如果服务器上存在一个同名的数据库，则原来的数据库被删除。

【例 9-4】 例 9-1 对"实例数据库"进行了一次完整备份，这里再进行一次差异备份，然后使用 RESTORE DATABASE 语句进行数据库备份的还原。

在查询设计器中运行如下命令：

```
--进行数据库差异备份
BACKUP DATABASE 实例数据库 TO SHILIBACK
WITH DIFFERENTIAL,NAME='SHILIBak'
--进行事务日志备份
BACKUP LOG 实例数据库 TO SHILIBACK
WITH NOINIT,NAME='SHILIBak'
GO
--确保不再使用"实例数据库"
USE MASTER
--还原数据库完全备份
RESTORE DATABASE 实例数据库 FROM SHILIBACK
WITH FILE=1,NORECOVERY
--还原数据库差异备份
RESTORE DATABASE 实例数据库 FROM SHILIBACK
WITH FILE=2,RECOVERY
GO
```

运行后显示结果如图 9-14 所示。

图 9-14　使用 SQL 语句还原数据库

2. 恢复事务日志

恢复事务日志采用下面的语法格式：

RESTORE LOG 数据库名 FROM 备份设备
[WITH [FILE = n] [,NORECOVERY | RECOVERY]]

其中各选项的意义与恢复数据库中的相同。

【例 9-5】　在例 9-4 的基础上再进行一次事务日志备份，然后使用 RESTORE 语句还原数据库的备份。

在查询设计器下执行如下语句：

－－进行数据库日志备份
BACKUP LOG 实例数据库 TO SHILIBACK
WITH NAME = 'SHILIBak '
GO
－－确保不再使用"实例数据库"
USE MASTER
－－还原数据库完全备份
RESTORE DATABASE 实例数据库 FROM SHILIBACK
WITH FILE = 1,NORECOVERY
－－还原数据库差异备份

```
RESTORE DATABASE 实例数据库 FROM SHILIBACK
WITH FILE = 2,NORECOVERY
- -还原数据库日志备份
RESTORE LOG 实例数据库 FROM SHILIBACK
WITH FILE = 3,RECOVERY
GO
```

运行后显示结果如图 9-15 所示。

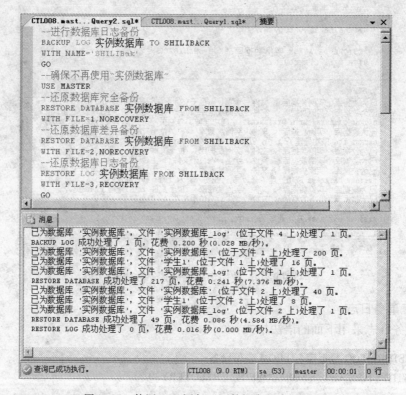

图 9-15　使用 SQL 语句还原数据库及事务日志

3. 恢复部分数据库

通过从整个数据库的备份中还原指定文件的方法，SQL Server 2005 提供了恢复部分数据库的功能。

所用的语法格式如下：

RESTORE DATABASE 数据库名 FILE = 文件名|FILEGROUP = 文件组名 FROM 备份设备
[WITH PARTIAL [, FILE = n] [, NORECOVERY] [, REPLACE]]

4. 恢复文件或文件组

与文件和文件组备份相对应的，有对指定文件和文件组的还原，其语法格式如下：

RESTORE DATABASE 数据库名 FILE = 文件名|FILEGROUP = 文件组名 FROM 备份设备
[WITH [FILE = n] [, NORECOVERY] [, REPLACE]]

9.4 分离和附加数据库

SQL Server 2005 允许分离数据库的数据和事务日志文件，然后将其重新附加到另一台服务器。这对快速复制数据库是一个很方便的办法。分离数据库将从 SQL Server 2005 删除数据库，但是保持该数据库的数据和事务日志文件中的数据完好无损。然后这些数据和事务日志文件可以用来将数据库转移到任何 SQL Server 2005 服务器实例上。

在 SQL Server 2005 中，与一个数据库相对应的数据文件（.mdf 或 .ndf）或事务日志文件（.ldf）都是 Windows 系统中普通的磁盘文件，用通常的拷贝就可以进行复制，这样的复制通常是用于数据库的转移。对数据库进行分离，能够使数据库从服务器上脱离出来，如果不想它脱离服务器，只要无人使用，通常采用关闭 SQL Server 2005 服务器的方法，同样可以复制数据库文件，从而达到数据库备份转移的目的。

将数据库文件复制到另一个 SQL Server 2005 服务器的计算机上，并让该服务器来管理它，这个过程叫做附加数据库。附加数据库时，必须指定主数据文件的名称和物理位置。主数据文件包含查找由数据库组成的其他文件所需的信息。如果一个或多个文件已改变了位置，还必须指出其他任何已改变位置的文件。否则，SQL Server 2005 将试图基于存储在主数据文件中的不正确的文件位置信息附加文件。

在 SQL Server Management Studio 下或使用系统存储过程 sp_attach_db 都可以进行数据库的附加，使用 sp_attach_db 附加数据库语法格式如下：

> ［EXECUTE］sp_attach_db '数据库名','文件名'［,...16］

其中文件名为包含路径在内的数据库文件名，可以是主数据文件（.mdf）、辅助数据文件（.ndf）和事务日志文件（.ldf），最多可以指定 16 个文件名。

一般的操作方式为将数据库分离后，将数据文件复制至目标计算机，然后再使用附加数据库的方法在目标计算机上附加数据库。

1. 分离数据库

分离数据库的具体操作步骤如下。

1）在对象资源管理器下依次展开文件夹到要分离的"实例数据库"。分离数据库需要对数据库具有独占访问权限。如果数据库正在使用，则限制其为只允许单个用户进行访问，具体的设置操作如下：

- 右击数据库名称，在弹出的快捷菜单中选择"属性"命令，弹出"数据库属性 – 实例数据库"对话框。在该对话框中，选择"选项"选项页，如图 9–16 所示。
- 在"其他选项"区域中，向下滚动到"状态"选项。
- 选择"限制访问"选项，在其下拉列表中，选择"Single（单用户）"，单击"确定"按钮，完成设置。

2）右击"实例数据库"，在弹出的快捷菜单中依次选择"任务"→"分离"命令，出现如图 9–17 所示的"分离数据库"对话框（该菜单只有 sysadmin 固定服务器角色成员可用，不能分离 master、model 和 tempdb 数据库）。

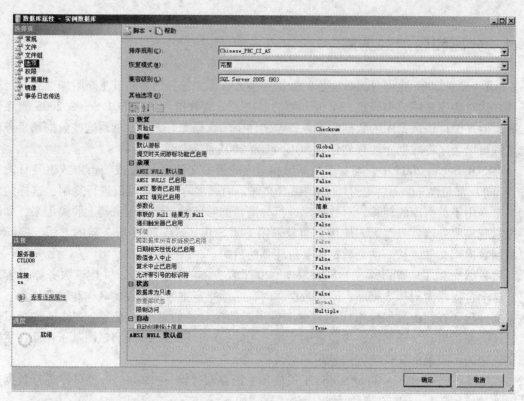

图 9-16　"选项"选项页

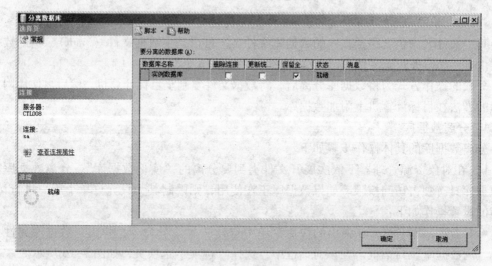

图 9-17　"分离数据库"对话框

3）检查数据库的状态。状态为"就绪"时才可以分离数据库。如果还有任何的数据库连接，则都不能分离数据库，可选中"删除连接"复选框来断开与所有活动连接的连接。

4）单击"确定"按钮，完成数据库的分离。

2. 附加数据库

在进行不同数据库服务器之间数据库转移时，是将分离后的数据库文件复制至目标机器上。具体操作步骤如下。

1）在对象资源管理器下依次展开文件夹到要附加数据库的"数据库"文件夹。

2）右击"数据库"文件夹，在弹出的快捷菜单上选择"附加"命令，将弹出"附加数据库"对话框，如图9-18所示。

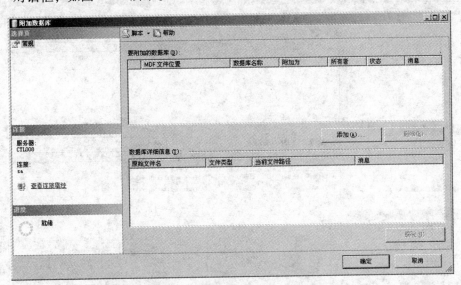

图9-18 "附加数据库"对话框

3）在该对话框中，单击"要附加的数据库"列表框下面的"添加"按钮，弹出"定位数据库文件"对话框，如图9-19所示。

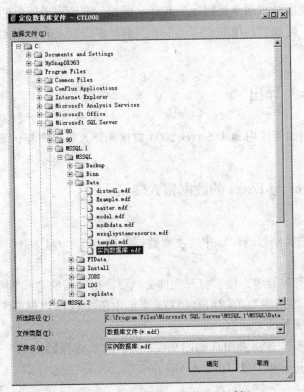

图9-19 "定位数据库文件"对话框

4）在该对话框中，找到要附加的"实例数据库"的 .mdf 文件，单击"确定"按钮返回到"附加数据库"对话框，如图 9-20 所示。

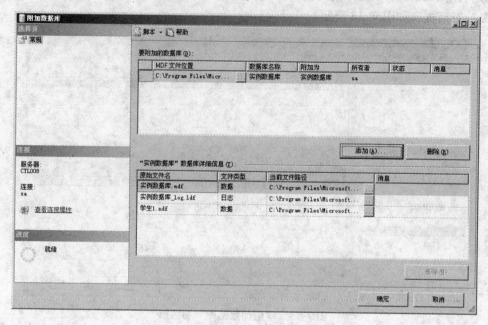

图 9-20 添加要附加数据库的文件

5）单击"确定"按钮，完成附加数据库操作。

附加数据库的功能经常用于数据库的转移。例如，本地服务器上的数据库可以通过数据和日志文件的复制，附加到其他的服务器上。当前很多光盘上的数据库系统就是通过这种方法进行附加的。

9.5 数据的导入导出

本节将主要介绍如何使用 SQL Server 2005 数据库导入导出向导，实现与 Excel 或 Access 进行数据格式转换。

9.5.1 SQL Server 与 Excel 的数据格式转换

1. 导出数据

【例 9-6】 将"实例数据库"中的主要数据表导出到 Excel 表中。

具体操作步骤如下。

1）在对象资源管理器中，依次打开文件夹到要导出数据的"实例数据库"。

2）右击"实例数据库"，在弹出的快捷菜单中依次选择"任务"→"导出数据"命令，出现如图 9-21 所示的对话框。

3）单击"下一步"按钮，出现如图 9-22 所示的"选择数据源"页面。在"数据源"下拉列表中选择"Microsoft OLE DB Provider for SQL Server"选项。

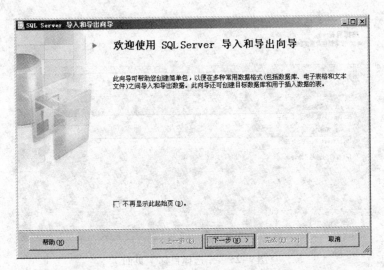

图 9-21　"SQL Server 导入和导出向导"对话框

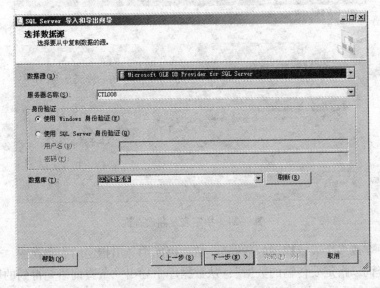

图 9-22　"选择数据源"页面

4）在"服务器名称"文本框中输入或者选择 SQL Server 服务器名，并选择服务器的身份验证方式。如果选择"使用 SQL Server 身份验证"方式，则需要输入登录名和密码。

5）单击"刷新"按钮，使所选服务器上的所有数据库出现在"数据库"下拉列表中，然后选择要导出的数据库，这里默认的就是要导出的数据库"实例数据库"。单击"下一步"按钮，出现"选择目标"页面，如图 9-23 所示。

6）在如图 9-23 所示的"目标"下拉列表中，选择目标数据系统，它们可以是文本文件、Excel 表、Access 数据库、Oracle 数据库等，这里选择 Microsoft Excel，并将"Excel 文件路径"设置为"C:\excel\实例数据库.xls"。

7）单击"下一步"按钮，出现如图 9-24 所示的对话框。该对话框确定从数据库中如何获得数据，可以有如下两种选择。

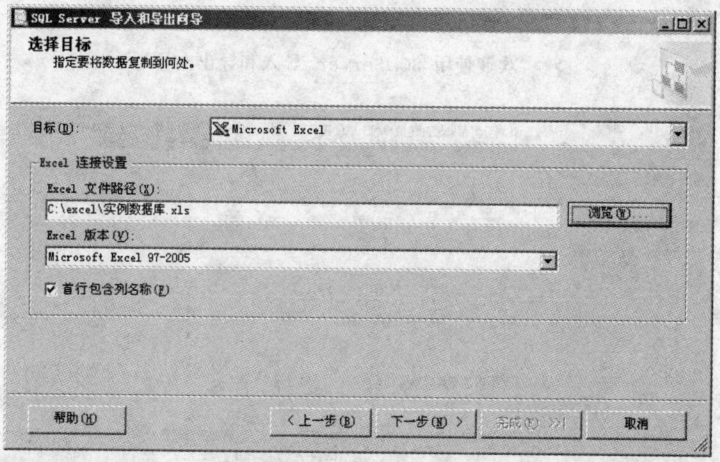

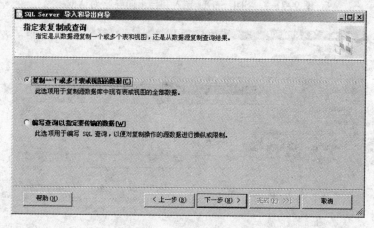

图 9-23 "选择目标"页面

图 9-24 指定表复制或查询

- "复制一个或多个表或视图的数据": 从数据库中导出指定的表和视图。
- "编写查询以指定要传输的数据": 从数据库中导出一条查询语句得到的数据。

这里选择第一项, 单击"下一步"按钮。

8) 选择要导出的表。在如图 9-25 所示的对话框中, 选择要导出的表。当在"源"列中选择一个表后, 在"目标"列中就会显示与源表名相同的目标表的名称, 默认时两者相同, 当然用户可以自己修改目标表的名称。这里选择了"学生表"、"选课表"、"课程表"。选择好后单击"下一步"按钮。

9) 系统将弹出"保存并执行包"页面, 如图 9-26 所示。在该页面中可以选择"立即执行"或"保存 SSIS 包"。这里选择默认值, 使导出过程立即运行。单击"下一步"按钮, 出现"完成该向导"页面, 如图 9-27 所示。

10) 单击"完成"按钮, 系统开始导出指定的表。导出完成后, 将显示"执行成功"的信息, 如图 9-28 所示。

11) 数据导出完成后, 打开文件"C:\excel\ 实例数据库 .xls", 其结果如图 9-29所示。

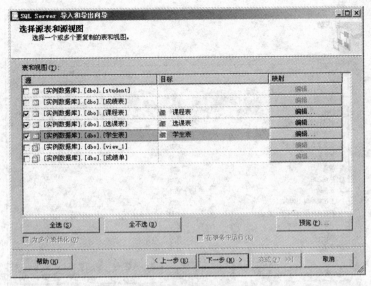

图 9-25　选择源表

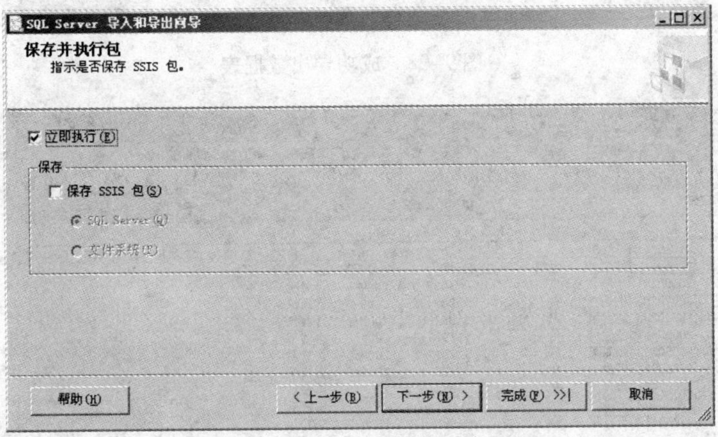

SQL Server 导入和导出向导

保存并执行包
指示是否保存 SSIS 包。

☑ 立即执行(E)

保存
　☐ 保存 SSIS 包(S)
　　◉ SQL Server (Q)
　　○ 文件系统(F)

图 9-26　"保存并执行包"页面

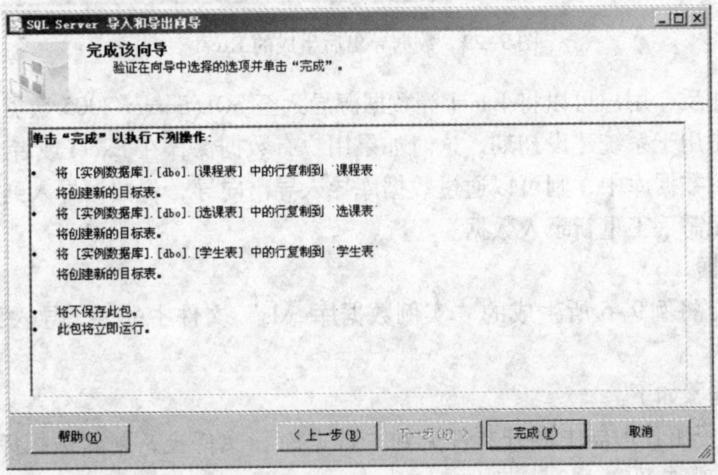

SQL Server 导入和导出向导

完成该向导
验证在向导中选择的选项并单击"完成"。

单击"完成"以执行下列操作:

- 将 [实例数据库].[dbo].[课程表] 中的行复制到 `课程表`
  将创建新的目标表。
- 将 [实例数据库].[dbo].[选课表] 中的行复制到 `选课表`
  将创建新的目标表。
- 将 [实例数据库].[dbo].[学生表] 中的行复制到 `学生表`
  将创建新的目标表。

- 将不保存此包。
- 此包将立即运行。

图 9-27　"完成该向导"页面

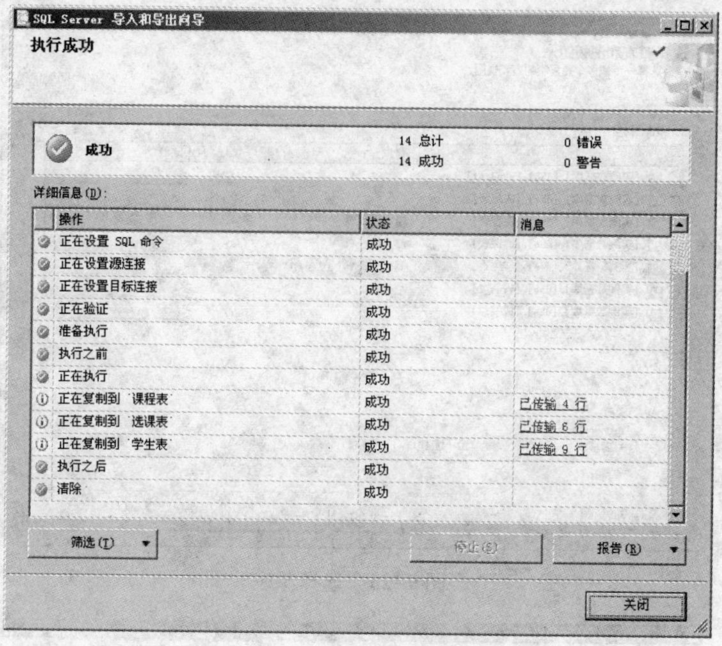

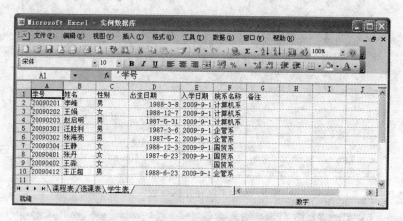

图 9-28　成功导出数据表

图 9-29　数据导出后生成的 Excel 表

　　与此过程相反，用户可以将 Excel 等数据源导入至 SQL Server 2005 数据库中。这种形式的数据转换经常用于系统建设初期，这时如果用户有数据保存在 Excel 或者 Access 中，要将这些数据添加到数据库中，则可以通过数据库导入导出向导，将数据导入到 SQL Server 2005 数据库中，而无需手工重新录入数据。

2. 导入数据

　　【例 9-7】　将例 9-6 所生成的"实例数据库.xls"文件中的表，导入到一个新建的数据库 excelDB 中。

　　具体操作步骤如下。

　　1）在对象资源管理器中展开文件夹到"数据库"文件夹，新建数据库 excelDB。新建数据库的操作步骤参见 3.1.2 小节。

　　2）右击"excelDB"数据库，在弹出的快捷菜单中选择"任务"→"导入数据"命令。

类似于数据导出过程，在欢迎进入向导页面之后，将进入如图 9-30 所示的"选择数据源"页面。在该页面中，选择"数据源"为"Microsoft Excel"，"Excel 文件路径"为"C:\excel \ 实例数据库 . xls"。

3）当进入到如图 9-31 所示的"选择目标"页面时，"数据库"选择新建立的数据库 excelDB，然后将 Excel 文件中的所有表导入到该数据库中。具体的操作过程可以参看数据导出的相关步骤。

4）然后回到对象资源管理器中依次展开"数据库"→"excelDB"→"表"文件夹，在数据表的详细列表中可以看到刚刚从文件 C:\excel \ 实例数据库 . xls"导入的数据表，如图 9-32 所示。

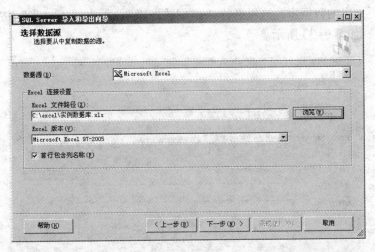

图 9-30　"选择数据源"页面

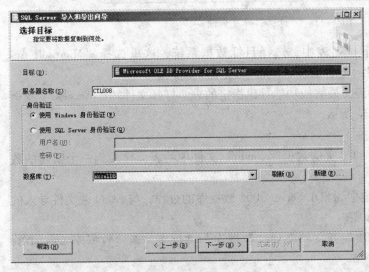

图 9-31　"选择目标"页面

图 9-32　导入到 excelDB 中的数据表

9.5.2 SQL Server 2005 与 Access 的数据格式转换

1. 导出数据

【例 9-8】 将"实例数据库"中的主要数据表，导出到 Access 数据库中，文件名为"实例数据库 . mdb"。

在导出数据之前，先使用 Access 软件建立一个 Access 的空文件"实例数据库 . mdb"，不需要建立任何表或视图，保存在"C:\access \ "文件夹下。然后开始数据的导出。导出到 Access 数据库文件的过程和导出 Excel 表文件的过程类似。这里只介绍重点步骤。

1）在对象资源管理器下调出 SQL Server 导入导出向导。

2）选择要导出的数据库，这里选择"实例数据库"。单击"下一步"按钮，出现"选择目标"页面，如图 9-33 所示。

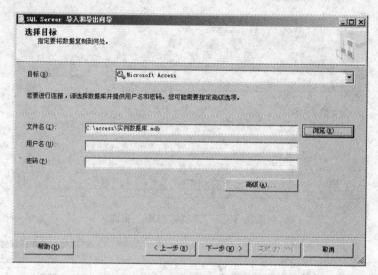

图 9-33 "选择目标"页面

3）在该页面的"目标"下拉列表中，选择目标数据系统，这里选择"Microsoft Access"。文件名指定为新建的文件"C:\access \ 实例数据库 . mdb"。

4）类似地，选择要导出的表，最终成功地导出指定的表。打开文件"C:\access \ 实例数据库 . mdb"，其结果如图 9-34 所示。

2. 导入数据

【例 9-9】 将例 9-8 建立的"实例数据库 . mdb"文件中的表，导入到一个新建的数据库 accessDB 中。

由 Access 数据库文件导入数据到 SQL Server 2005 数据库的过程，与 Excel 表文件导入的过程相类似。这里只介绍重点步骤。

1）在对象资源管理器中依次展开文件夹到"数据库"文件夹，新建数据库 accessDB，新建数据库的过程参见 3.1.2 小节。

2）进入到"选择数据源"页面，选择"数据源"为"Microsoft Access"。"文件名"指定为刚导出的文件"C:\access \ 实例数据库 . mdb"。

3）然后进入到"选择目标"页面，"数据库"选择新建的数据库 accessDB，将实例数

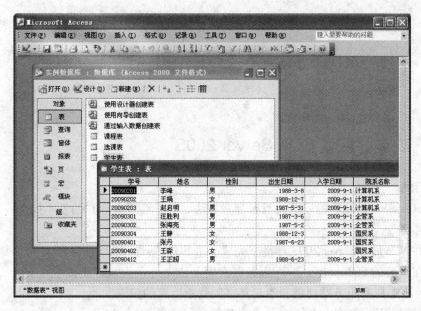

图 9-34 数据表导出后的 Access 表

据库 . mdb 文件中的所有表导入到该数据库中。

习题

1. 什么是备份设备？物理设备标识和逻辑名之间有什么关系？

2. 4 种数据库备份和恢复的方式分别是什么？

3. 存储过程 sp_addumpdevice 的作用是什么？

4. 通过 SQL Server 2005 数据库导入导出向导，将"实例数据库"中的主要数据表或视图转换成 Excel 表。

第10章 实训指导

实训一 安装并配置 SQL Server 2005

实训目的

掌握 SQL Server 2005 的安装过程及配置方法，并学会登录账户的基本操作。

实训内容

（1）在 Windows Server 2003 环境下完成一个 SQL Server 2005 服务器实例的安装全过程。

（2）在安装的 SQL Server 2005 服务器实例上建立一个为 stu001 的登录账户，密码自己设定；设置该账户的服务器角色，使其具有创建数据库的权限。

（3）设置该用户能够以 public 的角色访问 master 数据库。

实训二 利用管理工具创建数据库、表和表间关系

实训目的

熟悉 SQL Server Management Studio 的基本操作，进一步理解数据库、表、表间关系的概念。

实训内容

（1）利用 SQL Server Management studio 创建数据库，名称为"实训库一"。

（2）在"实训库一"中建立数据表，表的定义如下：

学生表（学号，姓名，性别，出生日期，入学日期，院系名称，备注）

课程表（课程号，课程名，学分，备注）

选课表（学号，课程号，分数）

要求定义每张表的主键，为属性选择合适的数据类型，决定是否允许为空，为"学分"和"分数"属性定义默认值。

（3）定义表之间的关系。

（4）分别为表录入几行数据记录，同时练习数据的修改和删除操作。

实训三 利用 SQL 语句创建数据库、表和表间关系

实训目的

熟悉创建数据库和数据表的 SQL 语句。

实训内容

在 SQL Server Management Studio 中新建查询，实现以下操作：

（1）用 SQL 语句创建数据库，名称为"实训库二"。

（2）用 SQL 语句生成"实训二"中的 3 个表，同时指定主键、外键、默认值等。

（3）比较"实训库一"和"实训库二"两个数据库是否一致。

（4）在 3 个表中，输入计算机系、经济管理系、电子系等不同系别所有学生的相关信息，为接下来的实训做好准备。

实训四　使用 SQL 语句操作数据

实训目的

熟悉插入、修改和删除语句的用法。

实训内容

在 SQL Server Management Studio 中新建查询，实现以下操作：

（1）使用 INSERT 语句在"实训库二"数据库的表中插入几行记录。

（2）使用 UPDATE 语句修改某行数据。

（3）使用 DELETE 语句删除某行记录。

实训五　使用索引

实训目的

掌握索引的使用方法，加深对索引的理解。

实训内容

分别采用 SQL Server Management Studio 管理工具和 SQL 语句实现以下操作：

（1）查看"实训库二"中各表已经建立的索引。

（2）为"学生表"的院系名称建立索引。

（3）为"选课表"的分数建立索引。

（4）删除"学生表"的院系名称索引。

实训六　数据库查询（1）

实训目的

掌握单表和多表连接查询的方法，加深对 SELECT 语句的理解。

实训内容

使用 SELECT 语句完成下列操作：

（1）查询计算机系全体学生的信息。

（2）查询所有姓"王"的学生的学号和姓名。

（3）查询每门课的学分。

（4）查询选修了"数据库应用技术"课程的学生的学号。

（5）查询学生的学号、姓名、选修课程的名称和成绩。

（6）查询选修"数据库应用技术"课程且成绩在 85 分以上的学生的学号、姓名和成绩。

（7）查询成绩在 60 分以下的学生的学号、姓名和成绩。

实训七　数据库查询（2）

实训目的

掌握查询中分组、统计和嵌套的操作方法，加深对 SELECT 语句的理解。

实训内容

（1）统计各系学生总数。

（2）统计选修"数据库应用技术"课程的学生人数。

（3）查询选修课程超过 3 门的学生的学号。

（4）查询其他系中比计算机系学生年龄都小的学生。

（5）查询学号为"20090101"的学生所有选修课程的成绩。

（6）统计各门课程的选修人数。

（7）查询没有选修"市场营销"课程的学生的信息。

实训八　数据库的视图

实训目的

掌握 SQL 语句定义视图和删除视图的方法。

实训内容

在"实训二"数据库中，用 SQL 语句实现以下操作：

（1）创建反映计算机系学生信息的视图。

（2）创建反映电子系学生选课情况的视图。

（3）创建反映学生平均成绩的视图。

（4）删除学生平均成绩的视图。

（5）删除电子系学生选课情况的视图。

实训九　创建和使用存储过程

实训目的

掌握用 SQL 语句创建和使用存储过程的方法。

实训内容

（1）创建反映计算机系学生选课情况的存储过程。

（2）执行存储过程。

（3）删除存储过程。

实训十　数据库安全

实训目的

掌握有关用户、角色和权限的管理方法。

实训内容

（1）创建一个新的用户，并将"实训库二"数据库的操作权限赋予该用户。

（2）验证用户的权限情况。

实训十一　数据库备份和还原

实训目的

掌握数据库备份和还原的方法。

实训内容

（1）用 SQL Server Management Studio 管理工具备份和还原"实训库二"。

（2）用 SQL 语句备份和还原"实训库二"。

参 考 文 献

［1］程云志，等. 数据库原理与 SQL Server 2005 应用教程［M］. 北京：机械工业出版社，2006.

［2］张俊玲. 数据库原理与应用［M］. 北京：清华大学出版社，2005.

［3］张蒲生. 数据库应用技术 SQL Server 2005 基础篇［M］. 北京：机械工业出版社，2008.

［4］李存斌. 数据库应用技术——SQL Server 2005 实用教程［M］. 北京：中国水利水电出版社，2006.

［5］向隅. 数据库基础及应用［M］. 北京：北京邮电大学出版社，2008.

［6］布启敏，等. SQL Server 2005 开发者指南［M］. 何玉洁，等译. 北京：清华大学出版社，2007.

［7］周峰. SQL Server 2005 中文版关系数据库基础与实践教程［M］. 北京：电子工业出版社，2006.

精品教材推荐目录

序号	书号	书名	作者	定价	配套资源
1	978-7-111-32787-5	计算机基础教程(第2版)	陈卫卫	35.00	电子教案
2	978-7-111-08968-5	数值计算方法(第2版)	马东升	25.00	电子教案、配套教材
3	978-7-111-31398-4	C语言程序设计实用教程	周虹等	33.00	电子教案、配套教材
4	978-7-111-33365-4	C++程序设计教程——化难为易地学习C++	黄品梅	35.00	电子教案、全新编排结构
5	978-7-111-36806-9	C++程序设计	郑莉	39.80	电子教案、习题答案
6	978-7-111-33414-9	Java程序设计(第2版)	刘慧宁	43.00	电子教案、源程序
7	978-7-111-02241-6	VisualBasic程序设计教程(第2版)	刘瑞新	30.00	电子教案、源程序、实训指导、配套教材
8	978-7-111-38149-5	C#程序设计教程	刘瑞新	32.00	电子教案、配套教材
9	978-7-111-31223-9	ASP.NET 程序设计教程(C#版)(第2版)	崔淼	38.00	电子教案、配套教材
10	978-7-111-08594-2	数据库系统原理及应用教程(第3版)——"十一五"国家级规划教材	苗雪兰 刘瑞新	39.00	电子教案、源程序、实验方案、配套教材
11	978-7-111-19699-0	数据库原理与SQL Server 2005应用教程	程云志	31.00	电子教案、习题答案
12	978-7-111-38691-9	数据库原理及应用(Access 版)(第2版)——北京高等教育精品教材	吴靖	34.00	电子教案、配套教材
13	978-7-111-02264-5	VisualFoxPro程序设计教程(第2版)	刘瑞新	34.00	电子教案、源代码、实训指导、配套教材
14	978-7-111-08257-5	计算机网络应用教程(第3版)——北京高等教育精品教材	王洪	32.00	电子教案
15	978-7-111-30641-2	计算机网络——原理、技术与应用	王相林	39.00	电子教案、教学视频
16	978-7-111-32770-7	计算机网络应用教程	刘瑞新	37.00	电子教案
17	978-7-111-38442-7	网页设计与制作教程(Dreamweaver+Photoshop+Flash版)	刘瑞新	32.00	电子教案
18	978-7-111-12530-3	单片机原理及应用教程(第2版)	赵全利	25.00	电子教案
19	978-7-111-15552-1	单片机原理及接口技术	胡健	22.00	电子教案
20	978-7-111-10801-9	微型计算机原理及应用技术(第2版)	朱金钧	31.00	电子教案、配套教材
21	978-7-111-20743-6	80x86/Pentium 微机原理及接口技术(第2版)——北京高等教育精品教材	余春暄	42.00	配光盘、配套教材
22	978-7-111-09435-7	多媒体技术应用教程(第6版)——"十一五"国家级规划教材	赵子江	35.00	配光盘、电子教案、素材
23	978-7-111-26505-4	多媒体技术基础(第2版)——北京高等教育精品教材	赵子江	36.00	配光盘、电子教案、素材
24	978-7-111-32804-9	计算机组装、维护与维修教程	刘瑞新	36.00	电子教案
25	978-7-111-26532-0	软件开发技术基础(第2版)——"十一五"国家级规划教材	赵英良	34.00	电子教案

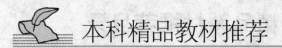

本科精品教材推荐

Visual Basic 程序设计教程 第2版

书号：978-7-111-02241-6　　　　定价：30.00 元

作者：刘瑞新　　配套资源：电子教案、配套教材

推荐简言：

★ 金牌作者刘瑞新 VB 程序设计经典教材。

★ 两版累计销售近 26 万册。

★ 本书把难点分散到各章节中，采用案例方式，每章均以具有代表性、实用性、趣味性的实例贯穿其中，使学生理解和掌握分析问题和解决问题的能力。

★ 涵盖了《全国计算机等级考试二级考试大纲（Visual Basic 程序设计）》的内容。

Visual FoxPro 程序设计教程 第2版

书号：978-7-111-02264-5　　　　定价：34.00 元

作者：刘瑞新　　配套资源：电子教案及素材、配套教材

推荐简言：

★ 金牌作者刘瑞新 VFP 数据库方面经典教材。

★ 两版累积销量近 25 万册。

★ 书中每章均附有典型习题。本书的配套教材《Visual FoxPro 程序设计教程上机指导及习题解答(第 2 版)》对本书中的习题做了详细解答，并增加了上机实验、应用程序设计实例等内容，配套使用将使学习效果更佳。

★ 本书涵盖了全国计算机等级考试二级考试大纲的内容。

ASP.NET 程序设计教程（C#版）

书号：978-7-111-31223-9　　　　定价：38.00 元

作者：崔淼　　配套资源：电子教案、配套教材

推荐简言：

★ 本书以 Microsoft Visual Studio 2008 为开发平台，从零开始，采用案例方式，全面细致地介绍了 ASP.NET 的基础知识、特点和具体应用。

★ 本书在例题处理上采用"任务驱动"方式，即先给出设计目标，然后介绍为实现该目标而采取的设计方法。

★ 本书的配套教材《ASP.NET 程序设计教程（C#版）上机指导与习题解答（第 2 版）》对教材中的习题做了详细解答。

C++程序设计教程——化难为易地学习 C++

书号：978-7-111-33365-4　　　　定价：35.00 元

作者：黄品梅　　　　配套资源：电子教案

推荐简言：

★ 本书非常适合入门者学习和读者自学。

★ 本书的目的在于解决高级算法语言 C++难学的问题，让读者能学好用活 C++。

★ 围绕着"化难为易"这个核心，作者全采用"寓德于教（学），以德促教（学），人定胜机，机随人行"的十八字方针及跟踪追击、人脑运行等教学方法，化难为易地介绍了 C++的各项知识，以及学习和运用 C++知识的方法、经验和技巧。

数据库系统原理及应用教程 第3版

书号：978-7-111-08594-2　　　　定价：39.00 元

作者：苗雪兰　　配套资源：电子教案、配套教材

推荐简言：

★ 获全国优秀畅销书奖。

★ 普通高等教育"十一五"国家级规划教材。

★ 最新改版，全面介绍最新数据库技术。

★ 三版累计销售 20 万册。

★ 本书编写了与本书配套的《数据库系统实验指导和习题解答》，并提供电子教案供读者下载。

数据库原理及应用 （ACCESS 版）第2版

书号：978-7-111-38691-9　　　　定价：34.00 元

作者：吴靖　　配套资源：电子教案、配套教材

推荐简言：

★ 北京市高等教育精品教材立项项目。

★ 配套教材和电子教案，实例丰富。

★ 本书从一个 Access 数据库应用系统实例——学生管理系统入手，系统地介绍数据库的基本原理与 Access 各种主要功能的使用，包括数据库的基本原理和相关概念，关系数据库的基本设计方法，数据库的建立、表、查询、SQL 语言、窗体、报表、页、宏的创建和应用 以及 VBA 程序设计。

检 4